高等学校经济管理类专业
应用型本科系列规划教材

GAODENG XUEXIAO JINGJI GUANLILEI ZHUANYE
YINGYONGXING BENKE XILIE GUIHUA JIAOCAI

概率论与数理统计

GAILÜLUN YU
SHULITONGJI

主　编　林伟初
副主编　高　卓

Economics and management

U0190588

重庆大学出版社

内容提要

本书共分9章,第1~4章是概率论部分,内容包括随机事件及其概率、随机变量及其分布、随机变量的数字特征、多维随机变量及其分布.第5~8章是数理统计部分,内容包括样本及抽样分布、参数估计、假设检验、回归分析与方差分析.每章最后一节专门有实际的应用案例.第9章作为学习软件及其应用,介绍数学实验与数学模型.书后附有常用分布表和习题参考答案.

本书的主要特点:保证内容体系的科学性、系统性、严密性,坚持直观性;深入浅出,以实例为主线,贯穿于概念的引入、例题的配置与习题的选择上,淡化纯数学概念的抽象,侧重实际,特别是根据应用型大学学生思想活跃、注重实用的特点,举例富有时代性和吸引力,突出实用,通俗易懂,注重培养学生解决实际问题的技能,针对不同院校课程设置的情况,可根据教材内容取舍,便于教师使用.

本书可作为应用型本科大学经济、管理、信息、电子、工程技术等非数学专业的概率论或概率论与数理统计课程的教材使用,也可作为部分专科的同类课程教材使用.

图书在版编目(CIP)数据

概率论与数理统计/林伟初主编.--重庆:重庆
大学出版社,2017.8(2023.7重印)
高等学校经济管理类专业应用型本科系列规划教材
ISBN 978-7-5689-0723-1

Ⅰ.①概… Ⅱ.①林… Ⅲ.①概率论—高等学校—教
材②数理统计—高等学校—教材 Ⅳ.①O21

中国版本图书馆 CIP 数据核字(2017)第 191736 号

高等学校经济管理类专业应用型本科系列规划教材
概率论与数理统计

主 编 林伟初
副主编 高 卓
策划编辑:顾丽萍

责任编辑:文 鹏 杨育彪 版式设计:顾丽萍
责任校对:刘志刚 责任印制:张 策

*

重庆大学出版社出版发行
出版人:饶帮华
社址:重庆市沙坪坝区大学城西路 21 号
邮编:401331
电话:(023)88617190 88617185(中小学)
传真:(023)88617186 88617166
网址:http://www.cqup.com.cn
邮箱:fxk@cqup.com.cn(营销中心)
全国新华书店经销
重庆紫石东南印务有限公司印刷

*

开本:787mm×1092mm 1/16 印张:12.5 字数:296 千
2017 年 8 月第 1 版 2023 年 7 月第 4 次印刷
印数:6 001—7 000
ISBN 978-7-5689-0723-1 定价:32.00 元

前　言

　　本书的编写是为了突出应用型大学以着重培养应用型人才的目标,针对目前应用型大学所用教材大多直接选自传统高校教材,难以充分体现应用型大学的人才培养特点,无法直接有效地满足应用型大学本身的实际教学需要.根据当前应用型大学的学生和所开设的概率论与数理统计课程的实际情况,为了适应国家的教育教学改革需要,符合应用型大学的教学要求,更好地培养经济管理、高等工程技术等应用型人才,提高学生的应用能力与综合素质,为专业服务和以应用为目的,以保证理论基础、注重应用、彰显特色为基本原则,参照国家教育部门关于《概率论与数理统计课程基本要求》所规定的内容的广度和深度,在多年从事高等教育特别是应用型本科教育教学实践的基础上,编写了本书.

　　本书具有如下特点:

　　(1)保证内容体系的科学性、系统性和严密性,坚持直观性原则,深入浅出.

　　(2)以实例为主线,贯穿于概念的引入、例题的配置与习题的选择上,淡化纯数学概念的抽象,注重实际内容以及解决各种具体问题,根据应用型大学学生思想活跃等特点,举例富有时代性和吸引力,突出实用,通俗易懂.

　　(3)注意趣味性,每章在开头提出生动活泼、耐人寻味的实际例子作为引子,通过内容的学习,让学生茅塞顿开,饶有兴趣,每章后面专门增加了一节内容,介绍应用实例,前后呼应.通过实例学习,增强学生的学习兴趣,使学生在学习知识的同时切实感到所学知识的作用,获得利用所学知识解决各种实际问题的技能.

　　(4)注意知识的拓广,介绍了概率统计相关的数学实验和数学模型,引进常用的数学软件,使学生感受用现代计算机技术求解概率统计问题并不费时费力,还可以对复杂的、抽象的知识直观化,增强其"做数学"的意识和能力.通过了解相关概率统计的数学模型,培养学生对概率统计的进一步认识,促进学生参与数学建模等活动.

　　(5)为学生深造打好基础,在习题的选取上,分为A、B两级,A级以基本、够用为度,B级和考研的要求接轨.

　　(6)便于教师使用.考虑到学生在中学已学习了部分概率的知识,因此第1章尽量简化,不在基本问题上浪费学时.对一些内容进行整合,如理论性太强的大数定律与中心极限定理不专门作为一章,只是作为一节来介绍;为了尽快让学生掌握数字特征的内容,在一维随机变量之后就开始学习数学期望与方差;数理统计主要突出参数估计和假设检验的基本方法,不求全、不求深.

　　本书可作为应用型本科经济、管理、信息、电子、工程技术等非数学专业的概率论或概率论与数理统计课程的教材使用,也可作为部分专科的同类课程教材使用.

　　在学时分配上,本书的讲授以36～72学时为参考.如为72学时可全部讲完本教材内容,可要求学生完成全部A、B两级习题;如为54学时则可将最后一章作为参考资料,部分理论性较强的内容如定理证明等可跳过;如为36学时则可将最后两章作为参考资料,以掌握基本内容为教学要求.

本书由林伟初担任主编,高卓担任副主编.林伟初主要负责全书的编写策划和部分章节的编写,以及全书的定稿;高卓负责其他部分章节的编写和实际案例的搜集编写.

在本书的编写过程中,始终得到北方国际大学联盟的领导,以及兄弟院校的领导、教师的支持和帮助.在此谨向他们表示衷心的感谢!

由于作者水平与学识有限,加之编写时间紧迫,虽经多次校雠,书中疏漏与错误之处难免,真心希望广大教师和学生不吝赐正并多提宝贵建议.

编　者

2017 年 6 月

目 录

第 1 章　随机事件及其概率

1.1　随机事件 ··· 1

1.2　随机事件的概率 ··· 5

1.3　条件概率与事件的独立性 ··· 9

1.4　全概率公式与贝叶斯(Bayes)公式 ·································· 15

1.5　应用实例——赌徒困惑问题 ··· 17

习题 1 ··· 19

第 2 章　随机变量及其分布

2.1　随机变量 ··· 22

2.2　离散型随机变量 ··· 23

2.3　连续型随机变量 ··· 26

2.4　随机变量的分布函数和随机变量函数的分布 ···················· 33

2.5　应用实例——安全生产评优及招聘信息分析等 ·················· 36

习题 2 ··· 38

第 3 章　随机变量的数字特征

3.1　离散型随机变量的数学期望 ··· 42

3.2　连续型随机变量的数学期望 ··· 44

3.3　期望的简单性质与随机变量函数的期望公式 ···················· 46

3.4　方差及其简单性质 ·· 48

3.5　应用实例——有奖明信片的利润分析 ····························· 51

习题 3 ··· 52

第 4 章　多维随机变量及其分布

4.1　二维随机变量的分布函数 ·· 55

4.2　二维离散型随机变量及其分布 ······································ 56

4.3　二维连续型随机变量及其分布 ······································ 58

4.4　二维随机变量函数的分布 ·· 63

4.5　二维随机变量的数字特征(协方差与相关系数) ················· 67

4.6　大数定律与中心极限定理 ·· 70

4.7　应用实例——学校食堂服务窗口的合理开设 ···················· 73

习题 4 ··· 73

第5章 样本及抽样分布

5.1 总体与样本 ·· 79

5.2 抽样分布 ··· 81

5.3 应用实例——统计量在运动员选拔中的运用 ···················· 91

习题5 ·· 92

第6章 参数估计

6.1 参数的点估计 ·· 94

6.2 点估计的评价标准 ··· 103

6.3 置信区间 ·· 106

6.4 单个正态总体均值与方差的区间估计 ·························· 108

6.5 双正态总体均值差与方差比的区间估计 ······················ 111

6.6 应用实例——湖中黑白鱼比例的估计与水稻总产量的预测 ······ 116

习题6 ··· 118

第7章 假设检验

7.1 假设检验的基本概念 ·· 121

7.2 单正态总体均值与方差的假设检验 ···························· 123

7.3 两个正态总体的假设检验 ·· 128

7.4 假设检验与区间估计的关系 ······································ 131

7.5 应用实例——两次地震的间隔时间所服从的分布 ················ 132

习题7 ··· 134

第8章 回归分析与方差分析

8.1 一元线性回归 ··· 136

8.2 单因素方差分析 ··· 143

8.3 应用实例——200 m个人混合泳不同泳姿的作用分析 ············ 148

习题8 ··· 149

第9章 数学实验与数学模型

9.1 Mathematica介绍 ··· 152

9.2 Mathematica中的概率统计应用 ·································· 157

9.3 概率统计的数学模型 ·· 164

附录 概率论与数理统计附表

附表1 泊松分布数值表 ··· 167

附表 2 　标准正态分布表 ……………………………………………………… 169

附表 3 　χ^2 分布表 ……………………………………………………………… 170

附表 4 　t 分布表 ………………………………………………………………… 172

附表 5 　F 分布表 ……………………………………………………………… 173

习题答案 …………………………………………………………………… 178

参考文献 …………………………………………………………………… 189

第 1 章

随机事件及其概率

在生活中,你可能玩过纸牌,也可能买过彩票,这些实际问题都和概率有关.再来说个有趣的问题:如果你和小伙伴每人拿出相同的奖品,玩一个 5 局 3 胜的游戏,并约定胜者通吃.假如你的小伙伴先胜 1 局之后,你连赢 2 局,这时因故需要中断游戏,对方提出你得到全部奖品的 2/3,他得到 1/3,你能答应吗? 该问题涉及本章的古典概率、条件概率和全概率公式等知识,这就是著名的**赌徒困惑问题**,它甚至导致了概率论的产生! 这个问题将在本章最后一节详细介绍.

在自然界和人类社会生活中普遍存在着两类现象:一类是在一定条件下必然出现的现象,如太阳从东方升起;树上苹果成熟后,在地心引力作用下一定下落;在标准大气压下,水被加热到 100 ℃ 时一定沸腾等.这类现象称为**确定性现象**.另一类则是在一定条件下事先无法准确预知其结果的现象,如掷一枚硬币,可能正面朝上,也可能反面朝上;从一批产品中任取 1 件产品,可能是次品,也可能不是次品;某网站在上午 9—10 点的点击量有多有少,等等.这类现象称为**非确定性现象**,或称为**随机现象**.随机现象都带有不确定性,同时有其规律性的一面,在相同条件下,对随机现象进行大量观测,其可能结果就会出现某种规律性.概率论与数理统计是研究随机现象规律性的一门学科.本章介绍的随机事件及其概率是概率论中最基本、最重要的概念之一.

1.1　随机事件

1.1.1　随机试验与随机事件

一般而言,试验是指为了察看某事的结果或某物的性能而从事某种活动.在概率论与数理统计中,一个试验如果具有以下三个特点:

(1)可重复性:在相同条件下可以重复进行;

(2)可观察性:每次试验的可能结果不止一个,并且能事先明确试验的所有可能结果;

(3)不确定性:一次试验之前,不能预知会出现哪一个结果.

就称这样的试验是一个**随机试验**,简称为**试验**.

每次试验的每一个结果称为**基本事件**,也称作**样本点**,记作 $\omega_1,\omega_2,\cdots$. 全部样本点的集合称为**样本空间**,记作 Ω. 则 $\Omega = \{\omega_1,\omega_2,\cdots\}$.

例 1-1 投掷一颗均匀骰子,观察出现的点数. 这是一个随机试验. 样本空间 $\Omega = \{1,2,3,4,5,6\}$.

例 1-2 观察某地的气温,这是一个随机试验. 样本空间 $\Omega = [a,b]$,其中 a,b 分别表示该地的最低气温和最高气温.

基本事件是不可再分解的、最基本的事件,其他事件均可由它们复合而成,由基本事件复合而成的事件称为**随机事件**或简称**事件**. 常用大写字母 A,B,C 等表示事件. 在试验中,如果出现 A 中所包含的某一个基本事件 ω,则称 A 发生,并记作 $\omega \in A$. 如例 1-1 中,$A = \{$出现的点数为偶数$\} = \{2,4,6\}$.

样本空间 Ω 包含了全体基本事件,而随机事件是具有某些特征的基本事件所组成,所以从集合论的观点来看,一个随机事件是样本空间 Ω 的一个子集.

必然事件是指必然要发生的事件,**不可能事件**是指不可能发生的事件. 因为 Ω 是由所有基本事件组成,所以在任意一次试验中,必然要出现 Ω 中的某一个基本事件 ω,即 $\omega \in \Omega$,这就意味着在试验中,Ω 必然会发生,所以 Ω 是必然事件. 相应地,空集 $\varnothing$ 可以看作 Ω 的子集,在任意一次试验中,不可能有 $\omega \in \varnothing$,也就是说 $\varnothing$ 永远不可能发生,所以 $\varnothing$ 是不可能事件. 必然事件与不可能事件本质上不具有"不确定性",但是为了讨论问题方便,将其看作特殊的随机事件.

1.1.2　事件的关系与运算

既然事件是样本空间的一个子集,所以事件之间的关系与运算可参照集合之间的关系和运算来处理.

1)事件的包含

若事件 A 发生必然导致事件 B 发生,则称**事件 B 包含 A**. 记作 $A \subset B$ 或 $B \supset A$. 如 $A = \{$出现点数为 $6\}$ 这一事件发生就导致事件 $B = \{$出现点数为偶数$\}$ 的发生. 因为出现点数为 6 意味着偶数点出现了,所以后者包含了前者.

"A 发生必然导致 B 发生"意味着"属于 A 的 ω 必然属于 B",即 A 中的样本点全在 B 中,如图 1-1 所示.

因为不可能事件 $\varnothing$ 不含有任何 ω,所以对任一事件 A,都有 $\varnothing \subset A$.

2)事件的相等

若事件 A 所包含的基本事件与事件 B 所包含的基本事件完全相同,即 $A \subset B$ 和 $B \subset A$ 同时成立,则称事件 A 与事件 B 相等,记作 $A = B$. 比如在例 1-1 中,事件 $A = \{$出现点数为 2,4,6$\}$ 这一事件与事件 $B = \{$出现点数为偶数$\}$ 是相等事件.

3)事件的和(并)

事件 A 与 B 中至少有一个事件发生. 即事件 A 发生或事件 B 发生,这个事件称为**事件 A 与 B 的和(或并)事件**,记作 $A + B$ 或 $A \cup B$,如图 1-2 所示.

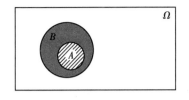

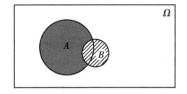

图 1-1   图 1-2

类似地,n 个事件 $A_1, A_2, \cdots, A_n$ 的并 $\bigcup\limits_{i=1}^{n} A_i = A_1 \cup A_2 \cup \cdots \cup A_n$ 表示"$A_1, A_2, \cdots, A_n$ 中至少有一个发生";可列个事件 $A_1, A_2, \cdots, A_n \cdots$ 的并 $\bigcup\limits_{i=1}^{\infty} A_i = A_1 \cup A_2 \cup \cdots \cup A_n \cup \cdots$ 表示"$A_1, A_2, \cdots, A_n, \cdots$ 中至少有一个发生".

4)事件的积(交)

事件 A 与 B 同时发生,即事件 A 发生且事件 B 发生,这个事件称为**事件 A 与 B 的积**(或**交**)事件,记作 AB(或 $A \cap B$).

积事件 AB 是由事件 A 与 B 所包含的所有公共基本事件构成的集合,如图 1-3 所示.

类似地,n 个事件 $A_1, A_2, \cdots, A_n$ 的交 $\bigcap\limits_{i=1}^{n} A_i = A_1 \cap A_2 \cap \cdots \cap A_n$ 表示"n 个事件 $A_1, A_2, \cdots, A_n$ 同时发生";可列个事件的交 $\bigcap\limits_{i=1}^{\infty} A_i$ 表示"$A_1, A_2, \cdots, A_n, \cdots$ 同时发生".

5)互斥事件

若事件 A 与事件 B 不可能同时发生,则称**事件 A 与 B 互斥**,或称**事件 A 与事件 B 互不相容**. 显然,若事件 A 与 B 互斥,意味着 A 中基本事件都不属于事件 B,反之亦然,如图 1-4 所示.

易知,基本事件是两两互斥的.

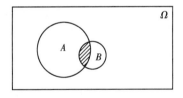

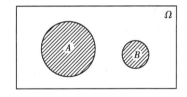

图 1-3   图 1-4

6)对立事件

若事件 A 与 B 中至少有一个事件要发生,而且 A 与 B 不能同时发生,则称事件 B 为事件 A 的**对立事件**或**逆事件**,记作 $\bar{A}$.

对立事件 $\bar{A}$ 是由必然事件 Ω 所包含的全体基本事件中去掉事件 A 所包含的基本事件后所有剩余基本事件构成的集合,如图 1-5 中的阴影部分.

在例 1-1 的抛骰子试验中,事件 $A = \{$出现的点数为偶数$\}$ 的对立事件为 $\bar{A} = \{$出现的点数为奇数$\}$;但事件 $A = \{$出现的点数为偶数$\}$ 与事件 $B = \{$出现的点数为1$\}$ 互斥而不互逆.

注 事件的互斥与对立不能等同. 互斥事件有可能都不发生,但对立事件中一定有一个事件发生. 所以对立事件一定互斥,但互斥事件不一定是对立事件.

显然有

$$A\overline{A} = \varnothing \quad 且 \quad A \cup \overline{A} = \Omega$$

7) 事件的差

若事件 A 发生而事件 B 不发生, 这个事件称为事件 A 与 B 的**差事件**, 记作 $A - B$.

差事件 $A - B$ 是由事件 A 所包含的基本事件中去掉积事件 AB 所包含的基本事件后所有剩余基本事件构成的集合, 如图 1-6 所示.

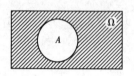

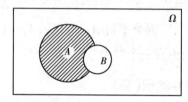

图 1-5   图 1-6

注 由于事件 B 不发生为事件 B 的对立事件 $\overline{B}$, 因此事件 A 发生且事件 B 不发生可表示为积事件 $A\overline{B}$, 于是有关系式

$$A - B = A\overline{B}$$

与集合运算一样, 事件的运算也有如下的运算:

(1) 交换律 $A \cup B = B \cup A, A \cap B = B \cap A$

(2) 结合律 $A \cup (B \cup C) = (A \cup B) \cup C$

$\qquad\qquad A \cap (B \cap C) = (A \cap B) \cap C$

(3) 分配律 $A \cap (B \cup C) = (A \cap B) \cup (A \cap C)$

$\qquad\qquad A \cup (B \cap C) = (A \cup B) \cap (A \cup C)$

(4) 对偶律 $\overline{A \cup B} = \overline{A} \cap \overline{B}, \overline{A \cap B} = \overline{A} \cup \overline{B}$

上述运算律还可以推广到任意有限个或可列个事件的情形.

例 1-3 某人连续三次购买体育彩票, 每次一张, 令 A, B, C 分别表示其第一、二、三次所买的彩票中奖的事件. 试用 A, B, C 及其运算表示下列事件: (1) 第三次未中奖; (2) 只有第三次中了奖; (3) 恰有一次中奖; (4) 至少有一次中奖; (5) 不止一次中奖; (6) 至多中奖两次.

解 (1) $\overline{C}$; (2) $\overline{A}\,\overline{B}C$; (3) "恰有一次中奖" 即为 "三次中有 1 次中奖而另两次未中奖": $A\overline{B}\,\overline{C} \cup \overline{A}B\overline{C} \cup \overline{A}\,\overline{B}C$; (4) $A \cup B \cup C$; (5) "不止一次中奖" 即为 "至少有两次中奖": $AB \cup AC \cup BC$; (6) "至多中奖两次" 即为 "不可能中奖三次": $\overline{ABC}$, 或为 "至少有一次不中奖": $\overline{A} \cup \overline{B} \cup \overline{C}$.

8) 完备事件组

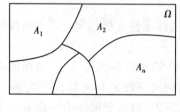

图 1-7

若事件 $A_1, A_2, \cdots, A_n$ 满足

(1) 两两互斥: $A_i A_j = \varnothing, i \neq j (i, j = 1, 2, \cdots, n)$.

(2) 至少出现一个事件: $A_1 \cup A_2 \cup \cdots \cup A_n = \Omega$.

则称 $A_1, A_2, \cdots, A_n$ 构成一个**完备事件组**. 如图 1-7 所示.

显然, 事件 $A, \overline{A}$ 构成最简单的完备事件组.

1.2 随机事件的概率

随机事件在一次试验中是否发生虽然不能确定,但让人感兴趣的是随机事件在一次试验中发生的可能性有多大. 概率就是用来描述随机事件发生的可能性大小的. 本节首先引入频率的概念,它描述了事件发生的频繁程度,进而引出表征事件在一次试验中发生的可能性大小的数——概率.

1.2.1 概率的统计定义

由于随机现象的结果事先不能预知,初看似乎毫无规律. 然而,人们发现同一随机现象大量重复出现时,其每种可能的结果出现的频率具有稳定性,从而表明随机现象也有其固有的规律性. 人们把随机现象在大量重复出现时所表现出的量的规律性称为随机现象的**统计规律性**.

历史上,研究随机现象统计规律最著名的是抛掷硬币的试验. 表 1-1 是历史上抛掷硬币试验的记录.

表 1-1 抛掷硬币试验的记录

试验者	投掷次数 n	出现正面的次数 m	频率 $\dfrac{m}{n}$
德·摩根(DeMorgan)	4 092	2 048	0.500 1
蒲丰(Buffon)	4 040	2 048	0.506 9
威廉·费勒(William Feller)	10 000	4 979	0.497 9
皮尔逊(Pearson)	24 000	12 012	0.500 5

从表 1-1 中容易看出,当投掷次数 n 很大时,出现正面的频率总在 0.5 附近摆动,并且随着投掷次数的增加,这种摆动的幅度是很微小的,这说明出现正面的频率具有稳定性,确定的常数 0.5 就是出现正面频率的稳定值,用它描述出现正面这个事件发生的可能性大小,从而揭示了出现正面这个事件发生的规律.

这个试验说明,虽然随机现象在少数几次试验或观察中其结果没有什么规律性,但通过长期的观察或大量的重复试验可以看出,试验的结果是有规律可循的,这种规律是随机试验的结果自身所具有的特征.

事实上,对一般情形下的事件的频率稳定性已不断地为人类的实践所证实,并且在理论上可以证明,在一定条件下,频率稳定在某常数附近对任意的随机事件都成立. 这样对每一个事件都客观地存在一个数与事件对应,这个数就称为**概率**,它表征事件在一次试验中发生的可能性大小.

定义 1 在多次重复试验中,若事件 A 发生的频率稳定在确定常数 p 附近摆动,且随着试验次数的增加,这种摆动的幅度是很微小的,则称确定常数 p 为事件 A 发生的**概率**,记作 $P(A) = p$.

上述定义称为随机事件概率的统计定义. 它有相当直观的试验背景,易于接受. 根据这一定义,在实际应用时,往往可用试验次数足够大时的频率来估计概率的大小,且随着试验次数的增加,估计的精度会越来越高.

1.2.2 概率的公理化定义

概率的统计定义具有应用价值,但在理论上有严重的缺陷,人们在不断地寻找更好的定义概率的方式. 直到 1933 年,苏联著名的数学家柯尔莫哥洛夫(Kolmogorov)在总结前人大量研究成果的基础上,建立了概率的公理化法则,并由此导出了概率的一般定义.

定义 2 设随机试验的样本空间为 Ω,若对每一事件 A,有且只有一个实数 $P(A)$ 与之对应,且满足如下公理:

公理 1(非负性) $0 \leqslant P(A) \leqslant 1$

公理 2(规范性) $P(\Omega) = 1$

公理 3(可列可加性) 若可列个事件 $A_1, A_2, \cdots$ 两两互斥,则

$$P\left(\bigcup_{i=1}^{\infty} A_i\right) = \sum_{i=1}^{\infty} P(A_i)$$

则称 $P(A)$ 为事件 A 的**概率**.

由概率的定义,可以推出一些重要性质:

性质 1 $P(\varnothing) = 0$

证明 因为 $\varnothing = \varnothing \cup \varnothing \cup \cdots \cup \cdots$,由公理 3 有

$$P(\varnothing) = P(\varnothing) + P(\varnothing) + \cdots$$

从而必有 $P(\varnothing) = 0$

性质 2(有限可加性) 对任意有限个两两互斥事件 $A_1, A_2, \cdots, A_n$,有

$$P\left(\bigcup_{i=1}^{n} A_i\right) = \sum_{i=1}^{n} P(A_i)$$

证明 因为 $\bigcup_{i=1}^{n} A_i = A_1 \cup A_2 \cup \cdots \cup A_n$,因而

$$P\left(\bigcup_{i=1}^{n} A_i\right) = P(A_1 \cup A_2 \cup \cdots \cup A_n)$$

由公理 3 和性质 1 即得性质 2 成立.

性质 3 $P(\overline{A}) = 1 - P(A)$

证明 因为 $A \cup \overline{A} = \Omega, A\overline{A} = \varnothing$,由公理 2 和性质 2 有

$$1 = P(\Omega) = P(A \cup \overline{A}) = P(A) + P(\overline{A})$$

移项即得性质 3 成立.

性质 4 若 $A \subset B$,则 $P(B - A) = P(B) - P(A)$ 且 $P(A) \leqslant P(B)$

证明 因为 $A \subset B$,则 $B = (B - A) \cup A$,显然 $(B - A)$ 与 A 互斥,故由性质 2 有

$$P(B) = P(B - A) + P(A),\text{即 } P(B - A) = P(B) - P(A)$$

由公理 1,$P(B - A) \geqslant 0$,有 $P(A) \leqslant P(B)$

性质 5 $P(A \cup B) = P(A) + P(B) - P(AB)$

证明 因为 $A \cup B = A \cup (B - A)$,$A$ 与 $(B - A)$ 互斥,又 $AB \subset B$,所以

$$P(A \cup B) = P(A) + P(B - AB)$$
$$= P(A) + P(B) - P(AB)$$

性质 5 可以推广到任意有限个随机事件之和的情形,即对于任意有限个随机事件 A_1, $A_2, \cdots, A_n$,有

$$P\left(\bigcup_{i=1}^{n} A_i\right) = \sum_{i=1}^{n} P(A_i) - \sum_{1 \leqslant i < j \leqslant n} P(A_i A_j) +$$

$$\sum_{1 \leqslant i < j < k \leqslant n}^{n} P(A_i A_j A_k) + \cdots + (-1)^{n-1} P(A_1 A_2 \cdots A_n)$$

请读者写出公式 $P(A \cup B \cup C) = ?$（答案见本节后）

例 1-4 已知 $P(A) = 0.6, P(B) = 0.5, P(A \cup B) = 0.9$,求:(1) $P(AB)$;(2) $P(A - B)$; (3) $P(\overline{A}\ \overline{B})$.

解 (1) $P(AB) = P(A) + P(B) - P(A \cup B) = 0.6 + 0.5 - 0.9 = 0.2$;

(2) $P(A - B) = P(A - AB) = P(A) - P(AB) = 0.6 - 0.2 = 0.4$;

(3) $P(\overline{A}\ \overline{B}) = P(\overline{A \cup B}) = 1 - P(A \cup B) = 1 - 0.9 = 0.1$.

1.2.3 古典概型

古典概型是指具有下列两个特征的随机试验模型:

(1) **有限性**:随机试验只有有限个可能的结果.

(2) **等可能性**:每一个结果发生的可能性大小相同.

古典概型又称为**等可能概型**.在概率论的产生和发展过程中,它是最早的研究对象,且在实际中也是最常用的一种概率模型.

设古典概型的一个试验共有 n 个基本事件,而事件 A 包含 m 个基本事件.注意在一次试验中,恰好只有一个基本事件发生,且每个基本事件发生的可能性是等同的.又事件 A 包含 m 个基本事件,意味着试验结果若是这 m 个基本事件中的某个基本事件,则事件 A 发生,于是事件 A 发生可能性的大小取决于它所包含的 m 个基本事件在所有 n 个基本事件中的占比,即事件 A 发生的概率

$$P(A) = \frac{m}{n} = \frac{A\text{ 中包含的基本事件数}}{\text{基本事件总数}}$$

在古典概型的一个试验中,如何计算所有基本事件的个数? 如何计算事件 A 包含基本事件的个数? 考虑基本事件是每次试验的一个可能结果,而每次试验的一个可能结果对应于完成试验要求的一种方法,所以所有基本事件的个数就是完成试验要求所有方法的种数,事件 A 包含基本事件的个数就是完成事件 A 方法的种数,它是完成试验要求所有方法种数的一部分.

若试验属于元素不重复的排列问题,则归结为计算排列数,如 n 个不同元素取 m 个 $(m < n)$ 按某种次序排成一列,则排列数为:$\boldsymbol{P}_n^m = \boldsymbol{n}(\boldsymbol{n}-1)\cdots(\boldsymbol{n}-\boldsymbol{m}+1)$.

若试验属于元素可重复的排列问题,则归结为计算元素可重复排列的个数,如 n 个不同元素可重复地取 m 个排列,这种可重复的排列数为:$\boldsymbol{n}^m = \boldsymbol{n} \cdot \boldsymbol{n} \cdots \boldsymbol{n}$.

若试验属于组合问题,不必考虑次序,则归结为计算组合数,如 n 个不同元素取 m 个

$(m < n)$为一组,则组合数为：$C_n^m = \dfrac{P_n^m}{m!} = \dfrac{n(n-1)\cdots(n-m+1)}{m(m-1)\cdots 2 \cdot 1}$.

对于一般情况,则根据基本原理计算相应方法的种数.

例 1-5　口袋里装有 4 个黑球与 3 个白球,任取 3 个球,求：

(1)其中恰好有 1 个黑球的概率；

(2)其中至少有 2 个黑球的概率.

解　从 7 个球中任取 3 个,共有 $n = C_7^3$ 种取法,即基本事件总数为 $n = C_7^3$.

(1)设事件 A 表示任取 3 个球中恰好有 1 个黑球,完成事件 A 有 $C_4^1 C_3^2$ 种取法,根据古典概型计算概率的公式,得到概率

$$P(A) = \frac{C_4^1 C_3^2}{C_7^3} = \frac{4 \times 3}{35} = \frac{12}{35}$$

所以任取 3 个球中恰好有 1 个黑球的概率为：$\dfrac{12}{35}$

(2)设事件 B 表示任取 3 个球中至少有 2 个黑球,完成事件 B 有 $C_4^2 C_3^1 + C_4^3 C_3^0$ 种取法,根据古典概型计算概率的公式,得到概率

$$P(B) = \frac{C_4^2 C_3^1 + C_4^3 C_3^0}{C_7^3} = \frac{6 \times 3 + 4 \times 1}{35} = \frac{22}{35}$$

所以任取 3 个球中至少有 2 个黑球的概率为：$\dfrac{22}{35}$

请读者想一想下面两个有趣的问题：

①在抽奖活动中,参与者的次序是否越靠前越有利？

②读者可作一个调查,一个班级中有两人生日是同一天的概率为多少？

例 1-6(抽奖问题)　设某超市有奖销售,投放 n 张奖券,其中只有 1 张有奖,顾客只可抽 1 张,求第 k 位顾客中奖的概率$(1 \leqslant k \leqslant n)$.

解　设 A 表示第 k 位顾客中奖,到第 k 位顾客为止,试验的基本事件总数为 $n \times (n-1) \times \cdots \times (n-k+1)$,有利于 A 的基本事件必须是前 $k-1$ 位顾客未中奖,而第 k 位顾客中奖,因而有利于 A 的基本事件数为$(n-1) \times \cdots \times (n-k+1) \times 1$,于是

$$P(A) = \frac{(n-1) \times \cdots \times (n-k+1) \times 1}{n \times (n-1) \times \cdots \times (n-k+1)} = \frac{1}{n}$$

这一结果表明：中奖与否同顾客出现次序 k 无关,也就是说抽奖活动对每位参与者都是公平的.

例 1-7　设一年有 365 天,求下列事件 A,B 的概率：

$A = \{n$ 个人中没有 2 人生日相同$\}$,

$B = \{n$ 个人中至少有 2 人生日相同$\}$.

解　显然事件 A,B 是对立事件,由性质 2 有,$P(B) = 1 - P(A)$.

由于每个人的生日可以是 365 天的任意一天,因此,n 个人的生日有 365^n 种可能结果,而且每种结果都是等可能的,因而是古典概型. 事件 A 的发生必须是 n 个不同的生日,因而 A 的样本点数为从 365 中取 n 个的排列数 P_{365}^n,于是

$$P(A) = \frac{P_{365}^n}{365^n}$$

$$P(B) = 1 - P(A) = 1 - \frac{P_{365}^n}{365^n}$$

这个例子是历史上有名的"生日问题",对不同的一些 n 值,计算得出相应的 $P(B)$ 值见表 1-2.

表 1-2 不同 n 值对应的 $P(B)$ 值

n	10	20	23	30	40	50
$P(B)$	0.12	0.41	0.51	0.71	0.89	0.97

由表 1-2 看出,当班级人数为 23 人时,至少有 2 位小伙伴生日相同的可能性超过一半;而当人数为 50 人时,至少有 2 位小伙伴生日在同一天的可能性居然达到了 97%. 读者不妨调查一下你所在班的情况。

注 常用的 3 个事件之和的概率公式:

$$P(A \cup B \cup C) = P(A) + P(B) + P(C) - P(AB) - P(BC) - P(AC) + P(ABC)$$

1.3 条件概率与事件的独立性

经验告诉我们,在大雾天气中发生车祸的可能性要大一些,而晴朗的天气与某人买彩票中奖则毫无关系. 这就是说,有些事件的发生对另一些事件的发生有影响,而有些事件之间则是互不影响的. 条件概率与事件独立性就是对这类问题的研究.

1.3.1 条件概率

先从一个简单的例子来看看什么是条件概率.

引例 一批同型号产品由甲、乙两厂生产,产品结构见表 1-3.

表 1-3 甲、乙两厂产品结构数据

数量　　　　厂别 等级	甲厂	乙厂	合计
合格品	475	644	1 119
次品	25	56	81
合计	500	700	1 200

从这批产品中随意地取一件,则这件产品为次品的概率为

$$\frac{81}{1\,200} = 6.75\%$$

现在假设被告知取出的产品是甲厂生产的,那么这件产品为次品的概率又是多大呢?被告知取出的产品是甲厂生产的,不能肯定的只是该件产品是甲厂生产的 500 件中的哪一

件,由于 500 件中有 25 件次品,在已知取出的产品是甲厂生产的条件下,它是次品的概率为 $\frac{25}{500} = 5\%$. 记"取出的产品是甲厂生产的"这一事件为 A,"取出的产品为次品"这一事件为 B. 在事件 A 发生的条件下,求事件 B 发生的概率,这就是**条件概率**,记作 $P(B\mid A)$.

在引例中,可注意到

$$P(B\mid A) = \frac{25}{500} = \frac{\dfrac{25}{1\,200}}{\dfrac{500}{1\,200}} = \frac{P(AB)}{P(A)}$$

事实上,容易验证,对一般的古典概型,只要 $P(A) > 0$,总有

$$P(B\mid A) = \frac{P(AB)}{P(A)}$$

由这些共性得到启发,在一般的概率模型中引入条件概率的定义.

定义 3 设 A,B 是两个事件,且 $P(A) > 0$,则称

$$P(B\mid A) = \frac{P(AB)}{P(A)} \tag{1-1}$$

为在事件 A 发生的条件下,事件 B 的**条件概率**.

注 一般地,$P(B\mid A) \neq P(B)$. 条件概率 $P(B\mid A)$ 同样满足概率的基本性质.

例 1-8 设有两个口袋,第一个口袋里装有 3 个黑球与 2 个白球;第二个口袋装有 2 个黑球和 4 个白球. 从第一个口袋任取一球放到第二个口袋,再从第二个口袋任取一球,求已知从第一个口袋取出的是白球的条件下从第二个口袋取出白球的条件概率.

分析 设事件 A 表示从第一个口袋里取出白球,事件 B 表示从第二个口袋里取出白球. 要求的是 $P(B\mid A)$.

解法 1 注意到在 A 发生的条件下,第二个口袋中有 5 个白球和 2 个黑球,因此共有 7 个样本点,而有利于事件 B 的有 5 个,由古典概型的概率计算公式,直接可得

$$P(B\mid A) = \frac{5}{7}$$

此处计算比较简单,在于加上"A 已发生"条件后,新的样本空间非常简单明了,一切计算都在新的样本空间中进行.

解法 2 由题意

$$P(A) = \frac{2}{5} \qquad P(AB) = \frac{2}{7}$$

由条件概率公式

$$P(B\mid A) = \frac{P(AB)}{P(A)} = \frac{5}{7}$$

类似地,若 $P(B) > 0$,也可以定义给定 B 发生的条件下,A 发生的概率为

$$P(A\mid B) = \frac{P(AB)}{P(B)} \tag{1-2}$$

例 1-9 某种元件用满 5 000 h 未坏的概率是 $\frac{3}{4}$,用满 10 000 h 未坏的概率是 $\frac{1}{2}$,现有一个此种元件,已经用过 5 000 h 未坏,试求它能用到 10 000 h 的概率.

解 设 A 表示{用满 10 000 h 未坏},B 表示{用满 5 000 h 未坏},则

$$P(B) = \frac{3}{4} \quad P(A) = \frac{1}{2}$$

由于 $A \subset B$，则 $AB = A$，因而 $P(AB) = P(A) = \frac{1}{2}$，故

$$P(A \mid B) = \frac{P(AB)}{P(B)} = \frac{P(A)}{P(B)} = \frac{\frac{1}{2}}{\frac{3}{4}} = \frac{2}{3}$$

1.3.2 乘法公式

如对式(1-1)两端同乘 $P(A)$，则有
$$P(AB) = P(A)P(B \mid A) \tag{1-3}$$
同理对式(1-2)两端同乘 $P(B)$，有
$$P(AB) = P(B)P(A \mid B) \tag{1-4}$$
称式(1-3)或式(1-4)为概率的**乘法公式**.

乘法公式可以推广到任意 n 个事件 $A_1, A_2, \cdots, A_n$ 的情形：设 $n > 2$，且
$$P(A_1 A_2 \cdots A_{n-1}) > 0$$
则有
$$P(A_1 A_2 \cdots A_n) = P(A_1)P(A_2 \mid A_1) \cdots P(A_n \mid A_1 A_2 \cdots A_{n-1})$$

例1-10 一批产品共有100件，其中次品有10件，从中不放回地抽取2次，每次取1件，求第一次为次品，第二次为正品的概率.

解 设 A 表示第一次取得次品，B 表示第二次取得正品，由乘法公式即得所求概率为
$$P(AB) = P(A)P(B \mid A) = \frac{10}{100} \times \frac{90}{99} = 0.091$$

例1-11 设某光学仪器厂制造的透镜第一次落下时打破的概率为 $\frac{1}{2}$；若第一次落下未打破，第二次落下打破的概率为 $\frac{7}{10}$；若前两次落下未打破，第三次落下打破的概率为 $\frac{9}{10}$. 试求透镜落下三次而未打破的概率.

解 以 $A_i (i=1,2,3)$ 表示事件"透镜第 i 次落下打破"，以 B 表示事件"透镜落下三次而未打破". 因为 $B = \overline{A_1}\overline{A_2}\overline{A_3}$，故有
$$P(B) = P(\overline{A_1}\overline{A_2}\overline{A_3}) = P(\overline{A_1})P(\overline{A_2} \mid \overline{A_1})P(\overline{A_3} \mid \overline{A_1}\overline{A_2})$$
$$= \left(1 - \frac{1}{2}\right)\left(1 - \frac{7}{10}\right)\left(1 - \frac{9}{10}\right) = \frac{3}{200}$$

1.3.3 事件的独立性

一般来说，条件概率 $P(B \mid A) \neq P(B)$，即 A 发生与否对 B 发生的概率是有影响的；但例外的情形也不少.

例1-12 口袋里装有5个黑球与3个白球，从中有放回地取两次，每次取一个. 设事件 A

表示第一次取到黑球,事件 B 表示第二次取到黑球,则有

$$P(A) = \frac{5}{8} \quad P(AB) = \frac{5}{8} \times \frac{5}{8} = \frac{25}{64}$$

因而

$$P(B \mid A) = \frac{P(AB)}{P(A)} = \frac{5}{8}$$

因此 $P(B \mid A) = P(B)$,事实上还可以算出 $P(B \mid \overline{A}) = P(B)$. 这表明不论 A 发生还是不发生,都对 B 发生的概率没有影响. 此时,直观上可以认为事件 B 与 A 没有"关系",或者说 B 与 A 独立.

定义 4 如果事件 B 发生的可能性不受事件 A 发生与否的影响,即

$$P(B \mid A) = P(B) \tag{1-5}$$

则称事件 B 对于事件 A **独立**. 显然,若 B 对于 A 独立,则 A 对于 B 也一定独立,称事件 A 与事件 B **相互独立**.

定理 1 事件 A 与事件 B 相互独立的充分必要条件是

$$P(AB) = P(A)P(B)$$

证明 必要性 若 A 与 B 中有一个事件概率为零,则结论显然成立. 设 A,B 概率都不为 0,由于 A 与 B 独立,故有 $P(B \mid A) = P(B)$. 而由乘法公式,有 $P(AB) = P(B \mid A)P(A)$,因此得到 $P(AB) = P(A)P(B)$.

充分性 不妨设 $P(A) > 0$.

因为 $P(AB) = P(B \mid A)P(A)$,以及 $P(AB) = P(A)P(B)$.

所以 $P(B \mid A) = P(B)$.

即 A 与 B 独立.

例 1-13 从一副不含大小王的扑克牌中任取一张,$A = \{$抽到 $K\}$,$B = \{$抽到的牌是黑色的$\}$,问事件 A,B 是否独立?

解法 1 利用定理 1 判断. 由

$$P(A) = \frac{4}{52} = \frac{1}{13}, P(B) = \frac{26}{52} = \frac{1}{2}, P(AB) = \frac{2}{52} = \frac{1}{26}$$

得到 $P(AB) = P(A)P(B)$,故事件 A,B 独立.

解法 2 利用定义 4 判断. 由

$$P(A) = \frac{1}{13}, P(A \mid B) = \frac{2}{26} = \frac{1}{13}$$

得到 $P(A) = P(A \mid B)$,故事件 A,B 独立.

注 (1)在实际使用时往往并非都按定义来验证 A,B 的独立性,而是从事件的实际意义判断是否相互独立. 例如,两个工人分别在甲、乙两台机床上互不干扰地操作,则事件 $A = \{$甲机床出次品$\}$ 与事件 $B = \{$乙机床出次品$\}$ 是相互独立的.

(2)两事件互不相容与相互独立是完全不同的两个概念,它们分别从两个不同的角度表述了两事件间的某种联系. 互不相容是表述在一次随机试验中两事件不能同时发生,而相互独立是表述在一次随机试验中一事件是否发生与另一事件是否发生没有影响.

请读者思考:当 A,B 都具有正概率时,考察 A,B 独立与 A,B 互斥的情况.

事件独立性的定义可推广至任意 n 个事件 $A_1, A_2, \cdots, A_n$.

例如,$n=3$ 时,A_1,A_2,A_3 相互独立当且仅当以下四个等式同时成立:

$$\begin{cases} P(A_1A_2) = P(A_1)P(A_2) \\ P(A_1A_3) = P(A_1)P(A_3) \\ P(A_2A_3) = P(A_2)P(A_3) \\ P(A_1A_2A_3) = P(A_1)P(A_2)P(A_3) \end{cases} \tag{1-6}$$

定义 5 设 $A_1,A_2,\cdots,A_n$ 是 n 个事件,若其中任意两个事件之间均相互独立,则称 $A_1,A_2,\cdots,A_n$ **两两独立**.

显然,若式(1-6)前面的三个等式成立,则事件 A_1,A_2,A_3 两两独立. 可见 n 个事件两两独立不能等同于 n 个事件相互独立,n 个事件两两独立只是 n 个事件相互独立的必要条件.

例 1-14 设有四张卡片,其中三张分别涂上红色、白色、黄色,而余下的一张同时涂有红、白、黄三色. 从中随机抽取一张,记事件 A 表示抽出的卡片有红色,B 表示抽出的卡片有白色,C 表示抽出的卡片有黄色,考察 A,B,C 的独立性.

解 易知 $P(A)=P(B)=P(C)=\dfrac{2}{4}=\dfrac{1}{2}$

$$P(AB) = P(AC) = P(BC) = \frac{1}{4}, P(ABC) = \frac{1}{4}$$

因此,$P(AB)=P(A)P(B),P(AC)=P(A)P(C),P(BC)=P(B)P(C)$

但 $\quad P(ABC)=\dfrac{1}{4}\neq\dfrac{1}{2}\times\dfrac{1}{2}\times\dfrac{1}{2}=P(A)P(B)P(C)$

因而 A,B,C 两两独立,但不是相互独立.

定理 2 设事件 A,B 相互独立,则 A 与 $\overline{B}$,$\overline{A}$ 与 B,$\overline{A}$ 与 B 也相互独立.

证明 以下只证明 A 与 $\overline{B}$ 相互独立,其余两个留给读者练习.

$$\begin{aligned} P(A\overline{B}) &= P(A-AB) = P(A) - P(AB) \\ &= P(A) - P(A)P(B) = P(A)[1-P(B)] \\ &= P(A)P(\overline{B}) \end{aligned}$$

例 1-15(保险赔付) 设有 n 个人向保险公司购买人身意外险(保险期为 1 年),假定投保人在 1 年内发生意外的概率为 0.01,求:

(1)该保险公司赔付的概率;

(2)多大的 n 使得以上的赔付概率不低于 $\dfrac{1}{2}$.

解 (1)设 A_i 表示第 i 个投保人出现意外,$i=1,2,\cdots,n$,A 表示保险公司赔付,则 $A_1,A_2,\cdots,A_n$ 相互独立,且 $A=\bigcup\limits_{i=1}^{n}A_i$,因此

$$P(A) = P\left(\bigcup_{i=1}^{n}A_i\right) = 1 - P\left(\overline{\bigcup_{i=1}^{n}A_i}\right) = 1 - P\left(\bigcap_{i=1}^{n}\overline{A_i}\right)$$

$$= 1 - \prod_{i=1}^{n}P(\overline{A_i}) = 1 - (0.99)^n$$

(2)若要 $P(A)\geqslant 0.5$,即要 $(0.99)^n\leqslant 0.5$,则有

$$n \geqslant \frac{\lg 2}{2-\lg 99} \approx 684.16$$

也就是说,如有不少于 685 人投保,则保险公司有大于一半的概率赔付.

本例说明,虽然概率为 0.01 的事件是小概率事件,它在一次试验中实际是不会发生的,但若重复试验的次数充分大时,该小概率事件至少发生一次的概率要超过 0.5. 因此小概率事件也是不能忽视的.

1.3.4 伯努利概型

如果随机试验只有两种可能的结果:事件 A 发生或事件 A 不发生,则称这样的试验为伯努利(Bernoulli)试验. 记

$$P(A) = p, P(\bar{A}) = 1 - p = q (0 < p < 1, p + q = 1)$$

将伯努利试验在相同条件下独立地重复进行 n 次,称这一串重复的独立试验为 n **重伯努利试验**(或称独立重复试验),也简称为**伯努利概型**.

定理 3(伯努利定理) 设在一次试验中,事件 A 发生的概率为 $p(0 < p < 1)$,则在 n 重伯努利试验中,事件 A 恰好发生 k 次的概率为

$$b(k;n,p) = C_n^k p^k (1 - p)^{n-k} \quad (k = 0,1,2,\cdots,n) \tag{1-7}$$

推论 设在一次试验中,事件 A 发生的概率为 $p(0 < p < 1)$,则在伯努利试验序列中,事件 A 在第 k 次试验中才首次发生的概率为

$$p(1 - p)^{k-1} \quad (k = 1,2,\cdots)$$

注意到"事件 A 第 k 次试验才首次发生"等价于在前 k 次试验组成的 k 重伯努里试验中"事件 A 在前 $k-1$ 次试验中均不发生而第 k 次试验中事件 A 发生",再由伯努利定理即可知推论成立.

例 1-16 假设某类型的导弹击中目标的概率为 0.6,问:欲以 99% 的把握击中目标至少需配置几枚导弹?

解 设需配置 n 枚导弹. 因为导弹各自独立发射,所以,该问题可以看作 n 重伯努利试验.

设 $A_k = \{$有 k 枚导弹击中目标$\}$,$P(A_k) = C_n^k 0.6^k 0.4^{n-k} (k = 0,1,\cdots,n)$,$B = \{$击中目标$\}$,问题归结为求满足下面不等式的 n:

$$P(B) = P(A_1 + \cdots + A_n) = P(A_1) + \cdots + P(A_n) = \sum_{k=1}^{n} C_n^k 0.6^k 0.4^{n-k} \geq 0.99$$

由

$$P(B) = 1 - P(\bar{B}) = 1 - 0.4^n \geq 0.99 \text{ 或 } 0.4^n \leq 0.01$$

解得

$$n \geq \frac{\lg 0.01}{\lg 0.4} \approx 5.03$$

至少应配置 6 枚导弹才能达到要求.

例 1-17 某车间有 10 台同类型的机床,每台机床配备的电动机功率为 10 kW,每台机床开动的概率为 0.2,且开动与否是相互独立的. 现在由于某种原因,只能提供 50 kW 的电力给这 10 台机床,那么这 10 台机床能够正常工作的概率为多少?

解 因为每台机床开动与否相互独立,且只有开动与不开动两种状态,故可认为是伯努利概型.

50 kW 的电力可同时供给 5 台机床开动,当 10 台机床中同时开动的台数不超过 5 台时

都可以正常工作,设 $A = \{10$ 台机床能正常工作$\}$, $A_k = \{$有 k 台机床能正常工作$\}$. 利用公式 (1-7) 得所求概率为

$$P(A) = \sum_{k=0}^{5} P(A_k) = \sum_{k=0}^{5} C_{10}^k 0.2^k \times 0.8^{10-k} \approx 0.994$$

由此可知,虽然只供应一半的电力,但基本上不影响车间的正常生产.

1.4 全概率公式与贝叶斯(Bayes)公式

1.4.1 全概率公式

一个复杂事件的概率计算问题,可化为在不同情况或不同原因下发生的简单事件的概率的求和问题,全概率公式可以用来解决这类问题.

定理 4(全概率定理) 如果事件 $A_1, A_2, \cdots, A_n$ 是一个完备事件组,并且都具有正概率,则有

$$P(B) = P(A_1)P(B \mid A_1) + P(A_2)P(B \mid A_2) + \cdots + P(A_n)P(B \mid A_n)$$

$$= \sum_{i=1}^{n} P(A_i)P(B \mid A_i)$$

如图 1-8 所示,在试验中,区域 B 被分成 n 个部分,它们分别是区域 B 与 $A_1, A_2, \cdots, A_n$ 的交集,即区域 B 为交集 $A_1 \cap B, A_2 \cap B, \cdots, A_n \cap B$ 的并集.

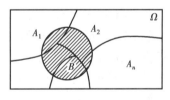

图 1-8

例 1-18 某村麦种放在甲、乙、丙三个仓库保管,其保管数量分别占总数量的 40%,35%,25%,所保管麦种发芽率分别为 0.95,0.92,0.90. 现将三个仓库的麦种全部混合,求其发芽率.

解 设事件 A_1 表示甲仓库保管的麦种,事件 A_2 表示乙仓库保管的麦种,事件 A_3 表示丙仓库保管的麦种,事件 B 表示发芽麦种. 由题意得到概率

$P(A_1) = 40\%$, $P(A_2) = 35\%$, $P(A_3) = 25\%$,

$P(B \mid A_1) = 0.95$, $P(B \mid A_2) = 0.92$, $P(B \mid A_3) = 0.90$.

注意到发芽麦种包括甲仓库保管的发芽麦种、乙仓库保管的发芽麦种及丙仓库保管的发芽麦种三个部分,根据全概公式,得到概率

$$P(B) = P(A_1)P(B \mid A_1) + P(A_2)P(B \mid A_2) + P(A_3)P(B \mid A_3)$$

$$= 40\% \times 0.95 + 35\% \times 0.92 + 25\% \times 0.90$$

$$= 0.927$$

所以麦种全部混合后的发芽率为 0.927.

对于任何事件 A,事件 A, $\overline{A}$ 构成最简单的完备事件组,于是全概公式为

$$P(B) = P(A)P(B \mid A) + P(\overline{A})P(B \mid \overline{A})$$

例 1-19 要了解一只股票未来一定时期内价格的变化,往往会去分析影响股票价格的

基本因素,比如利率的变化. 现假设人们经分析估计利率下调的概率为 70%. 根据经验,人们估计,在利率下调的情况下,某股票价格上涨的概率为 80%,而在利率不变的情况下,其价格上涨的概率为 30%. 求该只股票将上涨的概率.

解　记 A 为事件"利率下调",那么 $\overline{A}$ 即为"利率不变",记 B 为事件"股票价格上涨". 据题设知

$$P(A) = 70\%, P(\overline{A}) = 30\%,$$
$$P(B \mid A) = 80\%, P(B \mid \overline{A}) = 30\%,$$

于是

$$P(B) = P(A)P(B \mid A) + P(\overline{A})P(B \mid \overline{A})$$
$$= 70\% \times 80\% + 30\% \times 30\% = 65\%$$

1.4.2　贝叶斯(Bayes)公式

已知某事件已经发生,要考察引发该事件发生的各种原因或情况的可能性大小,以下的贝叶斯公式可以解决这类问题.

定理 5　设 $A_1, A_2, \cdots, A_n$ 是一完备事件组,则对任一事件 $B, P(B) > 0$,有

$$P(A_i \mid B) = \frac{P(A_i B)}{P(B)} = \frac{P(A_i)P(B \mid A_i)}{\sum\limits_{j=1}^{n} P(A_j)P(B \mid A_j)} \quad (i = 1, 2, \cdots, n) \tag{1-8}$$

由条件概率的定义及全概率公式即可得证,请读者试证之.

公式(1-8)就是著名的**贝叶斯(Bayes)公式**. 它是由英国学者贝叶斯(Bayes)发现的.

例 1-20　市场上供应的某种商品只由甲、乙、丙三个厂生产,甲厂占 45%,乙厂占 35%,丙厂占 20%. 如果各厂的次品率依次为 4%,2%,5%. 现从市场上购买 1 件这种商品,发现是次品,试判断它是由甲厂生产的概率.

解　设事件 A_1, A_2, A_3 分别表示"商品为甲、乙、丙厂生产的",事件 B 表示"商品为次品",由题意得到概率

$P(A_1) = 45\%, P(A_2) = 35\%, P(A_3) = 20\%,$

$P(B \mid A_1) = 4\%, P(B \mid A_2) = 2\%, P(B \mid A_3) = 5\%.$

由式(1-8),有

$$P(A_1 \mid B) = \frac{P(A_1)P(B \mid A_1)}{P(A_1)P(B \mid A_1) + P(A_2)P(B \mid A_2) + P(A_3)P(B \mid A_3)}$$
$$= \frac{45\% \times 4\%}{45\% \times 4\% + 35\% \times 2\% + 20\% \times 5\%} \approx 0.514$$

在例 1-20 中,在"购买 1 件商品"这个试验中,$P(A_i)$ 是在试验以前就已经知道的概率,所以习惯地称为**先验概率**,其是在没有进一步信息(不知道事件 B 是否发生)的情况下诸事件发生的概率. 实际上它是在过去已经掌握的生产情况下的反映,给试验将要出现的结果提供了一定的信息. 在这个例子中,试验结果出现了次品(即 B 发生),这时条件概率 $P(A_i \mid B)$ 反映了在试验以后,对 B 发生的"来源"(即次品的来源)的各种可能性的大小,通常称为**后验概率**. 它是在获得新的信息(知道 B 发生)后,人们对诸事件发生的概率 $P(A_i \mid B)$ 就有了新的估计.

在医学诊断中,也常遇到这样的例子. 如果 $A_1, A_2, \cdots, A_n$ 是患者可能患的 n 种不同的疾病,在诊断前先检验与这些疾病有关的某些指标(如体温、血压、白血球等),若患者的某些特征指标偏离正常值(即 B 发生),要问患者患的是哪一种疾病,从概率论的角度考虑,若 $P(A_i|B)$ 较大,则患者患 A_i 种疾病的可能性也较大,而为了计算 $P(A_i|B)$,就可以利用上述的贝叶斯公式,并把由过去的病例中得到的先验概率 $P(A_i)$ 值代入(医学上称 $P(A_i)$ 为 A_i 病的发病率). 人们常常喜欢找"有经验"的医生给自己治病,就是因为过去的"经验"能帮助医生作出比较准确的诊断,能更好地做到"对症下药". 而贝叶斯公式正是利用了"经验"的知识(先验概率),因此受到人们的普遍重视.

例 1-21 用甲胎蛋白法普查某重病,令

$$B = \{被检验者患重病\}, A = \{甲胎蛋白检验结果为阳性\}.$$

则

$$\overline{B} = \{被检验者未患重病\}, \overline{A} = \{甲胎蛋白检验结果为阴性\}.$$

由过去的资料已知

$$P(A|B) = 0.95, P(\overline{A}|\overline{B}) = 0.90$$

又已知某地居民的重病发病率为 $P(B) = 0.000\,4$. 在普查中查出一批甲胎蛋白检验结果为阳性的人,求这批人中确实患有重病的概率 $P(B|A)$.

解 由贝叶斯公式可得

$$
\begin{aligned}
P(B|A) &= \frac{P(B)P(A|B)}{P(B)P(A|B) + P(\overline{B})P(A|\overline{B})} \\
&= \frac{0.000\,4 \times 0.95}{0.000\,4 \times 0.95 + 0.999\,6 \times 0.1} = 0.003\,8
\end{aligned}
$$

由此可知,从甲胎蛋白检验结果为阳性这一事件出发,来判断患者是否患重病,它的准确性很低. 但数据 $P(A|B) = 0.95$ 及 $P(\overline{A}|\overline{B}) = 0.90$ 表明,当已知患重病的或未患重病时,甲胎蛋白检验的准确性应该说是比较高的. 这个事实看起来似乎有点矛盾,这到底是怎么一回事呢? 这从贝叶斯公式可以得到解释. 已知 $P(A|\overline{B}) = 0.1$ 不大,未患重病的人占了大多数,这就使得检验结果是错误的部分 $P(\overline{B})P(A|\overline{B})$ 相对很大,从而造成 $P(B|A)$ 很小. 因此,对于发病率很低、检查费用又很高的重病,采用普查的做法并不可取.

那么,上述的结果是不是说明甲胎蛋白检验法不能用了呢? 完全不是。通常医生总是先采取一些其他简单易行的辅助方法,当他怀疑某个对象有可能患重病时,才建议用甲胎蛋白法检验. 例如,在被怀疑的对象中,如果 $P(B) = 0.5$,这时可计算得到 $P(B|A) = 0.90$,这就有相当高的准确性了.

1.5　应用实例——赌徒困惑问题

概率论起源于赌博问题。大约在 17 世纪中叶,法国数学家帕斯卡(B. Pascal)、费尔马(Fermat)及荷兰数学家惠更斯(C. Hugeness)用排列组合的方法,研究了赌博中一些较复杂的问题. 随着 18—19 世纪科学的迅速发展,起源于赌博的概率论逐渐被应用于生物、物理等研究领域,同时也推动了概率理论研究的发展. 概率论作为一门数学分支日趋完善,形成了

严格的数学体系.

赌徒争吵与困惑的故事发生在 17 世纪法国某赌场，著名赌徒梅尔和一位游客保罗赌钱，他们事先每人拿出 6 枚金币放在一起，约定谁先胜 3 局谁就能得到所有的 12 枚金币。已知他们在每局取胜的可能性相等。比赛开始后，保罗先胜 1 局，梅尔连扳 2 局，这时赌场的一件意外事件中断了他们的赌博。于是他们不得不一起商量这 12 枚金币怎么分才合适。保罗对梅尔说："我胜 1 局，你赢 2 局，因此你得到的金币是我的 2 倍，是总数的 2/3，即得到 8 枚金币；我得总数的 1/3，即 4 枚金币".

"这不公平！"精通赌博的梅尔对此提出异议："我只要再赢 1 局就能得到全部金币，而你要得到全部金币还须再胜 2 局。接下去的比赛中，我先胜 1 局的可能性比你先胜 2 局的可能性大得多，必须把这种可能性考虑进去."

他们俩谁也说服不了谁，而且梅尔也拿不出具体怎么分金币的办法来。最后他们决定去请法国著名的数学家费尔马(Fermat)和帕斯卡(B. Pascal)来评判。

费尔马和帕斯卡这两位数学家并不热衷于赌博，但为了研究这个事件的规律，他们曾到赌场去认真观察和研究。他们用不同方法对梅尔和保罗的争吵作出了一致的评判：梅尔应分得 9 枚金币，保罗可分得 3 枚金币.

费尔马的解决办法是：假如他们 2 人再玩 2 局，谁能得到全部金币就完全能确定了。这 2 局会出现 4 种可能的结果：

(梅尔胜，保罗胜)，(保罗胜，梅尔胜)，(梅尔胜，梅尔胜)，(保罗胜，保罗胜).

其中前 3 种结果都使梅尔先胜 3 局，只有最后 1 种结果才能使保罗先胜 3 局。于是，梅尔先胜 3 局的概率为 3/4，保罗先胜 3 局的概率为 1/4。因此，梅尔应分得所有金币的 3/4，即 9 枚金币；保罗只可分得所有金币的 1/4，即 3 枚金币.

帕斯卡用了另一种办法解决。他假设这两人如果接着再玩 1 局，那么会出现 2 种结果：最后 1 局是梅尔胜或是保罗胜。当梅尔胜时，这时梅尔已先胜 3 局，可以得到全部金币(记为 1)；当保罗胜时，这时梅尔和保罗都各胜 2 局，两人应各得金币的一半(记为 1/2)。由于在第 4 局中两人获胜的可能性相等，因此梅尔赢得金币的可能性应是两种可能性大小的算术平均值，即为：$(1 + 1/2) \div 2 = 3/4$。同理保罗赢得金币的可能性为：$(0 + 1/2) \div 2 = 1/4$.

数学家们当时就预见到随机事件规律的研究具有深远的影响和广泛应用。这正如著名的数学家和物理学家惠更斯(C. Hugeness)于 1657 年所著的《关于赌博的计算》一书中说的那样："所处理的不只是赌博问题，其中实际上包含着很有趣、很深刻的理论基础."

下面用本章的知识来解决以上的赌博问题：设事件 A 表示梅尔先胜 3 局.

解 1(费尔马的解决办法)　这是一个古典概型问题，记 $\omega_1 =$ (梅尔胜，保罗胜)，$\omega_2 =$ (保罗胜，梅尔胜)，$\omega_3 =$ (梅尔胜，梅尔胜)，$\omega_4 =$ (保罗胜，保罗胜). 则样本空间 $\Omega = \{\omega_1, \omega_2, \omega_3, \omega_4\}$，$A = \{\omega_1, \omega_2, \omega_3\}$，故 $P(A) = \dfrac{3}{4}$.

解 2(帕斯卡的解决办法)　用全概公式求解。假设两人再玩 1 局，梅尔胜用事件 B 表示，则保罗胜表示为事件 $\overline{B}$，分析得出：

$$P(B) = \frac{1}{2}, P(\overline{B}) = \frac{1}{2}, P(A \mid B) = 1, P(A \mid \overline{B}) = \frac{1}{2}$$

因此
$$P(A) = P(B)P(A \mid B) + P(\overline{B})P(A \mid \overline{B})$$
$$= \frac{1}{2} \times 1 + \frac{1}{2} \times \frac{1}{2} = \frac{3}{4}$$

习题1

（A）

1. 写出下列试验的样本空间，并表示给出事件的样本点集合.

（1）抛一枚硬币两次，观察所得结果；事件 A 表示"两次的结果相同".

（2）观察某电话总机 1 min 内接到的呼叫次数；事件 A 表示"1 min 内呼叫次数不超过3次".

（3）从一批元件中随机抽取一件测试它的寿命；事件 A 表示"寿命在 3 000 ~ 3 500 h".

2. 用事件 A,B,C 的运算关系式表示下列事件：

（1）A,B,C 都发生；

（2）A,B,C 都不发生；

（3）A,B,C 不都发生；

（4）A 发生，B,C 不发生；

（5）A,B,C 中恰有一个发生；

（6）A,B,C 中至少一个发生；

（7）A,B,C 中至少两个发生；

（8）A,B,C 中至多只有一个发生.

3. 将一枚骰子连掷两次，令 A 表示"两次掷出的点数相同"，B 表示"点数之和为10"，C 表示"最小点数是4"，求下列事件所包含的样本点.

（1）$A+B$；（2）ABC；（3）$A-C$；（4）$C-A$；（5）$B\bar{C}$.

4. 已知 $P(A)=0.5$，$P(\bar{B})=0.3$，$P(A\cup B)=0.8$，求：

（1）$P(AB)$；

（2）$P(B-A)$；

（3）$P(\bar{A}\bar{B})$.

5. 口袋中有 5 个白球、3 个黑球，从中任取 2 个，求取到 2 个球颜色相同的概率.

6. 为了减少比赛场次，把 8 个球队任意分成两组（每组 4 队）进行比赛，求最强的两队被分在不同组内的概率.

7. 将 5 个球随意地放入 3 个盒子中，试求第一个盒子中有 3 个球的概率.

8. 同时掷 4 个均匀的骰子，求下列事件的概率：

（1）4 个骰子的点数不相同；

（2）恰有 2 个骰子的点数相同；

（3）4 个骰子的点数两两相同，但两对的点数不同；

（4）恰有 3 个骰子的点数相同；

（5）4 个骰子的点数都相同.

9. 邮政大厅有 5 个邮筒，现将 2 封信逐一随机投入邮筒，求：

（1）第一个邮筒内恰好有一封信的概率；

（2）前两个邮筒内没有信的概率.

10. 某地区一年内刮风的概率为 4/15，下雨的概率为 2/15，既刮风又下雨的概率为 1/10，求：

(1)在刮风的条件下,下雨的概率;

(2)在下雨的条件下,刮风的概率.

11. 已知随机事件 A 的概率 $P(A) = 0.5$,随机事件 B 的概率 $P(B) = 0.6$,条件概率 $P(B|A) = 0.8$,试求 $P(AB)$ 和 $P(\overline{A}\,\overline{B})$.

12. 某人有一笔资金,他投入基金的概率为 0.58,购买股票的概率为 0.28,两项投资都做的概率为 0.19,求:

(1)已知他已投入基金,再购买股票的概率是多大?

(2)已知他已购买股票,再投入基金的概率是多大?

13. 设一批产品中一、二、三等品各占 60%,30%,10%. 从中任意取一件,结果不是三等品,求取到一等品的概率.

14. 已知 $P(A) = 1/4$,$P(B|A) = 1/3$,$P(A|B) = 1/2$,求 $P(A\cup B)$.

15. 某单位同时装有两种报警系统 A 与 B,当报警系统 A 单独使用时,其有效的概率为 0.70,当报警系统 B 单独使用时,其有效的概率为 0.80,在报警系统 A 有效的条件下,报警系统 B 有效的概率为 0.84,若发生意外时,求:

(1)两种报警系统都有效的概率;

(2)在报警系统 B 有效的条件下,报警系统 A 有效的概率;

(3)两种报警系统中至少有一种报警系统有效的概率;

(4)两种报警系统都失灵的概率.

16. 设事件 A,B 独立,且 $P(A\overline{B}) = 1/4$,$P(\overline{A}B) = 1/6$. 求 $P(A)$,$P(B)$.

17. 电路由电池 a 与两个并联的电池 b 和 c 串联而成,设电池 a,b,c 损坏的概率分别是 0.3,0.2,0.2,求电路发生间断的概率.

18. 甲、乙两人射击,甲击中的概率为 0.8,乙击中的概率为 0.7,两人同时射击,并假定中靶与否是独立的. 求:

(1)两人都中靶的概率;

(2)甲中乙不中的概率;

(3)甲不中乙中的概率.

19. 加工一个产品要经过三道工序,第一、二、三道工序不出废品的概率分别为 0.9,0.95,0.8,若假定各工序是否出废品是独立的,求经过三道工序而不出废品的概率.

20. 三人独立地去破译一个密码,他们能破译的概率分别为 1/5,1/3,1/4,问能将此密码破译的概率是多少?

21. 电灯泡使用寿命在 1 000 h 以上的概率为 0.2,求三个灯泡在使用了 1 000 h 后,最多只有一个坏了的概率.

22. 某商家对其销售的笔记本电脑作出如下承诺:若一年内电脑出现重大质量问题,商家保证免费予以更换. 已知此种电脑一年内出现重大质量问题的概率为 0.005. 试计算该商家每月销售的 200 台电脑中一年内必须免费予以更换的电脑的台数不超过 1 的概率.

23. 两台车床加工同样的零件,第一台出现不合格品的概率是 0.03,第二台出现不合格品的概率是 0.06,加工出来的零件放在一起,并且已知第一台加工的零件数比第二台加工的零件数多一倍.

(1)求任取一个零件是合格品的概率;

(2)如果取出的零件是不合格品,求它是由第二台车床加工的概率.

24. 某保险公司把被保险人分成三类:"谨慎的""一般的"和"冒失的",他们在被保险人中依次占20%,50%和30%. 统计资料表明,上述三种人在一年内发生事故的概率分别为0.05,0.15和0.30. 现有某被保险人在一年内出事故了,求该被保险人是"谨慎的"客户的概率.

25. 一种传染病在某市的发病率为0.04. 为查出这种传染病,医院采用一种检验法,该方法能使98%的患有此病的患者被检出阳性,但也会有3%的未患此病的人被检出阳性. 现某人被用此法检出阳性,求此人确实患此病的概率.

26. 试卷中有一道选择题,共有四个答案可供选择,其中只有一个答案是正确的. 任一考生如果会解这道题,则一定能选出正确答案;如果他不会解这道题,则不妨任选一个答案. 设考生会解这道题的概率是0.8,求:

(1)考生选出正确答案的概率;

(2)已知某考生所选的答案是正确的,则他确实会解这道题的概率.

27. 口袋中有一个球,不知它的颜色是黑还是白. 现再往口袋里放入一个白球,然后从口袋中任意取出一个,发现取出的是白球,试问口袋中原来那个球是白球的可能性为多少?

(B)

1. (2007年数学一,数学三)某人向同一目标独立重复射击,每次射击命中目标的概率为$p(0<p<1)$,则此人第四次射击恰好第二次命中目标的概率为( ).

(A)$3p(1-p)^2$　　　　　　　　(B)$6p(1-p)^2$

(C)$3p^2(1-p)^2$　　　　　　　(D)$6p^2(1-p)^2$

2. (2009年数学三)设事件A与事件B互不相容,则( ).

(A)$P(\overline{A}\,\overline{B})=0$　　　　　　　　(B)$P(AB)=P(A)P(B)$

(C)$P(A)=1-P(B)$　　　　　　　(D)$P(\overline{A}\cup\overline{B})=1$

3. (2012年数学一,数学三)设A,B,C是随机事件,A,C互不相容,$P(AB)=1/2$,$P(C)=1/3$,则$P(AB|\overline{C})=$ _____.

4. 试问下列命题是否成立?

(1)$A-(B-C)=(A-B)\cup C$;

(2)若$AB=\varnothing$且$C\subset A$,则$BC=\varnothing$;

(3)$(A\cup B)-B=A$;

(4)$(A-B)\cup B=A$.

5. 一个人把六根草紧握手中,仅露出它们的头和尾. 然后随机地把六个头两两相接,六个尾也两两相接. 求放开手后六根草恰巧连成一个环的概率.

6. 已知$P(A)=0.5$,$P(B)=0.7$,则

(1)在怎样的条件下,$P(AB)$取得最大值? 最大值是多少?

(2)在怎样的条件下,$P(AB)$取得最小值? 最小值是多少?

7. 设某种动物由出生活到10岁的概率为0.8,而活到15岁的概率为0.4. 问现年为10岁的这种动物能活到15岁的概率是多少?

8. (1)设A,C独立,B,C独立,A,B互斥,证明:$A\cup B$与C独立;

(2)设A,B,C独立,证明$A\cup B$与$\overline{C}$独立.

第 2 章

随机变量及其分布

为了更好地研究随机试验,人们不仅对随机事件发生的概率感兴趣,而且还关心某个与随机试验的结果相联系的变量.这种变量与微积分的变量不尽相同,其取值依赖于随机试验结果,因而称为**随机变量**.对于随机变量,人们无法事先预知其确切取值,但可以研究其取值的统计规律性.本章将介绍两类随机变量及描述随机变量统计规律性的**分布**.

通过学习随机变量统计规律性的**分布**,你在本章最后一节的应用实例中,将对考试以裸考的想法而没有任何能量储备的前提下,心存碰运气过关一定会说"不";你对现实中如何科学评价两个企业的优劣问题会有正确的认识;你在将来的就业招聘时,如何从公开的信息中得出自己是否被录用能作出准确的判断.

2.1 随机变量

上一章讨论过不少随机试验,其中有些试验的结果就是数量,有些虽然本身不是数量,但可以用数量来表示试验的结果.

例 2-1 从一批废品率为 p 的产品中有放回地抽取 n 次,每次取一件产品,观察取到废品的次数,这一试验的样本空间为 $\Omega = \{0, 1, 2, \cdots, n\}$.如果用 X 表示取到废品的次数,那么,X 的取值依赖于试验结果,当试验结果确定了,X 的取值也就随之确定了.比如,进行了一次这样的随机试验,试验结果 $\omega = 1$,即在 n 次抽取中,只有一次取到了废品,那么 $X = 1$.

例 2-2 掷一枚匀称的硬币,观察正面、背面的出现情况.这一试验的样本空间为 $\Omega = \{H, T\}$,其中 H 表示"正面朝上",T 表示"背面朝上".如果引入变量 X,对试验的两个结果,将 X 的值分别规定为 1 和 0,即

$$X = \begin{cases} 1 & \text{当出现 } H \text{ 时} \\ 0 & \text{当出现 } T \text{ 时} \end{cases}$$

一旦试验的结果确定了,X 的取值也就随之确定了.

从上述两个例子可以看出:无论随机试验的结果本身与数量有无联系,都能把试验的结果与实数对应起来,即可把试验的结果数量化.由于这样的数量依赖试验的结果,而对随机试验来说,在每次试验之前无法断言会出现何种结果,因而也就无法确定它会取什么值,即它的取值具有随机性,这样的变量称为**随机变量**.事实上,随机变量就是随机试验结果的不

同而变化的量. 由此可见, 随机变量是随机试验结果的函数. 如例 2-1 中的 X 写成

$$X = X(\omega) = \omega, \text{其中} \omega \in \{0,1,2,\cdots,n\}$$

例 2-2 中的 X 可写成

$$X = X(\omega) = \begin{cases} 1 & \text{当} \omega = H \\ 0 & \text{当} \omega = T \end{cases}$$

定义 1 设 E 为一随机试验, Ω 为样本空间, 若 $X = X(\omega)(\omega \in \Omega)$ 为单值实函数, 且对于任意实数 x, 集合 $\{\omega \mid X(\omega) \leq x\}$ 都是随机事件, 则称 X 为**随机变量**.

注 对于试验的每一可能结果, 也就是一个样本点 ω, 随机变量都对应着一个实数, 而且随着试验结果不同而变化.

随机变量一般用大写拉丁字母 X, Y, Z 或希腊字母 ξ, η, ζ 等表示. 而表示随机变量所取的值时, 一般采用小写字母 x, y, z 等.

引入随机变量之后, 随机事件就可以用随机变量来描述。例如, 在某城市中考察人口的年龄结构, 年龄在 80 岁以上的长寿者, 年龄介于 $18 \sim 35$ 岁的年轻人, 以及不到 12 岁的儿童, 它们各自的比率如何. 从表面上看, 这些是孤立事件, 但如果引进一个随机变量 X 表示: 随机抽取一个人的年龄; 那么, 上述几个事件可以分别表示成 $\{X > 80\}$, $\{18 \leq X \leq 35\}$ 及 $\{X < 12\}$. 由此可见, 随机事件的概念是被包容在随机变量这个更广的概念之内的.

随机变量概念的产生是概率论发展史上的重大事件. 引入随机变量后, 对随机现象统计规律的研究, 就由对事件及事件概率的研究扩大为对随机变量及其取值规律的研究.

随机变量因其取值方式不同, 通常分为离散型和非离散型两类:

$$\text{随机变量} \begin{cases} \text{离散型随机变量} \\ \text{非离散型随机变量} \begin{cases} \text{连续型} \\ \text{奇异型(混合型)} \end{cases} \end{cases}$$

本书主要研究离散型和连续型随机变量.

2.2 离散型随机变量

2.2.1 离散型随机变量的概率分布

定义 2 如果随机变量 X 只取有限个或可列个可能值, 而且以确定的概率取这些不同的值, 则称 X 为**离散型随机变量**.

如 2.1 节中的例 2-1 和例 2-2 的随机变量, 其可能取值为有限个, 故为离散型随机变量. 又如, 某人购买福利彩票, 直到买中特等奖, 以 X 购买福利彩票的次数, 则 X 可能取值为 $1, 2$, $3, \cdots$, 故 X 是离散型随机变量. 为描述离散型随机变量, 还需知道相应的概率.

定义 3 设离散型随机变量 X 的所有可能取值为 $x_1, x_2, \cdots, x_n, \cdots$, 称

$$P\{X = x_k\} = p_k(k = 1, 2, \cdots)$$

为 X 的**概率分布**, 简称**分布律**或**分布列**.

离散型随机变量 X 的分布律也常用表格表示(表 2-1).

表 2-1　离散型随机变量 X 的分布律

X	x_1	x_2	$\cdots$	x_n	$\cdots$
p_k	p_1	p_2	$\cdots$	p_n	$\cdots$

离散型随机变量 X 的分布律具有下列基本性质:

(1) $p_k \geqslant 0$ ⠀⠀⠀⠀ $k = 1,2,\cdots$

(2) $\sum\limits_{k} p_k = 1$

例 2-3　设某射击运动员各次射击中靶与否互不影响,且中靶的概率为 $p(0 < p < 1)$,现不停射击,直至中靶为止,求射击次数 X 的概率分布.

解　显然,射击次数 X 是离散型随机变量,所有可能取值为全体正整数,即 $X = i$ ($i = 1,2,\cdots$),根据 1.3 节的乘法公式及其推广,计算随机变量 X 取这些值的概率.

"$X = 1$"表示第一次射击就中靶,依题意 $P\{X = 1\} = p$;

"$X = 2$"表示射击两次,但第一次未中靶,其概率为 $1 - p$,而第二次中靶,其概率为 p. 由于各次中靶与否是相互独立的,因此 $P\{X = 2\} = (1 - p)p$.

"$X = i$"表示射击 i 次,前 $i - 1$ 都未击中,而第 i 次中靶,$P\{X = i\} = (1 - p)^{i-1}p(i = 1,2,\cdots)$

由此得到 X 的概率分布为

$$P\{X = i\} = (1 - p)^{i-1}p \qquad (i = 1,2,\cdots)$$

这个结果与 1.3 节定理 3 的推论相一致.

例 2-4　设离散型随机变量 X 的分布律如下表.

X	-1	1	4
P	c	c	$2c$

试求:(1)常数 c 值;

⠀⠀⠀⠀(2)概率 $P\{X < 1\}$,$P\{X \leqslant 1\}$.

解　(1)根据离散型随机变量分布律的性质,有关系式

$$c + c + 2c = 1$$

所以常数

$$c = \frac{1}{4}$$

(2)代入 c 的值,则 X 的分布律如下表:

X	-1	1	4
P	$\dfrac{1}{4}$	$\dfrac{1}{4}$	$\dfrac{1}{2}$

注意到在 $X < 1$ 的范围内,X 的可能取值只有 -1,所以概率

$$P\{X < 1\} = P\{X = -1\} = \frac{1}{4}$$

同理 $$P\{X \le 1\} = P\{X = 1\} + P\{X = -1\} = \frac{1}{2}$$

2.2.2 常见的离散型随机变量的概率分布

在理论和应用上,所遇到的离散型随机变量的分布有很多,但其中最重要的是如下三种分布.

1)两点分布

若随机变量 X 只可能取两个值,如 0 或 1,其分布律为

X	0	1
p_k	$1-p$	p

则称 X 服从参数为 p 的**两点分布**或**(0-1)分布**,记为 $X \sim B(1,p)$.

两点分布的分布律用公式表示为
$$P\{X = k\} = p^k q^{1-k} \quad (k = 0,1)(0 < p < 1, p + q = 1) \tag{2-1}$$

对于任何一个只有两种可能结果的随机试验,如果用 $\Omega = \{\omega_1, \omega_2\}$ 表示样本空间,则在 Ω 上定义一个服从两点分布的随机变量

$$X = \begin{cases} 1 & 若 \omega = \omega_1 \\ 0 & 若 \omega = \omega_2 \end{cases}$$

来描述随机试验的结果. 例如,射手射击是否"中靶",掷硬币是否"带币值的一面朝上",检查产品是否"合格",明天是否"下雨",种子是否"发芽"等试验,均可用服从两点分布的随机变量来描述.

2)二项分布

考察 1.3 节的 n 重伯努利试验及其概率分布,若随机变量 X 的分布律为
$$P\{X = k\} = C_n^k p^k q^{n-k} \quad (k = 0,1,2,\cdots,n) \tag{2-2}$$
其中,$0 < p < 1, q = 1 - p$,则称 X 服从参数为 n,p 的二项分布,记为 $X \sim B(n,p)$.

在 n 重伯努利试验中,用 X 表示事件 A 在 n 次试验中出现的次数,则 $X \sim B(n,p)$.

注 (1)由于 $C_n^k p^k q^{n-k}$ 是二项式 $(p+q)^n$ 展开式中的第 $k+1$ 项,二项分布由此而得名;
(2)两点分布是二项分布的特例.

例 2-5 某宿舍楼每天用水量保持正常的概率为 3/4,求最近一周(7 天)内用水量正常的天数的分布.

解 设最近 7 天内用水量保持正常的天数为 X,它服从二项分布,其中 $n = 7, p = 0.75$,其分布律为
$$P\{X = k\} = C_7^k 0.75^k (1 - 0.75)^{6-k} \quad (k = 0,1,2,3,4,5,6,7.)$$

例 2-6 一批产品的废品率 $p = 0.03$,现进行 20 次重复抽样(每次抽一个,观察后放回去再抽下一个),求出现废品的频率为 0.1 的概率.

解 令 X 表示 20 次重复抽样中废品出现的次数,它服从二项分布. 故所求概率为

$$P\left\{\frac{X}{20} = 0.1\right\} = P\{X = 2\} = C_{20}^2 \times 0.03^2 \times 0.97^{18} = 0.098\ 8$$

3)泊松(Possion)分布

如果随机变量 X 的概率分布为

$$P\{X = k\} = \frac{\lambda^k}{k!}e^{-\lambda} \quad (k = 0,1,2,\cdots) \tag{2-3}$$

其中 $\lambda > 0$ 为常数,则称随机变量 X 服从参数为 λ 的**泊松(Possion)分布**,记为 $X \sim P(\lambda)$.

利用级数 $\displaystyle\sum_{k=0}^{\infty}\frac{x^k}{k!} = e^x$,易知 $\displaystyle\sum_{k=0}^{\infty}P\{X = k\} = \sum_{k=0}^{\infty}\frac{\lambda^k e^{-\lambda}}{k!} = 1$.

注 泊松分布作为二项分布的近似,于 1837 年由法国数学家泊松(Possion)引入. 泊松分布是概率论中最重要的分布之一,很多实际问题中的随机现象都服从或者近似服从泊松分布.

现实中,有很多近似服从泊松分布的量. 例如,某医院每天前来就诊的病人数;某城市道路一段时间间隔内发生交通事故的次数;一段时间间隔内某放射性物质放射出的粒子数;一段时间间隔内某容器内部的细菌数;某地区一年内发生暴雨的次数等,都近似地服从某一参数的泊松分布. 泊松分布的方便之处在于有现成的分布表(本书后附表 1)可查,免去复杂的计算.

例 2-7 X 服从参数为 $\lambda = 5$ 的泊松分布,查表求 $P\{X = 2\}$,$P\{X = 5\}$,$P\{X = 20\}$.

解 参数 $\lambda = 5$,查附表 1,有

$$P\{X = 2\} = 0.084\ 2; P\{X = 5\} = 0.175\ 5; P\{X = 20\} = 0$$

可以证明:当 n 比较大,p 很小时,二项分布 $B(n,p)$ 可以近似看作参数为 $\lambda = np$ 的泊松分布. 在实际计算中,当 $n \geq 10$,$p \leq 0.1$,就可以用泊松分布近似计算.

例 2-8 某台仪器,由 1 000 个元件装配而成,每一元件在一年工作期间发生故障的概率为 0.002,且各元件之间相互独立,求:

(1)在一年内有 2 个元件发生故障的概率;

(2)在一年内至少有 2 个元件发生故障的概率.

解 设 X 表示"发生故障的元件数",则 $X \sim B(1\ 000, 0.002)$. 由于 $n = 1\ 000$ 较大,$p = 0.002$ 较小,因此可用泊松分布来近似计算,其中 $\lambda = np = 2$.

(1)$P\{X = 2\} = C_{1\ 000}^2 0.002^2 \cdot 0.998^{998} \approx 0.270\ 7$

故在一年内有 2 个元件发生故障的概率为 27.07%.

(2)$P\{X \geq 2\} = 1 - P\{X = 0\} - P\{X = 1\} \approx 1 - 0.135\ 3 - 0.270\ 7 = 0.594\ 0$

故在一年内至少有 2 个元件发生故障的概率为 59.4%.

2.3 连续型随机变量

在这一节中先介绍比较直观的直方图,进而讨论另一类重要的随机变量——**连续型随机变量**.

2.3.1 直方图

例2-9 某工厂生产一种零件,由于生产过程中各种随机因素的影响,零件长度不尽相同. 现测得该厂生产的 100 个零件的长度(单位:mm)如下:

129,132,136,145,140,145,147,142,138,144,147,142,137,144,144,134,149,142,
137,137,155,128,143,144,148,139,143,142,135,142,148,137,142,144,141,149,132,
134,145,132,140,142,130,145,148,143,148,135,136,152,141,146,138,131,138,136,
144,142,142,137,141,134,142,133,153,143,145,140,137,142,150,141,139,139,150,
139,137,139,140,143,149,136,142,134,146,145,130,136,140,134,142,142,135,131,
136,139,137,144,141,136

用随机变量 X 表示零件的长度,它取某一区间内的所有值,是一个随机变量. 但如果再使用刻画离散型随机变量来刻画这类随机变量的概率分布就不可能了,必须寻找另外的方法. 画直方图就是一种近似的方法,下面使用上例中的数据说明画直方图的过程.

这 100 个数据的最小值是 128,最大值是 155 . 在画直方图时,先取一个区间,其左端点比数据的最小值稍小一些,右端点比数据的最大值稍大一些,例如可取为(127.5,155.5),可以把所有数据包含在内. 将区间(127.5,155.5)等分为 7 个小区间:(127.5,131.5),(131.5,135.5),(135.5,139.5),(139.5,143.5),(143.5,147.5),(147.5,151.5),(151.5,155.5). 上述这些区间的端点均比数据多取一位小数,其目的是使数据不落在区间的端点上.

每个小区间称为一个组,数据落入每个组的个数是频数,每个组的频数与数据总个数的比值是频率. 这样得到数据统计表,见表 2-2.

表 2-2 数据统计表

组	频数	频率
(127.5,131.5)	6	0.06
(131.5,135.5)	12	0.12
(135.5,139.5)	24	0.24
(139.5,143.5)	28	0.28
(143.5,147.5)	18	0.18
(147.5,151.5)	8	0.08
(151.5,155.5)	4	0.04

在平面直角坐标系的横轴上截出各组的区间,每组的区间长度称为组距,此例中的组距为 4. 在每组上以组距为底向上作长方形,使该长方形的面积等于这组相应的频率,即长方形的高 $=$ 频率 $\div$ 组距 $= \frac{1}{4} \times$ 频率. 这样的图形称为**直方图**(图 2-1).

由于概率可以由频率近似,因此,这个直方图可以近似地刻画零件长度 X 的概率分布情况.

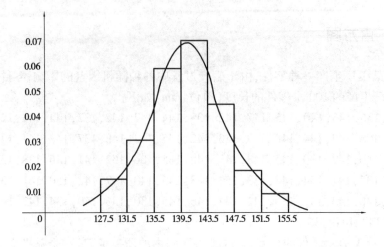

图 2-1 直方图

用上述直方图刻画 X 的概率分布情况比较粗糙. 为了更加准确地刻画 X 的概率分布情况,应该增加数据的个数,同时要把组分得更细. 可以设想,当数据的个数越来越多,组分得越来越细时,直方图的外形轮廓越来越接近某一条曲线,如图 2-1 所示. 这条曲线可以准确地刻画 X 的概率分布情况,它就是下面定义的连续型随机变量 X 的概率密度函数的图形.

2.3.2 概率密度函数

定义 4 若存在非负函数 $f(x)$,使随机变量 X 取值于任一区间 $(a,b]$ 的概率可以表示为

$$P\{a < X \leq b\} = \int_a^b f(x)\,\mathrm{d}x \tag{2-4}$$

则称 X 为**连续型随机变量**,$f(x)$ 为 X 的**概率密度函数**,简称**概率密度**或**密度函数**.

若 $f(x)$ 是连续型随机变量 X 的概率密度函数,则对任意固定的 x,且其任意的改变量 $\Delta x > 0$,有

$$\frac{P\{x < X \leq x + \Delta x\}}{\Delta x} = \frac{1}{\Delta x}\int_x^{x+\Delta x} f(x)\,\mathrm{d}x$$

上式左端表示随机变量 X 落在区间 $(x, x+\Delta x]$ 上的平均概率. 如果 $f(x)$ 在 x 处连续,则

$$\lim_{\Delta x \to 0}\frac{P\{x < X \leq x + \Delta x\}}{\Delta x} = f(x) \tag{2-5}$$

从这里可以看到,概率密度的定义与物理学中线密度的定义极其类似. 这就是 $f(x)$ 称为概率密度的原因.

容易看出,概率密度函数具有如下性质:

性质 1 $\qquad\qquad \int_{-\infty}^{+\infty} f(x)\,\mathrm{d}x = 1 \tag{2-6}$

该式的意义是明显的,即 $P\{-\infty < X < +\infty\} = 1$. 常用式(2-6)作为判断 $f(x)$ 是否为概率密度函数的重要依据.

性质 2 对连续型随机变量 X 和任意实数 a,总有 $P\{X = a\} = 0$.

证明 由于对任意给定的 $\varepsilon > 0$,总有

$$P\{X = a\} \leqslant P\{a - \varepsilon < X \leqslant a\} = \int_{a-\varepsilon}^{a} f(x)\,\mathrm{d}x$$

令 $\varepsilon \to 0$,得上式右端趋近于零. 所以,$P\{X = a\} = 0$.

性质 2 说明,连续型随机变量取任意一点的概率为零. 同时也说明,概率为 0 的事件不一定是不可能事件,因为虽然 $P\{X = a\} = 0$,但事件 $\{X = a\}$ 并非不可能事件. 因此,连续型随机变量 X 落在区间 (a,b),$[a,b)$,$(a,b]$,$[a,b]$ 上的概率都相等,即

$$P\{a < X < b\} = P\{a \leqslant X < b\} = P\{a < X \leqslant b\} = P\{a \leqslant X \leqslant b\}$$

且都等于 $f(x)$ 在区间 $[a,b]$ 上的积分,即曲线 $y = f(x)$ 和直线 $x = a$,$x = b$ 及 $y = 0$ 所围成的曲边梯形的面积,如图 2-2 所示.

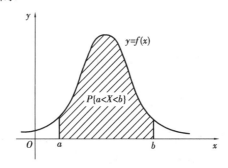

图 2-2 概率密度曲线与概率分布

2.3.3 常见的连续型随机变量的概率密度函数

1)均匀分布

如果随机变量 X 的概率密度函数为

$$f(x) = \begin{cases} \dfrac{1}{b - a} & \text{当 } a \leqslant x \leqslant b \text{ 时} \\ 0 & \text{其他} \end{cases} \tag{2-7}$$

则称 X 服从 $[a,b]$ 区间上的**均匀分布**,记作 $X \sim U[a,b]$,其中 $a,b(a < b)$ 为常数.

显然

$$\int_{-\infty}^{+\infty} f(x)\,\mathrm{d}x = \int_{a}^{b} \frac{1}{b - a}\,\mathrm{d}x = 1$$

注 X 服从区间 $[a,b]$ 的均匀分布 $X \sim U[a,b]$ 与 X 服从区间 (a,b) 的均匀分布 $X \sim U(a,b)$ 的意义相同.

服从区间 $[a,b]$ 上均匀分布的随机变量 X 仅在有限区间 $[a,b]$ 上取值,易知 X 在 $[a,b]$ 内任意等长度小区间上取值的可能性相等,如图 2-3 所示,这也是该分布称为均匀分布的原因.

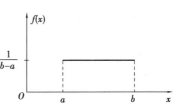

图 2-3 均匀分布的概率密度函数

例 2-10 公共汽车站每隔 5 min 有一辆汽车通过,乘客在 5 min 内任一时刻到达汽车站是等可能的. 求乘客候车时间超过 3 min 的概率.

解 设 X 表示"乘客到达汽车站后候车的时间",则 X 在 $[0,5]$ 上服从均匀分布,即 X 的

概率密度函数为

$$f(x) = \begin{cases} \dfrac{1}{5} & 0 \leqslant x \leqslant 5 \\ 0 & 其他 \end{cases}$$

所以,$P\{X > 3\} = \int_3^{+\infty} f(x)\,\mathrm{d}x = \int_3^5 \dfrac{1}{5}\,\mathrm{d}x = 0.4$

2)指数分布

若随机变量 X 有概率密度函数

$$f(x) = \begin{cases} \lambda \mathrm{e}^{-\lambda x} & x > 0 \\ 0 & 其他 \end{cases} \tag{2-8}$$

其中 $\lambda > 0$ 为常数,则称 X 服从参数为 λ 的**指数分布**. 记作 $X \sim E(\lambda)$.

易知

$$\int_{-\infty}^{+\infty} f(x)\,\mathrm{d}x = \int_0^{+\infty} \lambda \mathrm{e}^{-\lambda x}\,\mathrm{d}x = 1$$

注 指数分布常用来描述随机服务系统中的服务时间,或作为各种"寿命"分布的近似,因而,指数分布在可靠性理论和排队论中有广泛应用.

如到银行窗口办事的等待时间,某些消耗性产品(电子元件等)的寿命等,都常被假定服从指数分布.

例 2-11 已知某电子管寿命 X 服从参数为 $\lambda(\lambda^{-1} = 1\,000\ \mathrm{h})$ 的指数分布. 求电子管使用寿命超过 $1\,000\ \mathrm{h}$ 的概率.

解

$$P\{X > 1\,000\} = \int_{1\,000}^{+\infty} 0.001\mathrm{e}^{-0.001x}\,\mathrm{d}x = \mathrm{e}^{-1}$$

即电子管的使用寿命超过 $1\,000\ \mathrm{h}$ 的概率为 e^{-1}.

3)正态分布

如果随机变量 X 的概率密度为

$$f(x) = \dfrac{1}{\sqrt{2\pi}\,\sigma} \mathrm{e}^{-\frac{(x-\mu)^2}{2\sigma^2}} \tag{2-9}$$

其中,μ,σ 为常数,并且 $\sigma > 0$,则称 X 服从**正态分布**,记为 $X \sim N(\mu, \sigma^2)$.

在微积分中讨论过如下结论:

$$\int_{-\infty}^{+\infty} \mathrm{e}^{-x^2}\,\mathrm{d}x = \sqrt{\pi}$$

于是,可以验证

$$\int_{-\infty}^{+\infty} f(x)\,\mathrm{d}x = 1$$

注 正态分布是概率论中最重要的连续型分布,在 19 世纪前叶由德国数学家高斯(Gauss)加以推广,故又常称为**高斯分布**.

一般来说,一个随机变量如果受到许多随机因素的影响,而其中每一个因素都不起主导作用,则该随机变量服从正态分布. 因此正态分布在实践中得以广泛应用. 例如,某课程的考试成绩,产品的质量指标,元件的尺寸,某地区成年人的身高、体重,测量误差,射击目标的水平或垂直偏差,信号噪声、农作物的产量,等等,都可认为服从正态分布.

正态分布的概率密度 $f(x)$ 的图形如图 2-4 所示.

从图 2-4 中容易看出:$f(x)$ 的图形呈钟形,且有如下特征

①关于直线 $x = \mu$ 对称;

②在 $x = \mu$ 处取得最大值 $\dfrac{1}{\sqrt{2\pi}\sigma}$;

③在 $x = \mu \pm \sigma$ 处有拐点;

④当 $|x| \to +\infty$ 时,曲线以 x 轴为渐近线.

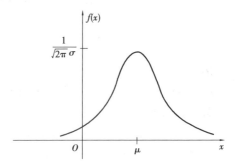

图 2-4　正态分布的概率密度函数

特别地,称参数 $\mu = 0, \sigma = 1$ 的正态分布 $N(0,1)$ 为**标准正态分布**,其概率密度函数通常用 $\varphi(x)$ 来表示,即

$$\varphi(x) = \frac{1}{\sqrt{2\pi}}\mathrm{e}^{-\frac{x^2}{2}}$$

记

$$\Phi(x) = \frac{1}{\sqrt{2\pi}}\int_{-\infty}^{x}\mathrm{e}^{-\frac{t^2}{2}}\mathrm{d}t$$

由 $\varphi(x)$ 的对称性,如图 2-5 所示,可以推出 $\Phi(x)$ 有如下重要性质

$$\Phi(-x) = 1 - \Phi(x) \tag{2-10}$$

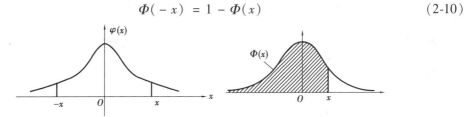

图 2-5

$\Phi(x)$ 的函数值已制成标准正态分布表(附表 2),利用此表,可计算参数已知的情形下,正态随机变量落在一个区间内的概率.

定理　若随机变量 $X \sim N(\mu, \sigma^2)$,则对任意 $a, b(a < b)$,有

$$P\{a < X \leqslant b\} = \Phi\left(\frac{b-\mu}{\sigma}\right) - \Phi\left(\frac{a-\mu}{\sigma}\right)$$

证明　由式(2-4),得

$$P\{a < X \leqslant b\} = \frac{1}{\sqrt{2\pi}\sigma}\int_{a}^{b}\mathrm{e}^{-\frac{(x-\mu)^2}{2\sigma^2}}\mathrm{d}x \qquad \left(\Leftrightarrow \frac{x-\mu}{\sigma} = u\right)$$

$$= \frac{1}{\sqrt{2\pi}}\int_{(a-\mu)/\sigma}^{(b-\mu)/\sigma}\mathrm{e}^{-\frac{u^2}{2}}\mathrm{d}u$$

$$= \Phi\left(\frac{b-\mu}{\sigma}\right) - \Phi\left(\frac{a-\mu}{\sigma}\right)$$

证毕.

注意到 $\Phi(-\infty) = 0, \Phi(+\infty) = 1$,可知 a 和 b 之一为无穷时,上述定理仍然成立. 这

时有

$$P\{X \leqslant b\} = P\{-\infty < X \leqslant b\} = \Phi\left(\frac{b-\mu}{\sigma}\right)$$

$$P\{X > a\} = P\{a < X < +\infty\} = 1 - \Phi\left(\frac{a-\mu}{\sigma}\right)$$

例 2-12　设 $X \sim N(0,1)$,求:

$P\{X \leqslant 1.96\}$;$P\{X \leqslant -1.96\}$;$P\{|X| < 1.96\}$;$P\{-1 < X \leqslant 2\}$;$P\{X \leqslant 5.9\}$.

解　查表可得

$$P\{X \leqslant 1.96\} = \Phi(1.96) = 0.975$$

$$P\{X \leqslant -1.96\} = \Phi(-1.96) = 1 - \Phi(1.96) = 1 - 0.975 = 0.025$$

$$P\{|X| \leqslant 1.96\} = P\{-1.96 \leqslant X \leqslant 1.96\} = \Phi(1.96) - \Phi(-1.96)$$

$$= 2\Phi(1.96) - 1 = 0.95$$

$$P\{-1 < X \leqslant 2\} = \Phi(2) - \Phi(-1) = \Phi(2) - [1 - \Phi(1)] = 0.818\,55$$

$$P\{X \leqslant 5.9\} = \Phi(5.9) \approx 1$$

例 2-13　设 $X \sim N(8, 0.5^2)$,求 $P\{|X-8| < 1\}$ 及 $P\{X \leqslant 10\}$.

解

$$P\{|X-8| < 1\} = P\{7 < X < 9\} = \Phi\left(\frac{9-8}{0.5}\right) - \Phi\left(\frac{7-8}{0.5}\right)$$

$$= 2\Phi(2) - 1 = 0.954\,5$$

$$P\{X \leqslant 10\} = \Phi\left(\frac{10-8}{0.5}\right) = \Phi(4) \approx 1$$

例 2-14　设 $X \sim N(\mu, \sigma^2)$,且 $P\{X \leqslant -5\} = 0.045$,$P\{X \leqslant 3\} = 0.618$,求 μ 及 σ.

解

$$P\{X \leqslant -5\} = \Phi\left(\frac{-5-\mu}{\sigma}\right) = 0.045$$

$$1 - \Phi\left(-\frac{5+\mu}{\sigma}\right) = \Phi\left(\frac{5+\mu}{\sigma}\right) = 0.955$$

$$P\{X \leqslant 3\} = \Phi\left(\frac{3-\mu}{\sigma}\right) = 0.618$$

查表可得

$$\begin{cases} \dfrac{5+\mu}{\sigma} = 1.7 \\ \dfrac{3-\mu}{\sigma} = 0.3 \end{cases}$$

解此方程组,得到 $\mu = 1.8, \sigma = 4$.

　　注(3σ 准则)　设 $X \sim N(\mu, \sigma^2)$,则

(1) $P\{\mu - \sigma < X \leqslant \mu + \sigma\} = \Phi(1) - \Phi(-1) = 2\Phi(1) - 1 = 0.682\,6$

(2) $P\{\mu - 2\sigma < X \leqslant \mu + 2\sigma\} = \Phi(2) - \Phi(-2) = 2\Phi(2) - 1 = 0.954\,4$

(3) $P\{\mu - 3\sigma < X \leqslant \mu + 3\sigma\} = \Phi(3) - \Phi(-3) = 2\Phi(3) - 1 = 0.997\,4$

　　这就表明,即便正态随机变量 X 的取值范围是全体实数,但它的值几乎集中在区间($\mu - 3\sigma, \mu + 3\sigma$)内,超出这个范围的可能性只占不到千分之三. 这在统计学上称为 3σ 准则(三倍标准差准则),如图 2-6 所示.

比如,在一次符合正态分布规律的考试中,假定平均分是 80 分,标准差为 5 分,则考试分布在 70~90 分的概率为 95.44%;换言之,如果你的成绩为 91~100 分,则属于优异的成绩;如果分数低于 70 分,就要加倍努力了.

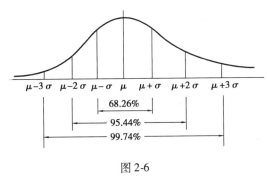

图 2-6

2.4 随机变量的分布函数和随机变量函数的分布

2.4.1 随机变量的分布函数

前面对离散型随机变量,用分布律来刻画它的概率分布情况.对连续型随机变量,用概率密度来刻画它的概率分布情况.通过引入分布函数的概念,可以对上述两类随机变量的概率分布情况进行深入刻画.分布函数具有良好的性质,便于研究,因此,它在概率的理论研究中具有重要意义.

定义 5 设 X 为一随机变量,称函数
$$F(x) = P\{X \leqslant x\} \qquad -\infty < x < +\infty \tag{2-11}$$
为 X 的**分布函数**.

随机变量 X 的分布函数 $F(x)$ 具有如下的性质:

性质 1(单调非减性) 对任意实数 $a < b$,总有 $F(a) \leqslant F(b)$,并且
$$P\{a < X \leqslant b\} = F(b) - F(a)$$

证明
$$\{a < X \leqslant b\} = \{X \leqslant b\} - \{X \leqslant a\}, 由于 \{X \leqslant a\} \subset \{X \leqslant b\}, 于是$$
$$P\{a < X \leqslant b\} = P\{X \leqslant b\} - P\{X \leqslant a\} = F(b) - F(a)$$
再由 $P\{a < X \leqslant b\} \geqslant 0$,得 $F(a) \leqslant F(b)$.

性质 1 表明,随机变量 X 落在区间 $(a, b]$ 上的概率可以通过 X 的分布函数来计算.

性质 2(有界性) 对任意实数 x,总有 $0 \leqslant F(x) \leqslant 1$,并且
$$F(-\infty) = \lim_{x \to -\infty} F(x) = 0, F(+\infty) = \lim_{x \to +\infty} F(x) = 1 \tag{2-12}$$

对性质 2,在此不作严格证明,只作一些简单说明.由 $F(x)$ 的定义式直接可得 $0 \leqslant F(x) \leqslant 1$.当 $x \to -\infty$ 时,$\{X \leqslant x\}$ 越来越趋于不可能事件,故其概率 $P\{X \leqslant x\}$ 即 $F(x)$ 就趋于不可能事件的概率(零).类似地,可以说明式(2-12)的后一个结论.

1）离散型随机变量的分布函数

对离散型随机变量 X，由概率的可加性，得

$$F(x) = P\{X \le x\} = \sum_{x_k \le x} P\{X = x_k\}$$

即

$$F(x) = \sum_{x_k \le x} p_k$$

这里的和式是对所有满足 $x_k \le x$ 的 k 求和. $F(x)$ 在 $x = x_k (k = 1, 2, \cdots)$ 处有跳跃值 p_k.

例 2-15 设随机变量 X 的分布律为

X	0	1	2
p	0.3	0.5	0.2

求 X 的分布函数 $F(x)$.

解 根据分布函数的定义及随机变量 X 的取值情况，可得下列结果：

（1）当 $x < 0$ 时，随机变量 X 小于等于一个负数 x 的概率为 0，即 $F(x) = P\{X \le x\} = 0$；

（2）当 $0 \le x < 1$ 时，$F(x) = P\{X \le x\} = P\{X = 0\} = 0.3$；

（3）当 $1 \le x < 2$ 时，$F(x) = P\{X \le x\} = P\{X = 0\} + P\{X = 1\} = 0.8$；

（4）当 $x \ge 2$ 时，随机变量 $X(X \le x)$ 的取值为：0,1,2 全部三个值，故

$$F(x) = P\{X \le x\} = P\{X = 0\} + P\{X = 1\} + P\{X = 2\} = 1.$$

因此，随机变量 X 的分布函数为

$$F(x) = \begin{cases} 0 & x < 0 \\ 0.3 & 0 \le x < 1 \\ 0.8 & 1 \le x < 2 \\ 1 & x \ge 2 \end{cases}$$

注 计算 $F(x) = P\{X \le x\}$ 时，需要注意 x 的范围与 X 的取值的关系，如 $x \ge 2$ 与 $X \ge 2$ 完全不同.

2）连续型随机变量的分布函数

对连续型随机变量 X，设其概率密度为 $f(x)$，则由式（2-11）和式（2-4）有

$$F(x) = P\{X \le x\} = \int_{-\infty}^{x} f(t)\,\mathrm{d}t \tag{2-13}$$

并且由式（2-5）和式（2-11）可推出，在 $f(x)$ 的连续点 x 处，有

$$f(x) = \lim_{\Delta x \to 0} \frac{F(x + \Delta x) - F(x)}{\Delta x} = F'(x) \tag{2-14}$$

例 2-16 设 $X \sim U[a, b]$，求 $F(x)$.

解 当 $x < a$ 时，$f(x) = 0$，由式（2-13）知 $F(x) = 0$.

当 $a \le x < b$ 时，

$$f(x) = \frac{1}{b - a}$$

$$F(x) = \int_{-\infty}^{x} f(t)\,\mathrm{d}t = \int_{a}^{x} \frac{1}{b-a}\mathrm{d}t = \frac{x-a}{b-a}$$

当 $x \geqslant b$ 时, $f(x) = 0$

$$F(x) = \int_{-\infty}^{x} f(t)\,\mathrm{d}t = \int_{a}^{b} \frac{1}{b-a}\mathrm{d}t = 1$$

因此,

$$F(x) = \begin{cases} 0 & x < a \\ \dfrac{x-a}{b-a} & a \leqslant x < b \\ 1 & b \leqslant x \end{cases}$$

类似地,对服从参数为 λ 的指数分布的随机变量 X,可求出其分布函数

$$F(x) = \begin{cases} 1 - \mathrm{e}^{-\lambda x} & x \geqslant 0 \\ 0 & x < 0 \end{cases}$$

若 $X \sim N(0,1)$,则 X 的分布函数即为所定义的 $\Phi(x)$. 前面已经讨论了它的重要性质及其应用.

2.4.2 随机变量函数的分布

通常存在一些随机变量的分布难以直接得到(如滚珠体积的测量值),但是与它们有关系的另一些随机变量,其分布却是容易知道的(如滚珠直径的测量值). 因此,可通过研究随机变量之间的关系,由已知的随机变量的分布求出与之有关的另一个随机变量的分布.

定义 6 设 $g(x)$ 是定义在随机变量 X 的一切可能值 x 的集合上的函数. 如果对于 X 的每一可能取值 x,有另一个随机变量 Y 的相应取值 $y = g(x)$,则称 Y **为 X 的函数**,记 $Y = g(X)$.

中心问题是如何根据 X 的分布求出 Y 的分布. 下面分离散型和连续型两种情况讨论.

1)离散型随机变量函数的分布

例 2-17 设随机变量 X 的分布律为

X	-1	0	1	2
p_k	0.2	0.3	0.1	0.4

求 $Y = (X-1)^2$ 的概率分布.

解 Y 所有可能取值为 $0,1,4$,由

$$P\{Y = 0\} = P\{X = 1\} = 0.1$$
$$P\{Y = 1\} = P\{X = 0\} + P\{X = 2\} = 0.3 + 0.4 = 0.7$$
$$P\{Y = 4\} = P\{X = -1\} = 0.2$$

得到 Y 的概率分布为

Y	0	1	4
p_i	0.1	0.7	0.2

这个例子阐明了求离散型随机变量函数的分布的一般方法,归纳起来就是:

(1)记 Y 所有可能取值的集合为 $\{y_i, i=1,2,\cdots\}$. 即对每个 y_i,至少有一个 x_k,使得 $y_i = g(x_k)$.

(2)对每个 y_i,将所有满足 $y_i = g(x_k)$ 式子中的 x_k 对应的 p_k 求和,并记此和为 p_i,则 $p_i = P\{Y = y_i\} = \sum P\{X = x_k\}, i = 1,2,\cdots$,即可得到随机变量 Y 的概率分布.

2)连续型随机变量函数的分布

对于连续型随机变量 X,求 $Y = g(X)$ 的概率密度函数的基本方法是根据分布函数定义先求 $Y = g(X)$ 的分布函数,即

$$F_Y(y) = P\{Y \leqslant y\} = P\{g(X) \leqslant y\}$$

然后求上式对 y 的导数,得到 Y 的概率密度函数 $f_Y(y) = F_Y'(y)$.

例 2-18 已知 $X \sim U[0,1]$,求 X 的函数 $Y = 3X + 1$ 的概率密度.

解 由 X 服从区间 $[0,1]$ 上的均匀分布,知 X 的概率密度为

$$f_X(x) = \begin{cases} 1 & 0 \leqslant x \leqslant 1 \\ 0 & \text{其他} \end{cases}$$

$$F_Y(y) = P\{Y \leqslant y\} = P\{3X + 1 \leqslant y\} = P\left\{X \leqslant \frac{y-1}{3}\right\} = F_X\left(\frac{y-1}{3}\right)$$

$$f_Y(y) = F_Y'(y) = \frac{1}{3}f_X\left(\frac{y-1}{3}\right)$$

$$= \begin{cases} \dfrac{1}{3} \times 1 & 0 \leqslant \dfrac{y-1}{3} \leqslant 1 \\ \dfrac{1}{3} \times 0 & \text{其他} \end{cases}$$

$$= \begin{cases} \dfrac{1}{3} & 1 \leqslant y \leqslant 4 \\ 0 & \text{其他} \end{cases}$$

2.5 应用实例——安全生产评优及招聘信息分析等

2.5.1 考试碰运气是否靠谱

大学英语四级考试是全面检查大学生英语水平的一种考试,具有一定难度. 这种考试包括听力、作文、阅读、完形填空、翻译等. 假如除写作 15 分外,其余 85 分全为单项选择题,每道附有 A,B,C,D 四个选项. 这种考试方法使个别学生存在碰运气和侥幸心理. 那么,靠运气能通过英语四级考试吗?

答案是否定的. 下面计算靠运气通过考试的概率.

假定不考虑英文写作所占的15分. 若按及格为60分计算,85道选择题必须答对51道以上. 这可看成85重伯努利试验.

设随机变量 X 表示答对的题数,每道题碰运气答对的概率为0.25,则 $X \sim B(85,0.25)$,其分布律为

$$P\{X = k\} = C_{85}^k 0.25^k 0.75^{85-k} \quad (k = 0,1,\cdots,85)$$

若要及格,必须 $X \geq 51$,其概率为

$$P\{X \geq 51\} = \sum_{k=51}^{85} C_{85}^k 0.25^k 0.75^{85-k} \approx 8.74 \times 10^{-12}$$

此概率非常之小,故可认为靠运气通过英语四级考试几乎是不可能发生的事件,它相当于在1 000亿个碰运气的考生中,仅有0.874人能通过英语四级考试. 而整个地球只有60多亿人口,所以,你可以对考试想碰运气的小伙伴说"不".

2.5.2 企业安全生产的评优

问题:甲企业有2 000人,发生事故10起. 乙企业有1 000人,发生事故5起. 这两家企业的安全生产应该评哪家为优?

显然,按事故数来评,则应评乙企业为先进. 但甲企业不服,认为甲企业的事故数虽然是乙企业的2倍,但甲企业的人数正好是乙企业的2倍. 而按事故率来评,发生事故率都为0.005,究竟评谁好呢?

可用泊松分布来解决这个问题.

统计资料表明:安全管理中的事故次数、负伤人数 X 服从泊松分布. 服从泊松分布的随机变量 X 取 k 的概率为

$$P\{X = k\} = \frac{\lambda^k}{k!} e^{-\lambda}$$

其中 $\lambda = np$(n 为人数, p 为事故概率)

事故发生至少 k 起的概率为

$$P\{X \geq k\} = \sum_{i=k}^{+\infty} \frac{\lambda^i}{i!} e^{-\lambda}$$

若 $k = 0$,上式 $P\{X \geq 0\} = 1$ 成为必然事件.

两企业发生事故的概率分别为

$$P_{甲}\{x = k\} = \frac{10^k}{k!} e^{-10}, P_{乙}\{x = k\} = \frac{5^k}{k!} e^{-5}$$

假设两企业均不发生事故得满分10分,则两企业的得分为

$$10 \times P\{X \geq k\} = 10 \times \left(1 - \sum_{i=0}^{k-1} P\{X = i\}\right)$$

查泊松分布表,计算得到两企业的得分情况如下:

事故次数		0	1	2	3	4	5	6	7	8	9	10
得分	甲企业	10	10	10	9.97	9.9	9.71	9.33	8.7	7.80	6.67	5.42
	乙企业	10	9.93	9.60	8.75	7.34	5.60	3.84	2.37	1.33	0.68	0.32

由表可知,甲企业发生10起事故时得5.42分,乙企业发生5起事故得5.60分. 故应评

选乙企业为先进.

2.5.3　预测招聘考试中的录取分数线及能否被录取

当今社会,招聘考试作为一种选拔人才的有效途径,正被广泛采用. 每次考试过后,考生最关心的问题:自己能否达到招聘考试的最低录取分数线? 自己在招聘考试中名次如何? 能否被录用?

已知某公司准备通过考试招聘 300 名员工,其中 280 名正式工,20 名临时工. 实际报考人数为 1 657 名. 考试满分 400 分. 考后不久,通过当地新闻媒体得到如下信息:考试平均成绩是 166 分,360 分以上的高分考生 31 名.

考生小陈的成绩为 256 分. 问他能否被录取? 若被录取,能否成为正式工?

用正态分布来解决这个问题.

先预测最低录取分数线. 记最低录取分数线为 x_0. 设考生成绩为 X. 对一次成功的考试来说,X 应服从正态分布,即 $X \sim N(166, \sigma^2)$.

由题设知 $\quad P\{X > 360\} = 1 - \Phi\left(\dfrac{360 - 166}{\sigma}\right) = 1 - \Phi\left(\dfrac{194}{\sigma}\right) = \dfrac{31}{1\ 657} = 0.019$

查正态分布表,得 $\dfrac{194}{\sigma} = 2.08$,于是 $\sigma = 93, X \sim N(166, 93^2)$

因为最低录取分数线 x_0 的确定应使高于此线的考生的频率等于 $\dfrac{300}{1\ 657}$,即

$$P\{X > x_0\} = 1 - \Phi\left(\dfrac{x_0 - 166}{93}\right) = \dfrac{300}{1\ 657} = 0.181$$

查正态分布表,得 $\dfrac{x_0 - 166}{93} = 0.91, x_0 = 251$

即最低录取分数线为 251 分.

下面预测考生小陈的名次,其考分为 256 分,因

$$P\{X > 256\} = 1 - \Phi\left(\dfrac{256 - 166}{93}\right) = 0.166$$

表明成绩高于小陈的人数约占总人数的 16.6%,$1\ 657 \times 0.166 = 275$,即小陈大约排在 276 名.

结论:256 > 251,小陈能被录取. 他排在 276 名,所以有可能被录取为正式工.

习题 2

(A)

1. 掷一颗均匀的骰子两次,以 X 表示前后两次出现的点数之和,求 X 的分布律.

2. 一批产品分一、二、三级,其中一级品是二级品的两倍,三级品是二级品的一半. 从这批产品中随机地抽取一个检验质量,用随机变量描述检验的可能结果,写出随机变量的概率分布.

3. 猎人对一只野兽射击,直至首次命中为止. 由于时间紧迫,他最多只能射击 4 次,如果猎人每次射击命中的概率为 0.7,并记这段时间内猎人没有命中的次数 X. 求:

$(1)X$ 的分布律;$(2)P\{X<2\}$;$(3)P\{1<X\leq3\}$.

4. 一批产品包括 10 件正品和 3 件次品,有放回地抽取,每次取一件. 如果每次取出一件产品后,总以一件正品放回去,直到取得正品为止,求抽取次数 X 的分布律.

5. 设 X 的分布律为

X	-1	0	1
p_k	$\dfrac{1}{3}$	$\dfrac{1}{6}$	$\dfrac{1}{2}$

求:

(1)分布函数 $F(x)$;$(2)P\left\{|X|<\dfrac{1}{2}\right\}$;$(3)P\left\{X<\dfrac{1}{3}\right\}$.

6. 袋中有同型号小球 5 只,编号分别为 1,2,3,4,5,今在袋中任取小球 3 只,以 X 表示取出的 3 只中的最小号码,求 X 的分布律和分布函数.

7. 某电话交换台每分钟收到的呼叫次数 X 服从参数 $\lambda=4$ 的泊松分布,求:

(1)每分钟恰好收到 8 次呼叫的概率;

(2)每分钟收到的次数不少于 10 次的概率.

8. 有一大型汽车站,每天有许多汽车通过. 设每辆汽车在一天中的某段时间内发生交通事故的概率为 0.000 1. 假定在一段时间内有 1 000 辆汽车通过,问发生交通事故的次数不少于 2 次的概率大约为多少?

9. 为保证设备正常工作,需要配备一些维修工. 若设备是否发生故障是相互独立的,且每台设备发生故障的概率都是 0.01.(每台设备发生故障可由 1 人排除). 求:

(1)若一名维修工负责维修 20 台设备,求设备发生故障而不能及时维修的概率;

(2)若 3 人负责 80 台设备,求设备发生故障而不能及时维修的概率.

10. 已知 $X\sim f(x)=\begin{cases}2x & 0<x<1 \\ 0 & 其他\end{cases}$,求:

$(1)P\{X\leq0.5\}$;$(2)P\{X=0.5\}$;$(3)F(x)$.

11. 若某种元件的寿命 X(单位:h)为一随机变量,概率密度为

$$f(x)=\begin{cases}\dfrac{1\ 000}{x^2} & x\geq1\ 000 \\ 0 & 其他\end{cases}$$

求 5 个元件在使用 1 500 h 后,恰有 2 个元件失效的概率.

12. 设随机变量 X 的分布函数为

$$F(x)=\begin{cases}0 & x<0 \\ Ax^2 & 0\leq x<1 \\ 1 & x\geq1\end{cases}$$

求:

(1)系数 A;$(2)P\{0.3<X<0.7\}$;(3)概率密度函数 $f(x)$.

13. 服从拉普拉斯分布的随机变量 X 的概率密度 $f(x)=Ae^{-|x|}$,求:

(1)常数 A;(2)分布函数 $F(x)$.

14. 服从柯西分布的随机变量 X 的分布函数 $F(x)=A+B\arctan x$,求:

(1)常数 A,B;(2)$P\{|X|<1\}$;(3)概率密度 $f(x)$.

15. 设随机变量 T 服从区间 $[-2,4]$ 上的均匀分布,求方程 $x^2+2Tx+3=0$ 有实根的概率.

16. 某型号的飞机雷达发射管的寿命 X(单位:h)服从参数为 $\frac{1}{200}$ 的指数分布,求下列事件的概率:

(1)发射管寿命不超过 100 h;

(2)发射管寿命超过 300 h.

17. 设 $X \sim N(0,1)$,试求:

(1)$P\{X \leqslant 2.2\}$;(2)$P\{0.5<X \leqslant 1.29\}$;

(3)$P\{X>1.5\}$;(4)$P\{|X|<1.5\}$.

18. 设 $X \sim N(3,4)$,试求:

(1)$P\{2<X \leqslant 5\}$;(2)$P\{-3<X<9\}$;(3)$P\{|X|>2\}$;

(4)$P\{X>3\}$;(5)$P\{X>c\}=P\{X \leqslant c\}$,确定常数 c.

19. 某批钢材的强度 $X \sim N(200,18^2)$.现从中任取一件,

(1)求取出的钢材强度不低于 180 N/mm^2 的概率;

(2)如果要以 99% 的概率保证强度不低于 150,问这批钢材是否合格?

20. 设随机变量 X 的分布律为

X	0	$\frac{\pi}{2}$	π
P	$\frac{1}{4}$	$\frac{1}{4}$	$\frac{1}{2}$

求:(1)$Y=2X-\pi$ 的分布律;(2)$Y=\sin X$ 的分布律.

21. 已知 $X \sim N(3,4^2)$,求 X 的函数 $Y=\frac{X-3}{4}$ 的概率密度.

22. 已知 X 的概率密度为

$$f(x)=\begin{cases}\dfrac{2}{\pi(1+x^2)} & x>0 \\ 0 & x \leqslant 0\end{cases}$$

而 $Y=\ln X$,求 Y 的概率密度.

(B)

1. (2007 年数学一,数学三)在区间 $(0,1)$ 中随机地取两个数,则这两个数之差的绝对值小于 $\frac{1}{2}$ 的概率为_____.

2. (2010 年数学三)设随机变量 X 的分布函数

$$F(x)=\begin{cases}0 & x<0 \\ \dfrac{1}{2} & 0 \leqslant x<1 \\ 1-e^{-x} & x \geqslant 1\end{cases},则 P\{X=1\}=(\quad).$$

(A)0   (B)$\dfrac{1}{2}$

(C)$\dfrac{1}{2} - e^{-1}$ (D)$1 - e^{-1}$

3.(2010年数学三)设$f_1(x)$为标准正态分布的概率密度，$f_2(x)$为$[-1,3]$上的均匀分布的概率密度，若

$$f(x) = \begin{cases} af_1(x) & x \leqslant 0 \\ bf_2(x) & x > 0 \end{cases} \quad (a > 0, b > 0)$$

为概率密度，则a,b应满足(　　).

(A)$2a + 3b = 4$ (B)$3a + 2b = 4$

(C)$a + b = 1$ (D)$a + b = 2$

4.(2011年数学一，数学三)设$F_1(x)$，$F_2(x)$为两个分布函数，其相应的概率密度$f_1(x)$，$f_2(x)$是连续函数，则必为概率密度的是(　　).

(A)$f_1(x)f_2(x)$ (B)$2f_2(x)F_1(x)$

(C)$f_1(x)F_2(x)$ (D)$f_1(x)F_2(x) + f_2(x)F_1(x)$

5.(2013年数学一，数学三)设X_1, X_2, X_3为随机变量，且$X_1 \sim N(0,1)$，$X_2 \sim N(0,2^2)$，$X_3 \sim N(5,3^2)$，$P_j = P\{-2 \leqslant X_j \leqslant 2\}(j = 1,2,3)$，则(　　).

(A)$P_1 > P_2 > P_3$ (B)$P_2 > P_1 > P_3$

(C)$P_3 > P_1 > P_2$ (D)$P_1 > P_3 > P_2$

6.(2013年数学一)设随机变量Y服从参数为1的指数分布，a为常数且大于零，则$P\{Y \leqslant a + 1 \mid Y > a\} = $ _____。

7.(2013年数学一)设随机变量X的概率密度为$f(x) = \begin{cases} \dfrac{1}{a}x^2 & 0 < x < 3 \\ 0 & \text{其他} \end{cases}$

令随机变量$Y = \begin{cases} 2 & x \leqslant 1 \\ x & 1 < x < 2 \\ 1 & x \geqslant 2 \end{cases}$ ，求：

(1)Y的分布函数；

(2)概率$P\{X \leqslant Y\}$.

第3章

随机变量的数字特征

从第2章可以看出,分布律、概率密度、分布函数能完整地描述随机变量的统计规律性. 但在许多实际问题中,并不需要全面考察随机变量的变化情况,而只要知道它的某些特征即可. 例如,要评价两个不同厂家生产的手机电池的质量,人们最关心的是哪家手机电池使用的时间更长些,而不需要知道其使用时间的完全分布,同时还要考虑质量的稳定性——手机电池使用时间与平均使用时间的偏离程度等,这些数据反映了它在某些方面的重要特征. 这种由随机变量的分布所确定,能刻画随机变量某些特征的确定的数值称为随机变量的**数字特征**.

本章主要介绍反映随机变量取值的集中与分散程度的数字特征——**数学期望**与**方差**. 通过本章的应用实例,将会知道如何计算有奖明信片的利润.

3.1 离散型随机变量的数学期望

对于随机变量,时常要考虑它平均取什么值. 先来看一个例子.

例 3-1 经过长期观察积累,某射手在每次射击中命中的环数 X 服从分布:

X	0	5	6	7	8	9	10
p_i	0	0.05	0.05	0.1	0.1	0.2	0.5

(其中,0 表示脱靶).

一种很自然的考虑:假定该射击手进行了 100 次射击,那么,约有 5 次命中 5 环,5 次命中 6 环,10 次命中 7 环,10 次命中 8 环,20 次命中 9 环,50 次命中 10,没有脱靶. 从而在这轮射击中,该射手平均命中的环数为

$$\frac{1}{100}(10 \times 50 + 9 \times 20 + 8 \times 10 + 7 \times 10 + 6 \times 5 + 5 \times 5 + 0 \times 0) = 8.85 \text{ (环)}$$

定义 1 设 X 是离散型随机变量,分布律为

$$P\{X = x_i\} = p_i \quad (i = 1, 2, \cdots)$$

如果级数 $\sum\limits_{i=1}^{+\infty} x_i p_i$ 绝对收敛, 即 $\sum\limits_{i=1}^{+\infty} |x_i| p_i < +\infty$, 则称级数 $\sum\limits_{i=1}^{+\infty} x_i p_i$ 为 X 的**数学期望**,简称**期望**

或**均值**. 记为 $E(X)$,有时简记为 EX.

$$E(X) = \sum_{i=1}^{+\infty} x_i p_i \tag{3-1}$$

注 在定义1中,要求 $\sum_{i=1}^{+\infty} x_i p_i$ 绝对收敛是必需的. 因为 $E(X)$ 是一个确定的数,不受 $x_i p_i$ 在级数中排列次序的影响. 若 X 的取值为有限时,则计算和式 $\sum_{i=1}^{n} x_i p_i$ 即可. X 的数学期望也称为数 x_i 以概率 p_i 为权的加权平均.

例3-2 设离散型随机变量 X 的分布律如下,求 $E(X)$.

X	-1	0	1	2
p_k	0.2	0.1	0.3	0.4

解 $E(X) = -1 \times 0.2 + 0 \times 0.1 + 1 \times 0.3 + 2 \times 0.4 = 0.9$.

例3-3 有甲、乙两名射手,他们的射击技术数据由下表给出:

甲射手

击中环数	8	9	10
概率	0.3	0.1	0.6

乙射手

击中环数	8	9	10
概率	0.2	0.5	0.3

试问哪一个射手本领高?

分析:这个问题并非一眼就可看出. 这说明分布律虽完整地描述了随机变量,但却不够集中地反映随机变量某一方面的特征.

现令甲、乙两射手各射 N 枪,则他们打中的环数大约是:

甲:$8 \times 0.3 + 9 \times 0.1 + 10 \times 0.6 = 9.3$

乙:$8 \times 0.2 + 9 \times 0.5 + 10 \times 0.3 = 9.1$

平均地讲,甲平均每枪射中9.3环,乙射中9.1环. 因此甲射手的本领要高一些.

例3-4 若 X 服从(0-1)分布 $X \sim B(1,p)$,其分布律为

$$P\{X=k\} = p^k (1-p)^{1-k} \quad (k=0,1)$$

求 $E(X)$.

解 $E(X) = 0 \times (1-p) + 1 \times p = p$

例3-5 设 X 服从二项分布 $X \sim B(n,p)$,求 $E(X)$.

解 $P\{X=k\} = C_n^k p^k (1-p)^{n-k} \quad (k=0,1,2\cdots n)$

$$E(X) = \sum_{k=0}^{n} kP\{X=k\} = \sum_{k=0}^{n} k \cdot \frac{n!}{k!(n-k)!} \cdot p^k \cdot (1-p)^{n-k}$$

$$= np \sum_{k=1}^{n} \frac{(n-1)!}{(k-1)!(n-k)!} p^{k-1} \cdot (1-p)^{n-k}$$

令 $k-1=i$,则

$$E(X) = np \sum_{i=0}^{n-1} \frac{(n-1)!}{i!(n-1-i)!} p^i (1-p)^{n-1-i}$$

$$= np \sum_{i=0}^{n-1} C_{n-1}^i p^i (1-p)^{n-1-i}$$

$$= np[p + (1 - p)]^{n-1} = np$$

例3-6 X 服从参数为 λ 的泊松分布 $X \sim P(\lambda)$，求 $E(X)$.

解 $p_k = P\{X = k\} = \dfrac{\lambda^k}{k!}e^{-\lambda}$ $(k = 0, 1, 2, \cdots)$

$$E(X) = \sum_{k=0}^{+\infty} k p_k = \sum_{k=0}^{+\infty} k \frac{\lambda^k}{k!}e^{-\lambda} = \lambda e^{-\lambda} \sum_{k=1}^{+\infty} \frac{\lambda^{k-1}}{(k-1)!} = \lambda e^{-\lambda} e^{\lambda} = \lambda$$

3.2 连续型随机变量的数学期望

从离散型随机变量 X 的数学期望

$$E(X) = \sum_{i=1}^{+\infty} x_i p_i$$

自然会想到，连续型随机变量的数学期望是否有类似的结果呢？

设 X 是一个连续型随机变量，概率密度函数为 $p(x)$，取分点：$x_0 < x_1 < \cdots < x_{n+1}$，则随机变量 X 落在 $\Delta x_i = (x_i, x_{i+1})$ 中的概率为：$P\{X \in \Delta x_i\} = \displaystyle\int_{x_i}^{x_{i+1}} p(x)dx$. 当 Δx_i 相当小时，就有 $P\{X \in \Delta x_i\} \approx p(x_i)\Delta x_i, i = 0, 1, 2, \cdots, n$. 这时，分布律为

X	$\cdots$	x_0	x_1	$\cdots$	x_n	$\cdots$
p_k	$\cdots$	$p(x_0)\Delta x_0$	$p(x_1)\Delta x_1$	$\cdots$	$p(x_n)\Delta x_n$	$\cdots$

可以看作 X 的一种近似，而这个离散型随机变量的数学期望为 $\sum_i x_i p(x_i)\Delta x_i$，它近似地表达了连续型随机变量的平均值. 当分点越密时，这种近似也就越好，上述和式以积分 $\displaystyle\int_{-\infty}^{+\infty} x p(x)dx$ 为极限.

定义2 设 X 是一个连续型随机变量，概率密度函数为 $f(x)$，当 $\displaystyle\int_{-\infty}^{+\infty} |x| f(x)dx < \infty$ 时，称 X 的**数学期望**存在，且

$$E(X) = \int_{-\infty}^{+\infty} x f(x)dx \tag{3-2}$$

例3-7 X 服从 $[a, b]$ 上均匀分布 $X \sim U[a, b]$，求 $E(X)$.

解 X 的密度函数为

$$f(x) = \begin{cases} \dfrac{1}{b-a} & a \leqslant x \leqslant b \\ 0 & \text{其他} \end{cases}$$

故

$$E(X) = \int_a^b x \cdot \frac{1}{b-a}dx = \frac{1}{b-a} \cdot \frac{x^2}{2}\Big|_a^b = \frac{a+b}{2}$$

这个结果直观地反映：X 在 $[a, b]$ 上均匀分布，它取值的平均值就在区间 $[a, b]$ 的中点.

例3-8 X 服从参数为 λ 的指数分布 $X \sim E(\lambda)$，求 $E(X)$.

解 $X \sim f(x) = \begin{cases} \lambda e^{-\lambda x} & x \geqslant 0 \\ 0 & x < 0 \end{cases}$ $(\lambda > 0)$

$$E(X) = \int_0^\infty x\lambda e^{-\lambda x}dx = -\int_0^\infty xde^{-\lambda x} = \int_0^\infty e^{-\lambda x}dx = \frac{1}{\lambda}.$$

指数分布是最有用的"寿命分布"之一,由上述计算可知,一个元器件的寿命分布如果是参数为 λ 的指数分布,则它的平均寿命为 $\frac{1}{\lambda}$. 如果某种元器件的平均寿命为 $10^k(k = 1,2,\cdots)$h,则相应的 $\lambda = 10^{-k}$. 在电子工业中人们就称该产品是"k 级"产品. 由此可知,k 越大,则产品的平均寿命越长,使用也就越可靠.

例 3-9 设 X 服从正态分布 $X \sim N(\mu, \sigma^2)$,求 $E(X)$.

解 $E(X) = \int_{-\infty}^{+\infty} x \cdot \frac{1}{\sqrt{2\pi}\sigma} e^{-\frac{(x-\mu)^2}{2\sigma^2}}dx$

令 $z = \frac{x - \mu}{\sigma}$,则

$$E(X) = \frac{1}{\sqrt{2\pi}} \int_{-\infty}^{+\infty} (\sigma z + \mu) e^{-\frac{z^2}{2}}dz = \frac{\sigma}{\sqrt{2\pi}} \int_{-\infty}^{+\infty} z e^{-\frac{z^2}{2}}dz + \frac{\mu}{\sqrt{2\pi}} \int_{-\infty}^{+\infty} e^{-\frac{z^2}{2}}dz = \mu$$

由此可知,正态分布 $N(\mu, \sigma^2)$ 中的参数 μ 恰是服从该分布的随机变量的数学期望.

例 3-10 若随机变量 X 密度函数为

$$p(x) = \frac{1}{\pi(1 + x^2)}$$

此类变量称之为服从**柯西(Cauchy)分布**的随机变量,问 $E(X)$ 是否存在?

解 因为 $\int_{-\infty}^{+\infty} |x| \cdot \frac{1}{\pi(1 + x^2)}dx = \int_{-\infty}^0 \frac{-x}{\pi(1 + x^2)}dx + \int_0^{+\infty} \frac{x}{\pi(1 + x^2)}dx = +\infty$

所以 $E(X)$ 不存在.

本节中,为了引出连续型随机变量数学期望的定义,用离散型随机变量去近似一个连续型随机变量,这是一个非常有用的方法,通常称为"把连续的问题离散化". 通过离散化,可以把离散场合的许多概念和结论推广到连续的场合,也可以对连续场合的问题作近似计算. 由此可以想到,把离散型和连续型随机变量的有关概念和计算式加以比较是有意义的,表 3-1 就是这样的对比:在表中可以看到对离散型随机变量对 p_k 求和的式子,对连续型随机变量全部变成对密度函数 $f(x)$ 求相应的积分.

表 3-1　离散型与连续型随机变量的比较

比较项目	离散型	连续型
分布律或概率密度	$P\{X = x_k\} = p_k(k = 1,2,\cdots)$	$f(x)$
$P\{a < X \leqslant b\}$	$\sum_{a < x_k \leqslant b} p_k$	$\int_a^b f(x)dx$
$P\{X \leqslant x\}$	$\sum_{x_k \leqslant x} p_k$	$\int_{-\infty}^x f(u)du$
$E(X)$	$\sum_{k=1}^\infty x_k p_k$	$\int_{-\infty}^{+\infty} xf(x)dx$

3.3　期望的简单性质与随机变量函数的期望公式

3.3.1　数学期望的性质

定理 1　数学期望具有下列性质：

(1) $E(c) = c$

(2) $E(X + c) = E(X) + c$

(3) $E(kX) = kE(X)$

(4) $E(kX + c) = kE(X) + c$

(5) $E(X + Y) = E(X) + E(Y)$

注　上面各式中的 c, k 为常数，所提及的数学期望都存在. 性质(5)涉及两个随机变量之和的知识将在第 4 章详细介绍，为了学习方便，此处先作为结论给出. 定理的证明可从定义出发直接验证，证明从略.

根据定理 1，运用归纳法，易得如下推论：

推论　$E(c_1 X_1 + c_2 X_2 + \cdots c_n X_n + b) = c_1 E(X_1) + c_2 E(X_2) + \cdots + c_n E(X_n) + b$，其中 $c_1, c_2, \cdots, c_n, b$ 均是常数，特别有

$$E(X_1 + X_2 + \cdots + X_n) = E(X_1) + E(X_2) + \cdots + E(X_n).$$

3.3.2　随机变量函数的数学期望

设已知随机变量 X 的分布，需要计算的不是随机变量 X 的数学期望，而是 X 的某个函数的数学期望，比如说 $g(X)$ 的数学期望，这就是随机变量函数的数学期望计算问题.

因为 $Y = g(X)$ 也是随机变量，故应有概率分布，它的分布可以由已知的 X 的分布求出来. 一旦知道了 Y 的分布，就可以按照数学期望的定义把 $E(Y)$ 计算出来，使用这种方法必须先求出随机变量函数 Y 的分布，一般比较复杂. 那么是否可以不先求 Y 的分布，而只根据 X 的分布求得 $E(Y)$ 呢？答案是肯定的.

定理 2　设 Y 是随机变量 X 的函数：$Y = g(X)$（其中 g 是连续函数）

(1) 若 X 是离散型随机变量，分布列为 $P\{X = x_k\} = p_k (k = 1, 2, \cdots)$，则 $Y = g(X)$ 的数学期望 $E(Y)$ 可按下面公式计算：

$$E(Y) = E[g(X)] = \sum_k g(x_k) p_k \tag{3-3}$$

(2) 若 X 是连续型随机变量，概率密度为 $f(x)$，则 $Y = g(X)$ 的期望可按下面公式计算：

$$E(Y) = E[g(X)] = \int_{-\infty}^{+\infty} g(x) f(x) \mathrm{d}x \tag{3-4}$$

定理的证明超出了本书的范围，故略去.

定理的重要意义在于求 $E(Y)$ 时，不必算出 Y 的分布律或密度函数，而只需利用 X 的分

布律或密度函数就可以求出.

例 3-11 设 X 的分布律为

X	1	2	3
p_k	0.1	0.7	0.2

如果(1)$Y = \dfrac{1}{X}$,(2)$Y = X^2 + 2$,求 Y 的数学期望.

解 (1)$E(Y) = E\left(\dfrac{1}{X}\right) = 1 \times 0.1 + \dfrac{1}{2} \times 0.7 + \dfrac{1}{3} \times 0.2 \approx 0.52$

(2)$E(Y) = E(X^2 + 2) = (1^2 + 2) \times 0.1 + (2^2 + 2) \times 0.7 + (3^2 + 2) \times 0.2 = 6.7$

例 3-12 掷 20 个骰子,求这 20 个骰子出现的点数之和的数学期望.

解 设 X_i 为第 i 个骰子出现的点数,$i = 1, 2, \cdots, 20$,那么,20 个骰子点数之和 X 就等于

$$X = X_1 + X_2 + \cdots + X_{20}$$

易知,X_i 有相同的分布律 $P\{X_i = k\} = \dfrac{1}{6}$ ($k = 1, 2, 3, 4, 5, 6$) 则

$$E(X_i) = \dfrac{1}{6}(1 + 2 + 3 + 4 + 5 + 6) = \dfrac{21}{6} \quad (i = 1, 2, \cdots, 20)$$

于是,

$$E(X) = E(X_1) + E(X_2) + \cdots + E(X_{20}) = 20 \times \dfrac{21}{6} = 70$$

本例将随机变量 X 分解成若干个随机变量之和,利用随机变量和的期望公式,把 $E(X)$ 的计算转化为求若干个随机变量的期望,使 $E(X)$ 的计算大为简化. 这种处理方法具有一定的普遍性.

例 3-13 已知 $X \sim U[0, 2\pi]$,求 $E(\sin X)$.

解 X 的概率密度函数为

$$f(x) = \begin{cases} \dfrac{1}{2\pi} & 0 \leqslant x \leqslant 2\pi \\ 0 & \text{其他} \end{cases}$$

$$E(\sin X) = \int_{-\infty}^{+\infty} \sin x \cdot f(x) \, \mathrm{d}x = 0$$

例 3-14 根据分析,国际市场上每年对我国某种出口商品需求量 X(单位:t)服从均匀分布 $X \sim U[2\,000, 4\,000]$. 如果售出 1 t,可获利 3 万元,而积压 1 t,则需支付保管费及其他各种损失费用 1 万元,问应怎样决策才能使收益最大?

解 设每年生产该种商品 t t,$2\,000 \leqslant t \leqslant 4\,000$,收益 Y 万元,则

$$y = g(x) = \begin{cases} 3t & x \geqslant t \\ 3x - (t - x) & x < t \end{cases}$$

即

$$y = g(x) = \begin{cases} 3t & x \geqslant t \\ 4x - t & x < t \end{cases}$$

又 $X \sim U[2\,000, 4\,000]$,所以 X 的概率密度函数为

$$f(x) = \begin{cases} \dfrac{1}{2\,000} & 2\,000 \leqslant x \leqslant 4\,000 \\ 0 & \text{其他} \end{cases}$$

按式(3-4)有

$$E(Y) = E[g(X)] = \int_{-\infty}^{+\infty} g(x)f(x)\,\mathrm{d}x = \frac{1}{2\,000}\int_{2\,000}^{t} (4x - t)\,\mathrm{d}x + \frac{1}{2\,000}\int_{t}^{4\,000} 3t\,\mathrm{d}x$$

$$= \frac{1}{1\,000}(-t^2 + 7\,000t - 4\,000\,000) = R(t)$$

于是

$$R'(t) = \frac{1}{1\,000}(-2t + 7\,000) = 0$$

解得 $t = 3\,500$ 为唯一驻点;

又 $R''(t) = -\dfrac{1}{500} < 0$,故 $t = 3\,500$ 为最大值点.

即每年生产该种商品 3 500 t 时收益最大,这时可望获利 $R(3\,500) = 8\,250$ 万元.

3.4 方差及其简单性质

数学期望描述了随机变量一切可能取值的平均水平. 但在一些实际问题中,仅知道平均值是不够的,因为它有很大的局限性,还不能够完全反映问题的实质. 例如,某厂生产两类手表,甲类手表日走时误差均匀分布在 $-10 \sim 10$ s;乙类手表日走时误差均匀分布在 $-20 \sim 20$ s,易知其数学期望均为 0,即两类手表的日走时误差平均来说都是 0. 所以由此并不能比较出哪类手表走得好,但从直觉上会认为甲类手表比乙类手表走得较准,这是由于甲的日走时误差与其平均值偏离度较小,质量稳定. 由此可见,有必要研究随机变量取值与其数学期望值的偏离程度——**方差**.

3.4.1 方差的概念

为了解随机变量 X 的取值与数学期望的偏离程度,可以考虑绝对误差 $|X - E(X)|$,由于这个量仍是一个随机变量,具有不确定性,可以取它的期望值. 用这个量来描述偏离程度显然是最合理的. 但是它不便于计算. 为了避开这个困难,另选一个同样可以反映偏离程度的量 $(X - E(X))^2$,由此,引入下面定义.

定义 3 设 X 为一随机变量,若 $E[(X - E(X))^2]$ 存在,则称 $E[(X - E(X))^2]$ 为 X 的**方差**,记为 $D(X)$,即

$$D(X) = E[(X - E(X))^2] \tag{3-5}$$

而称 $\sqrt{D(X)}$ 为 X 的**标准差**或**均方差**.

由定义 3 可知,若 X 是离散型随机变量,其分布列为 $P\{X = x_i\} = p_i, i = 1, 2, \cdots$ 则

$$D(X) = \sum_{i=1}^{\infty} [x_i - E(X)]^2 p_i$$

若 X 是连续型随机变量,其密度函数为 $f(x)$,则

$$D(X) = \int_{-\infty}^{\infty} [x - E(X)]^2 f(x)\,\mathrm{d}x$$

由方差定义及数学期望的性质可推导出方差的计算公式：

$$D(X) = E(X^2) - [E(X)]^2 \qquad (3\text{-}6)$$

事实上,有

$$D(X) = E[(X - E(X))^2] = E[X^2 - 2E(X)X + (E(X))^2] = E(X^2) - [E(X)]^2$$

例 3-15　甲、乙两车间生产同一种产品,设 1 000 件产品中的次品数分别为随机变量 X,Y,已知他们的分布律为：

X	0	1	2	3
P_k	0.2	0.1	0.5	0.2

Y	0	1	2	3
P_k	0.1	0.3	0.4	0.2

试讨论甲、乙两车间的产品质量.

解　先计算均值：

$$E(X) = 0 \times 0.2 + 1 \times 0.1 + 2 \times 0.5 + 3 \times 0.2 = 1.7$$
$$E(Y) = 0 \times 0.1 + 1 \times 0.3 + 2 \times 0.4 + 3 \times 0.2 = 1.7$$

得到:甲、乙两车间次品数的均值相同.

再计算方差：

$$D(X) = (0 - 1.7)^2 \times 0.2 + (1 - 1.7)^2 \times 0.1 + (2 - 1.7)^2 \times 0.5 + (3 - 1.7)^2 \times 0.2$$
$$= 1.01$$

$$D(Y) = (0 - 1.7)^2 \times 0.1 + (1 - 1.7)^2 \times 0.3 + (2 - 1.7)^2 \times 0.4 + (3 - 1.7)^2 \times 0.2$$
$$= 0.81$$

得到:$D(X) > D(Y)$.这说明乙车间生产的产品质量较稳定.

3.4.2　常见分布的方差

1)(0-1)分布

已知 $E(X) = p$,而 $E(X^2) = 0^2 \cdot q + 1^2 \cdot p = p$,于是 $D(X) = p - p^2 = p(1 - p) = pq$,$(p + q = 1)$

2)二项分布

已知 $E(X) = np$,又可计算得到 $E(X^2) = n(n-1)p^2 + np$(过程较复杂,略),

于是　$D(X) = E(X^2) - [E(X)]^2 = n(n-1)p^2 + np - (np)^2 = npq$,$(p + q = 1)$

3)泊松分布

已知 $E(X) = \lambda$,而

$$E(X^2) = \sum_{i=0}^{+\infty} i^2 \cdot \frac{\lambda^i}{i!} e^{-\lambda} = \sum_{i=1}^{+\infty} [i(i-1) + i] \frac{\lambda^i}{i!} e^{-\lambda}$$

$$= \sum_{i=2}^{+\infty} i(i-1) \frac{\lambda^i}{i!} e^{-\lambda} + \sum_{i=1}^{+\infty} i \frac{\lambda^i}{i!} e^{-\lambda}$$

$$= \sum_{i=2}^{+\infty} \frac{\lambda^i}{(i-2)!} e^{-\lambda} + \lambda = e^{-\lambda} \lambda^2 \sum_{i=2}^{+\infty} \frac{\lambda^{i-2}}{(i-2)!} + \lambda$$

$$= e^{-\lambda} \cdot \lambda^2 \cdot e^{\lambda} + \lambda = \lambda^2 + \lambda$$

于是 $D(X) = E(X^2) - [E(X)]^2 = \lambda^2 + \lambda - \lambda^2 = \lambda$

4) 均匀分布

已知 $E(X) = \dfrac{a+b}{2}$, 而

$$E(X^2) = \int_a^b x^2 \cdot \frac{1}{b-a} dx = \frac{b^3 - a^3}{3(b-a)} = \frac{a^2 + ab + b^2}{3}$$

于是

$$D(X) = E(X^2) - [E(X)]^2 = \frac{a^2 + ab + b^2}{3} - \left(\frac{a+b}{2}\right)^2 = \frac{(b-a)^2}{12}$$

5) 指数分布

已知 $E(X) = \dfrac{1}{\lambda}$, 而

$$E(X^2) = \int_0^{+\infty} x^2 \cdot \lambda e^{-\lambda x} dx = -\int_0^{+\infty} x^2 de^{-\lambda x} = \frac{2}{\lambda^2}$$

于是

$$D(X) = E(X^2) - [E(X)]^2 = \frac{2}{\lambda^2} - \left(\frac{1}{\lambda}\right)^2 = \frac{1}{\lambda^2}$$

6) 正态分布

对于正态分布来说, 按定义求方差更方便些. 已知 $E(X) = \mu$, 有

$$D(X) = E[(X - E(X))^2] = E[(X - \mu)^2] = \int_{-\infty}^{+\infty} (x - \mu)^2 \frac{1}{\sqrt{2\pi}\sigma} e^{-\frac{(x-a)^2}{2\sigma^2}} dx$$

令 $t = \dfrac{x - \mu}{\sigma}$, 则

$$D(X) = \frac{\sigma^2}{\sqrt{2\pi}} \int_{-\infty}^{+\infty} t^2 e^{-\frac{t^2}{2}} dt = \frac{\sigma^2}{\sqrt{2\pi}} \int_{-\infty}^{+\infty} (-t) de^{-\frac{t^2}{2}} = \sigma^2$$

可见, 正态分布中的参数 σ^2 恰好是相应的正态随机变量的方差, σ 是标准差.

为方便读者记忆查阅使用, 现将常用离散型和连续型随机变量的分布及数学期望和方差公式概括为表 3-2.

表 3-2　常用离散型和连续型随机变量的分布及数学期望和方差公式

类型	名称、记号	分布列或密度函数	数学期望	方差
离散型	(0-1)分布 $X \sim B(1,p)$	$P\{X=k\} = p^k q^{1-k}, k = 0,1$ $0 < p < 1, p + q = 1$	p	pq
	二项分布 $X \sim B(n,p)$	$P\{X=k\} = C_n^k p^k q^{n-k}, k = 0,1,2,\cdots,n$ $0 < p < 1, p + q = 1$	np	npq
	泊松分布 $X \sim P(\lambda)$	$P\{X=k\} = \dfrac{\lambda^k}{k!} e^{-\lambda}$ $\lambda > 0 (k = 0,1,2,\cdots,n)$	λ	λ

续表

类型	名称、记号	分布列或密度函数	数学期望	方差
连续型	均匀分布 $X \sim U[a,b]$	$f(x) = \begin{cases} \dfrac{1}{b-a} & a \leqslant x \leqslant b \\ 0 & \text{其他} \end{cases}$	$\dfrac{a+b}{2}$	$\dfrac{(b-a)^2}{12}$
	指数分布 $X \sim E(\lambda)$	$f(x) = \begin{cases} \lambda e^{-\lambda x} & x \geqslant 0 \\ 0 & x < 0 \end{cases}$ $\lambda > 0$	$\dfrac{1}{\lambda}$	$\dfrac{1}{\lambda^2}$
	正态分布 $X \sim N(\mu, \sigma^2)$	$f(x) = \dfrac{1}{\sqrt{2\pi}\,\sigma} e^{-\frac{(x-\mu)^2}{2\sigma^2}}$ $(-\infty < x < +\infty)$ μ, σ 为常数，其中 $\sigma > 0$	μ	σ^2

3.4.3 方差的性质

定理3 方差具有下列性质：

(1) $D(c) = 0$；

(2) $D(X + c) = D(X)$；

(3) $D(cX) = c^2 D(X)$.

由方差的定义式和计算式可证之，从略.

例 3-16 设随机变量 X 具有数学期望 $E(X) = \mu$，方差 $D(X) = \sigma^2 \neq 0$. 记 $X^* = \dfrac{X-\mu}{\sigma}$，试证：$X^*$ 为 X 的**标准化变量**. 即 X^* 的数学期望为 0，方差为 1.

证明 由定理 3 可得

$$E(X^*) = \frac{1}{\sigma} E(X - \mu) = \frac{1}{\sigma}[E(X) - \mu] = 0$$

$$D(X^*) = E(X^{*2}) - [E(X^*)]^2 = E\left[\left(\frac{X-\mu}{\sigma}\right)^2\right] = \frac{1}{\sigma^2} E[(X-\mu)^2] = \frac{\sigma^2}{\sigma^2} = 1$$

3.5 应用实例——有奖明信片的利润分析

由一张 2012 年中国邮政贺年（有奖）明信片上的奖号"E 03 组 586897"可知：编号 000001 ~ 999999 是一组，同一英文字母打头的估计可达 99 组，而英文字母有 26 个. 最多可有 $99 \times 26 = 2\,574$ 组.

经摇号后，每组中奖号码是：

一等奖（3 000 元） 768691，929617，009949；

二等奖（1 000 元） 33793，78768；

三等奖（300 元） 6122，2258；

四等奖(50 元纪念邮票)　　　　127

五等奖(4 元邮票)　　　　　　 46

纪念奖(0.5 元明信片)　　　　 7

邮政贺年(有奖)明信片每张售价 0.5 元,而一张普通明信片(算作有奖明信片的成本)售价 0.25 元.下面计算国家邮政局在这个项目上将获利多少.

设随机变量 X 为每张获得的奖金额,则其分布律为($n = 999\ 999$)

X	0.5	4	50	300	1 000	3 000
P	100 000$/n$	10 000$/n$	1 000$/n$	200$/n$	20$/n$	3$/n$

于是每张明信片的期望奖金为

$$E(X) = \sum_{i=1}^{6} x_i p_i = 0.229(元)$$

邮政局从每张明信片上平均获利为：$0.5 - 0.229 - 0.25 = 0.021(元)$

在整个项目上将获利:$0.021 \times 999\ 999 \times 2\ 574 \approx 5\ 400(万元)$

习题 3
(A)

1. 在某城市组织足球比赛,所预测,由于天气原因,到场观看比赛的球迷人数大约是:雨天时有 35 000 人,阴天时有 40 000 人,多云时有 48 000 人,天气晴朗时有 60 000 人,若上述四种天气的概率分别为 0.08,0.42,0.43,0.07,问平均每场比赛到场观看的球迷有多少?

2. 设随机变量 X 的密度为 $f(x) = \frac{1}{2}e^{-|x|}$ ($-\infty < x < +\infty$),求 $E(X)$.

3. 设随机变量 X 的概率密度为

$$f(x) = \begin{cases} \dfrac{1}{\pi\ \sqrt{1-x^2}} & |x| < 1 \\ 0 & |x| \geq 1 \end{cases}$$

求数学期望 $E(X)$.

4. 连续型随机变量 X 的概率密度为

$$f(x) = \begin{cases} kx^a & 0 < x < 1 \\ 0 & 其他 \end{cases} \qquad (k, a > 0)$$

又知 $E(X) = 0.75$,求 k 和 a 的值.

5. 已知 X 的概率密度函数是 $f(x) = \begin{cases} k\sin x\cos x & x \in \left[0, \dfrac{\pi}{4}\right] \\ 0 & 其他 \end{cases}$,求:$(1)k,(2)E(X)$.

6. 假设某种热水器首次发生故障的时间 X(单位:h)服从参数为 0.002 的指数分布,求:

(1)该热水器在 100 h 内需要维修的概率是多少?

(2)该热水器平均能正常使用多少 h?

7. 已知随机变量 Y 是 X 函数且 $Y = \sin X$,又 X 的密度函数是 $f(x) = \begin{cases} e^{-x} & x > 0 \\ 0 & 其他 \end{cases}$,求

$E(Y)$.

8. 已知 100 个产品中有 10 个次品,求任意取出的 5 个产品中次品数的期望值.

9. 假定每人生日在各个月份的机会是同样的,求 3 个人中生日在第一季度的平均人数.

10. 已知随机变量 X 服从二项分布,$E(X) = 12$,$D(X) = 8$,求 p 和 n.

11. 在相同的条件下,用两种方法测量某零件的长度(单位:mm),测得分布情况如下表,其中 p_1,p_2 分别表示第 1,2 种方法的概率,试比较哪种方法的精确度较高?

长度	4.8	4.9	5.0	5.1	5.2
p_1	0.1	0.1	0.6	0.1	0.1
p_2	0.2	0.2	0.2	0.2	0.2

12. 随机变量 X 服从参数为 λ 的泊松分布,且 $E[(X-1)(X-2)] = 1$,求 λ.

13. 设 X 的概率密度函数为:

$$f(x) = \begin{cases} |x| & |x| < 1 \\ 0 & |x| \geqslant 1 \end{cases}, 求 X 的期望和方差.$$

14. X 的概率密度为

$$f(x) = \begin{cases} 1 + x & -1 \leqslant x \leqslant 0 \\ 1 - x & 0 < x \leqslant 1 \\ 0 & 其他 \end{cases}, 求 E(X), D(X).$$

15. 设随机变量 X 的密度函数为

$$f(x) = \begin{cases} 3x^2 & 0 \leqslant x < 1 \\ 0 & 其他 \end{cases}, 求 E(X), D(X).$$

16. 设随机变量 X 的概率密度为 $f(x) = \begin{cases} c & 1 < x < 3 \\ 0 & 其他 \end{cases}$,求 $E(X), D(X)$.

(B)

1. (2008 年数学一,数学三)设随机变量 X 服从参数为 1 的泊松分布,则 $P\{X = E(X^2)\} = $ _____.

2. (2009 年数学一)设随机变量 X 的分布函数为

$F(x) = 0.3\Phi(x) + 0.7\Phi\left(\dfrac{x-1}{2}\right)$,其中 $\Phi(x)$ 为标准正态分布的分布函数,则 $E(X) = $ ( ).

(A)0　　　　　(B)0.3　　　　　(C)0.7　　　　　(D)1

3. (2013 年数学三)设随机变量 X 服从标准正态分布 $X \sim N(0,1)$,则 $E(Xe^{2X}) = $ _____.

4. 设随机变量 X 服从指数分布,则必有( ).

(A)$DX = (EX)^2$ 　　　　　　　　(B)$(DX)^2 = EX$

(C)$DX = EX(1 - EX)$ 　　　　　　(D)$DX = EX$

5. 已知随机变量的分布列为

$$P\{X = k\} = \frac{1}{k!}e^{-1} \quad (k = 0,1,2,\cdots)$$

求 $E(X)$,$D(X)$.

6. 设随机变量 X 的分布函数为

$$F(x) = \begin{cases} 0 & x < 0 \\ \frac{1}{4}x^2 & 0 \leqslant x \leqslant 2 \\ 1 & x > 2 \end{cases}$$

则 $E(X) = ($ $)$.

(A) $\displaystyle\int_0^{+\infty} \frac{1}{4}x^3 \mathrm{d}x$ (B) $\displaystyle\int_0^2 \frac{1}{4}x^3 \mathrm{d}x$

(C) $\displaystyle\int_0^2 \frac{1}{2}x^2 \mathrm{d}x$ (D) $\displaystyle\int_0^2 \frac{1}{2}x \mathrm{d}x$

7. 设随机变量 $X \sim N(0,1)$,$Y = 2X + 1$,则 $Y \sim ($ $)$.

(A) $N(1,4)$ (B) $N(0,1)$ (C) $N(1,1)$ (D) $N(1,2)$

8. 设 X 为 6 重独立重复试验中成功出现的次数,且 $E(X) = 2.4$,求 $E(X^2)$.

第4章

多维随机变量及其分布

前面只讨论单个随机变量的问题,但在实际中,许多随机试验的结果都需要用两个或两个以上的随机变量来描述.例如,射击时击中点的坐标;某个地区的气象情况(包括气温、气压、湿度等).因此,需要研究多维随机变量.为了不使问题的形式变得复杂,本章主要研究二维随机变量,更高维的情况一般可以类推.

作为概率论的内容与数理统计的内容链接,本章将介绍大数定律和中心极限定理,它们是对大量随机现象的平均结果稳定性的结论,并对随机变量的和的极限分布建立了理论依据.作为其应用实例,将会知道学校食堂应该开设多少服务窗口才合理.

4.1 二维随机变量的分布函数

4.1.1 二维随机变量及其分布函数

定义1 设随机试验的样本空间为 Ω, $\omega \in \Omega$ 为样本点,而

$$X = X(\omega), Y = Y(\omega)$$

是定义在 Ω 上的两个随机变量,称 (X, Y) 为定义在 Ω 上的**二维随机变量**或**二维随机向量**.

定义2 设 (X, Y) 是二维随机变量,对于任意实数 x, y,称二元函数

$$F(x, y) = P\{(X \leq x) \cap (Y \leq y)\} \xlongequal{\text{记为}} P\{X \leq x, Y \leq y\} \tag{4-1}$$

为**二维随机变量 (X, Y) 的分布函数**,或称 **X 和 Y 的联合分布函数**.

注 (1) $F(x, y)$ 的几何意义:随机点 (X, Y) 落在以 (x, y) 为顶点,且位于该点左下方的平面区域内的概率,如图4-1所示.

(2)如图4-2所示,随机点 (X, Y) 落入区域 $D = \{(x, y) \mid x_1 < x \leq x_2, y_1 < y \leq y_2\}$ 内的概率为:

$$P\{x_1 < X \leq x_2, y_1 < Y \leq y_2\} = F(x_2, y_2) - F(x_1, y_2) - F(x_2, y_1) + F(x_1, y_1) \tag{4-2}$$

联合分布函数的基本性质:

(1)**单调性**: $F(x, y)$ 分别对 x 或 y 是单调不减的,即

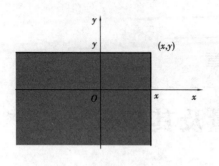

图 4-1　　　　　　　　　　　　　　　　　图 4-2

对任意固定的 y，当 $x_1 < x_2$ 时，有 $F(x_1,y) \leqslant F(x_2,y)$；

对任意固定的 x，当 $y_1 < y_2$ 时，有 $F(x,y_1) \leqslant F(x,y_2)$.

（2）**有界性**：对任意的 x 和 y，有 $0 \leqslant F(x,y) \leqslant 1$，且

$$F(-\infty,y) = \lim_{x \to -\infty} F(x,y) = 0, F(x,-\infty) = \lim_{y \to -\infty} F(x,y) = 0$$

$$F(+\infty,+\infty) = \lim_{x,y \to +\infty} F(x,y) = 1$$

（3）**右连续性**：$F(x,y)$ 关于 x 和 y 均为右连续，即

$$F(x,y) = F(x+0,y), F(x,y) = F(x,y+0)$$

（4）**非负性**：对任意的 $a < b, c < d, P\{a < x \leqslant b, c < Y \leqslant d\} \geqslant 0$

注　二维联合分布函数 $F(x,y)$ 必具有以上四条基本性质；同样可以证明具有以上性质的二元函数 $F(x,y)$ 一定是某个二维随机变量的分布函数.

4.1.2　边缘分布函数

定义 3　对于二维随机变量 (X,Y)，其分量 X,Y 的分布函数分别记为 $F_X(x)$ 和 $F_Y(y)$，分别称为二维随机变量 (X,Y) 关于 X 和关于 Y 的**边缘分布函数**，或称**边际分布函数**. 即

$$F_X(x) = P\{X \leqslant x, Y < +\infty\} = F(x,+\infty) \tag{4-3}$$

$$F_Y(y) = P\{X < +\infty, Y \leqslant y\} = F(+\infty,y) \tag{4-4}$$

下面把二维随机变量 (X,Y) 分成离散型与连续型两类来讨论.

4.2　二维离散型随机变量及其分布

4.2.1　二维离散型随机变量的联合概率分布

定义 4　如果二维随机变量 (X,Y) 可能的取值为有限或可列个实数对，则称 (X,Y) 为**二维离散型随机变量**.

若二维离散型随机变量 (X,Y) 所有可能取值为 $(x_i,y_j)(i,j=1,2,\cdots)$，则称

$$P\{X = x_i, Y = y_j\} = p_{ij} \quad (i,j = 1,2,\cdots)$$

为二维离散型随机变量 (X,Y) 的**联合分布律**（简称**分布律**）.

(X,Y)的联合分布律也可以用如下的分布表给出：

X \\ Y	y_1	y_2	$\cdots$	y_j	$\cdots$
x_1	p_{11}	p_{12}	$\cdots$	p_{1j}	$\cdots$
x_2	p_{21}	p_{22}	$\cdots$	p_{2j}	$\cdots$
$\cdots$	$\cdots$	$\cdots$	$\cdots$	$\cdots$	$\cdots$
x_i	p_{i1}	p_{i2}	$\cdots$	p_{ij}	$\cdots$
$\cdots$	$\cdots$	$\cdots$	$\cdots$	$\cdots$	$\cdots$

联合分布律的基本性质：

(1) $p_{ij} \geq 0 \quad (i,j = 1,2,\cdots)$；

(2) $\displaystyle\sum_{i=1}^{+\infty} \sum_{j=1}^{+\infty} p_{ij} = 1$.

4.2.2 边缘分布律

定义5 若二维离散型随机变量(X,Y)的联合分布律为

$$P\{X = x_i, Y = y_j\} = p_{ij} \quad (i,j = 1,2,\cdots)$$

则称

$$P\{X = x_i\} = \sum_{j=1}^{+\infty} P\{X = x_i, Y = y_j\} \quad (i = 1,2,\cdots)$$

为(X,Y)关于X的**边缘分布律**，记作$p_{i\cdot}$.

$$P(Y = y_j) = \sum_{i=1}^{+\infty} P\{X = x_i, Y = y_j\} \quad (j = 1,2,\cdots)$$

为(X,Y)关于Y的**边缘分布律**，记作$p_{\cdot j}$.

要注意记号$p_{i\cdot}$与$p_{\cdot j}$中点"·"的位置. 通常把$p_{i\cdot}$与$p_{\cdot j}$直接写在联合分布律表的边缘上，这也正是边缘分布名称的由来.

已知(X,Y)的联合分布律，则对一切满足$x_i \leq x, y_j \leq y$的i,j求和可以得到分布函数

$$F(x,y) = \sum_{x_i \leq x} \sum_{y_j \leq y} p_{ij}$$

例4-1 在装有12只开关的箱子中，有2只次品，在其中取两次，每次取一只，考虑如下两种情况：(1)有放回抽取；(2)不放回抽取. 定义随机变量X和Y如下：

$$X = \begin{cases} 0 & 若第一次取出是正品 \\ 1 & 若第一次取出是次品 \end{cases} \qquad Y = \begin{cases} 0 & 若第二次取出是正品 \\ 1 & 若第二次取出是次品 \end{cases}$$

试分别就(1)和(2)两种情形，写出X和Y的联合分布律，以及边缘分布律.

解 由X和Y的定义，知道(X,Y)所有可能取得值有$(0,0),(0,1),(1,0),(1,1)$.

(1)有放回抽取

$$P\{X = 0, Y = 0\} = \frac{10 \times 10}{12 \times 12} = \frac{25}{36} \qquad P\{X = 0, Y = 1\} = \frac{10 \times 2}{12 \times 12} = \frac{5}{36}$$

$$P\{X = 1, Y = 0\} = \frac{2 \times 10}{12 \times 12} = \frac{5}{36} \qquad P\{X = 1, Y = 1\} = \frac{2 \times 2}{12 \times 12} = \frac{1}{36}$$

再结合边缘分布律和联合分布律的关系,可写出如下的分布表:

X \ Y	0	1	$p_i.$
0	$\dfrac{25}{36}$	$\dfrac{5}{36}$	$\dfrac{5}{6}$
1	$\dfrac{5}{36}$	$\dfrac{1}{36}$	$\dfrac{1}{6}$
$p._j$	$\dfrac{5}{6}$	$\dfrac{1}{6}$	

(2)不放回抽取

$$P\{X = 0, Y = 0\} = \frac{10 \times 9}{12 \times 11} = \frac{15}{22} \qquad P\{X = 0, Y = 1\} = \frac{10 \times 2}{12 \times 11} = \frac{5}{33}$$

$$P\{X = 1, Y = 0\} = \frac{2 \times 10}{12 \times 11} = \frac{5}{33} \qquad P\{X = 1, Y = 1\} = \frac{2 \times 1}{12 \times 11} = \frac{1}{66}$$

分布表如下:

X \ Y	0	1	$p_i.$
0	$\dfrac{15}{22}$	$\dfrac{5}{33}$	$\dfrac{5}{6}$
1	$\dfrac{5}{33}$	$\dfrac{1}{66}$	$\dfrac{1}{6}$
$p._j$	$\dfrac{5}{6}$	$\dfrac{1}{6}$	

4.3 二维连续型随机变量及其分布

4.3.1 二维连续型随机变量的概率密度

定义 6 设(X,Y)的分布函数为$F(x,y)$,如果存在非负可积的二元函数$f(x,y)$,使得对任意实数x,y有

$$F(x,y) = \int_{-\infty}^{y} \int_{-\infty}^{x} f(u,v) \, \mathrm{d}u \mathrm{d}v \tag{4-5}$$

则称(X,Y)为**连续型二维随机变量**,称$f(x,y)$为(X,Y)的**联合概率密度**(简称**概率密度**).

与一维情形相类似,概率密度函数$f(x,y)$具有以下的性质:

(1)$f(x,y) \geq 0$

(2)$\displaystyle\int_{-\infty}^{+\infty} \int_{-\infty}^{+\infty} f(x,y) \mathrm{d}x\mathrm{d}y = 1$

（3）在 $f(x,y)$ 的连续点 (x,y) 处有

$$\frac{\partial^2 F(x,y)}{\partial x \partial y} = f(x,y)$$

（4）(X,Y) 的取值落在平面区域 D 内的概率等于 $f(x,y)$ 在 D 上的二重积分，即

$$P\{(X,Y) \in D\} = \iint\limits_{D} f(x,y)\,\mathrm{d}x\mathrm{d}y$$

例 4-2 设二维随机变量 (X,Y) 的密度函数为

$$f(x,y) = \begin{cases} kxy & 0 \leqslant x \leqslant 1, 0 \leqslant y \leqslant 1 \\ 0 & \text{其他} \end{cases}$$

求：（1）常数 k；（2）$P\{X>Y\}$；（3）$P\{X+Y<1\}$.

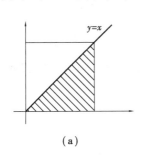 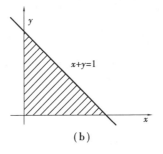

（a） （b）

图 4-3

解 由二维随机变量密度函数的性质，有

（1）$\int_{-\infty}^{+\infty} \int_{-\infty}^{+\infty} f(x,y)\,\mathrm{d}x\mathrm{d}y = \int_0^1 \mathrm{d}x \int_0^1 kxy\,\mathrm{d}y = \frac{k}{4} = 1$

因此 $k=4$.

（2）如图 4-3（a）所示，可得

$$P(X>Y) = \int_0^1 \mathrm{d}x \int_0^x 4xy\,\mathrm{d}y = \frac{1}{2}$$

（3）如图 4-3（b）所示，可得

$$P\{X+Y<1\} = \int_0^1 \mathrm{d}x \int_0^{1-x} 4xy\,\mathrm{d}y = \frac{1}{6}$$

4.3.2 边缘概率密度

若 (X,Y) 的概率密度为 $f(x,y)$，由边缘分布函数的定义知

$$F_X(x) = F(x,+\infty) = \int_{-\infty}^{x} \int_{-\infty}^{+\infty} f(u,v)\,\mathrm{d}u\mathrm{d}v$$

则 X 是一个连续型随机变量，其概率密度为

$$f_X(x) = \int_{-\infty}^{+\infty} f(x,y)\,\mathrm{d}y \tag{4-6}$$

同理，Y 也是一个连续型随机变量，其概率密度为

$$f_Y(y) = \int_{-\infty}^{+\infty} f(x,y)\,\mathrm{d}x \tag{4-7}$$

分别称 $f_X(x)$，$f_Y(y)$ 为 (X,Y) 关于 X 和 Y 的**边缘概率密度**.

4.3.3 常用二维连续型随机变量的分布

1)二维均匀分布

设 G 是平面上面积为 A 的区域,若二维随机变量 (X,Y) 具有概率密度

$$f(x,y) = \begin{cases} \dfrac{1}{A} & (x,y) \in G \\ 0 & \text{其他} \end{cases}$$

则称 (X,Y) 在 G 上服从**二维均匀分布**.

若 (X,Y) 在 G 上服从二维均匀分布,则对于任一平面区域 D,有

$$P\{(X,Y) \in D\} = \iint_D f(x,y)\,\mathrm{d}x\mathrm{d}y = \iint_{D \cap G} \frac{1}{A}\mathrm{d}x\mathrm{d}y = \frac{A_{D \cap G}}{A}$$

其中 $A_{D \cap G}$ 是平面区域 D 与 G 的公共部分的面积. 特别地,当 $D \subset G$ 时,若 A_D 是平面区域 D 的面积,则有

$$P\{(X,Y) \in D\} = \frac{A_D}{A}$$

例 4-3 设 (X,Y) 服从平面圆域 $x^2 + y^2 \leq 1$ 上的均匀分布,

(1)求 (X,Y) 的概率密度;

(2)求 (X,Y) 关于 X 和 Y 的边缘概率密度;

(3)求 $P\{0 < X < Y\}$.

解 (1)因为平面上圆域 $x^2 + y^2 \leq 1$ 的面积为 π,

所以,(X,Y) 的概率密度为

$$f(x,y) = \begin{cases} \dfrac{1}{\pi} & x^2 + y^2 \leq 1 \\ 0 & \text{其他} \end{cases}$$

(2)由式(4-6)可得

$$f_X(x) = \int_{-\infty}^{+\infty} f(x,y)\,\mathrm{d}y = \begin{cases} \displaystyle\int_{-\sqrt{1-x^2}}^{\sqrt{1-x^2}} \dfrac{1}{\pi}\mathrm{d}y & -1 \leq x \leq 1 \\ 0 & \text{其他} \end{cases}$$

$$= \begin{cases} \dfrac{2}{\pi}\sqrt{1-x^2} & -1 \leq x \leq 1 \\ 0 & \text{其他} \end{cases}$$

同理可得

$$f_Y(y) = \begin{cases} \dfrac{2}{\pi}\sqrt{1-y^2} & -1 \leq y \leq 1 \\ 0 & \text{其他} \end{cases}$$

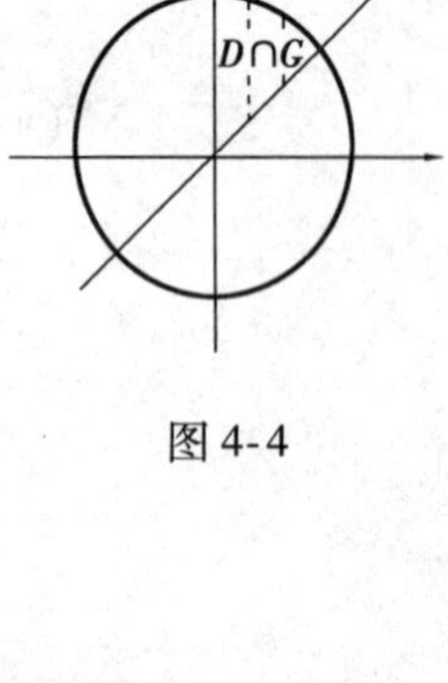

(3)设 $G = \{(x,y) \mid x^2 + y^2 \leq 1\}$,$D = \{(x,y) \mid 0 < x < y\}$ (图4-4),则

$$P\{0 < X < Y\} = P\{(X,Y) \in D\}$$

$$= \frac{A_D}{A} = \frac{\dfrac{1}{8}\pi \times 1^2}{\pi} = \frac{1}{8}$$

图 4-4

2)二维正态分布

若随机变量(X,Y)的概率密度为

$$f(x,y) = \frac{1}{2\pi\sigma_1\sigma_2\sqrt{1-\rho^2}}e^{-\frac{1}{2(1-\rho^2)}\left[\left(\frac{x-\mu_1}{\sigma_1}\right)^2 - 2\rho\left(\frac{x-\mu_1}{\sigma_1}\right)\left(\frac{y-\mu_2}{\sigma_2}\right) + \left(\frac{y-\mu_2}{\sigma_2}\right)^2\right]}$$

其中$\mu_1,\mu_2,\sigma_1,\sigma_2,\rho$均为常数,且$\sigma_1>0,\sigma_2>0,|\rho|<1$,
则称(X,Y)服从参数为$\mu_1,\mu_2,\sigma_1,\sigma_2,\rho$的**二维正态分布**,
记为

$$(X,Y) \sim N(\mu_1,\mu_2,\sigma_1^2,\sigma_2^2,\rho)$$

二维正态分布的概率密度的图像(图4-5)形如山冈,
在(μ_1,μ_2)处达到最高峰.

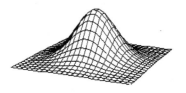

图 4-5

通过计算,可以得到(X,Y)关于X和Y的边缘概率密度:

$$f_X(x) = \frac{1}{\sqrt{2\pi}\sigma_1}e^{-\frac{(x-\mu_1)^2}{2\sigma_1^2}} \quad (-\infty < x < +\infty)$$

$$f_Y(y) = \frac{1}{\sqrt{2\pi}\sigma_2}e^{-\frac{(y-\mu_2)^2}{2\sigma_2^2}} \quad (-\infty < y < +\infty)$$

这个结果表明,二维正态分布的边缘分布服从一维正态分布;同时也表明,由联合分布可以得到边缘分布,但是由边缘分布不一定能得到联合分布.

4.3.4 随机变量的独立性

由事件的独立性,可以引入随机变量的独立性概念.

定义7 设$F(x,y),F_X(x),F_Y(y)$分别是二维随机变量(X,Y)的联合分布函数和边缘分布函数,若对任意的实数x,y有

$$F(x,y) = F_X(x) \cdot F_Y(y)$$

成立,则称随机变量X与Y**相互独立**.

由定义7可以得到如下两个结论:

(1)若(X,Y)是离散型,则X与Y相互独立$\Leftrightarrow p_{ij} = p_i. \cdot p_{.j}$,

(2)若(X,Y)是连续型,则X与Y相互独立$\Leftrightarrow f(x,y) = f_X(x) \cdot f_Y(y)$.

例4-4 设(X,Y)的分布律为

X \ Y	1	2	3
1	$\frac{1}{6}$	$\frac{1}{9}$	$\frac{1}{18}$
2	$\frac{1}{3}$	α	β

求:(1)α,β应满足什么条件? (2)α,β取什么值时,X与Y相互独立.

解 (1)由联合分布律的基本性质,可以知道:

$$\alpha \geqslant 0, \beta \geqslant 0 \text{ 且} \frac{1}{6} + \frac{1}{9} + \frac{1}{18} + \frac{1}{3} + \alpha + \beta = 1,$$

故 α, β 应满足条件: $\alpha \geqslant 0, \beta \geqslant 0$ 且 $\alpha + \beta = \frac{1}{3}$.

(2)首先可以求出 (X,Y) 的边缘分布,得到完整的联合分布律表:

X \ Y	1	2	3	$p_{i\cdot}$
1	$\frac{1}{6}$	$\frac{1}{9}$	$\frac{1}{18}$	$\frac{1}{3}$
2	$\frac{1}{3}$	α	β	$\frac{1}{3} + \alpha + \beta$
$p_{\cdot j}$	$\frac{1}{2}$	$\frac{1}{9} + \alpha$	$\frac{1}{18} + \beta$	

X 与 Y 相互独立 $\Leftrightarrow p_{ij} = p_{i\cdot} \cdot p_{\cdot j}$,知

$$\frac{1}{18} = \frac{1}{3} \times \left(\frac{1}{18} + \beta \right) \Rightarrow \beta = \frac{1}{9}, \alpha = \frac{1}{3} - \beta = \frac{2}{9}$$

例 4-5 设二维随机变量 (X,Y) 的概率密度为

$$f(x,y) = \begin{cases} Ax^2 y(2-y) & 0 < x < 2, 0 < y < 2 \\ 0 & \text{其他} \end{cases}$$

(1)求常数 A ;(2)问 X 与 Y 是否相互独立?

解 (1) 由 $\int_{-\infty}^{+\infty} \int_{-\infty}^{+\infty} f(x,y) \mathrm{d}x \mathrm{d}y = 1$,知

$$\int_0^2 \int_0^2 Ax^2 y(2-y) \mathrm{d}x \mathrm{d}y = 1 \Rightarrow A = \frac{9}{32}$$

所以 $f(x,y) = \begin{cases} \frac{9}{32} x^2 y(2-y) & 0 < x < 2, 0 < y < 2 \\ 0 & \text{其他} \end{cases}$

(2)由联合概率密度和公式(4-6)、公式(4-7)可以求得

$$f_X(x) = \begin{cases} \int_0^2 \frac{9}{32} x^2 y(2-y) \mathrm{d}y = \frac{3}{8} x^2 & 0 < x < 2 \\ 0 & \text{其他} \end{cases}$$

$$f_Y(y) = \begin{cases} \int_0^2 \frac{9}{32} x^2 y(2-y) \mathrm{d}x = \frac{3}{4} y(2-y) & 0 < y < 2 \\ 0 & \text{其他} \end{cases}$$

显然,$f(x,y) = f_X(x) \cdot f_Y(y)$,故 X 与 Y 相互独立.

注 在相互独立的情形下,(X,Y) 的联合分布和边缘分布可以相互推导.

把二维随机变量的独立性概念加以推广,可以得到多维随机变量的独立性概念. 设 $F(x_1, x_2, \cdots, x_n)$,$F_{X_i}(x_i)$ $(i = 1, 2, \cdots, n)$ 分别是 n 维随机变量 $(X_1, X_2, \cdots, X_n)$ 的分布函数和边缘分布函数,若对任意的实数 $x_1, x_2, \cdots, x_n$,有

$$F(x_1, x_2, \cdots, x_n) = F_{X_1}(x_1) F_{X_2}(x_2) \cdots F_{X_n}(x_n)$$

则称 n 维随机变量 $X_1, X_2, \cdots, X_n$ 相互独立.

4.4 二维随机变量函数的分布

在第 2 章 2.4 节中,讨论了一维随机变量函数的分布情况.本节将讨论两个随机变量函数的分布问题,通过讨论以下几个具体的函数分布,其他类型的函数可以依此类推.

4.4.1 二维离散型随机变量函数的分布

设 (X,Y) 是二维离散型随机变量,$g(x,y)$ 是一个二元函数,则 $Z = g(X,Y)$ 作为 (X,Y) 的函数是一个随机变量,如果 (X,Y) 的概率分布为

$$P\{X = x_i, Y = y_j\} = p_{ij}(i,j = 1,2,\cdots)$$

设 $Z = g(X,Y)$ 的所有可能取值为 $z_k, k = 1,2,\cdots$,则 Z 的概率分布为

$$P\{Z = z_k\} = P\{g(X,Y) = z_k\} = \sum_{g(x_i,y_j) = z_k} P\{X = x_i, Y = y_j\} \quad (k = 1,2,\cdots)$$

例 4-6 设随机变量 (X,Y) 的联合分布如下表

X＼Y	0	1
0	0.2	0.4
1	0.3	0.1

求二维随机变量的函数 $Z_1 = X + Y, Z_2 = XY$ 的分布.

解 由已知 (X,Y) 的联合分布律可得下表

概率 P	0.2	0.4	0.3	0.1
(X,Y)	$(0,0)$	$(0,1)$	$(1,0)$	$(1,1)$
$Z_1 = X + Y$	0	1	1	2
$Z_2 = XY$	0	0	0	1

由上表可知,$Z_1 = X + Y$ 的所有可能取值为 $0,1,2$.其分布律为

Z_1	0	1	2
p_k	0.2	0.7	0.1

同理,$Z_2 = XY$ 只取两个值:$0,1$.其分布律为

Z_2	0	1
p_k	0.9	0.1

例 4-7　若 X 和 Y 相互独立, 它们分别服从参数为 λ_1, λ_2 的泊松分布, 证明 $Z = X + Y$ 服从参数为 $\lambda_1 + \lambda_2$ 的泊松分布.

证明　由于 X 与 Y 都服从泊松分布, 取值为任意非负整数, 因此 Z 的取值也为所有非负整数. 因为对任一非负整数 k, 事件 "$X + Y = k$" 可以写成如下 $k + 1$ 个互不相容事件之并

$$\{X + Y = k\} = \{X = 0, Y = k\} \cup \{X = 1, Y = k - 1\} \cup \cdots \cup \{X = k, Y = 0\}$$

因此, 有

$$P\{X + Y = k\} = P\{X = 0, Y = k\} +$$
$$P\{X = 1, Y = k - 1\} + \cdots + P\{X = k, Y = 0\}$$
$$= \sum_{i=0}^{k} P\{X = i, Y = k - i\}$$

由独立性, 知

$$P\{X + Y = k\} = \sum_{i=0}^{k} P\{X = i\} \cdot P\{Y = k - i\}$$

代入泊松分布的分布律, 得

$$P\{X + Y = k\} = \sum_{i=0}^{k} \frac{\lambda_1^i e^{-\lambda_1}}{i!} \frac{\lambda_2^{k-i} e^{-\lambda_2}}{(k - i)!}$$
$$= \frac{1}{k!} \left(\sum_{i=0}^{k} C_k^i \lambda_1^i \lambda_2^{k-i} \right) e^{-(\lambda_1 + \lambda_2)}$$
$$= (\lambda_1 + \lambda_2)^k \frac{e^{-(\lambda_1 + \lambda_2)}}{k!} \quad (k = 0, 1, 2\cdots)$$

因此, $Z = X + Y$ 服从参数为 $\lambda_1 + \lambda_2$ 的泊松分布: $X + Y \sim P(\lambda_1 + \lambda_2)$. 证毕.

4.4.2　二维连续型随机变量函数的分布

设 (X, Y) 是二维连续型随机变量, 其概率密度函数为 $f(x, y)$, $Z = g(X, Y)$ 是 (X, Y) 的函数. 可用类似于求一维随机变量函数分布的方法来求 $Z = g(X, Y)$ 的分布.

易知, $Z = g(X, Y)$ 分布函数为

$$F_Z(z) = P\{Z \leqslant z\} = P\{g(X, Y) \leqslant z\} = P\{(X, Y) \in D_z\} = \iint\limits_{D_z} f(x, y) \mathrm{d}x\mathrm{d}y$$

其中, $D_z = \{(x, y) | g(x, y) \leqslant z\}$

对几乎所有的 z, 可得 $Z = g(X, Y)$ 的概率密度函数为

$$f_Z(z) = F_Z'(z)$$

1) $Z = X + Y$ 的分布

$Z = X + Y$ 的分布函数

$$F_Z(z) = P\{Z \leqslant z\} = P\{X + Y \leqslant z\} = \iint\limits_{x+y \leqslant z} f(x, y) \mathrm{d}x\mathrm{d}y$$

其中二重积分区域为位于直线 $x + y = z$ 左下方的半平面, 如图 4-6 所示. 化成累次积分, 可得

$$F_Z(z) = \int_{-\infty}^{+\infty} \mathrm{d}x \int_{-\infty}^{z-x} f(x, y) \mathrm{d}y$$

上面的式子两边对 z 求导, 可得到 Z 的概率密度

$$f_Z(z) = \int_{-\infty}^{+\infty} f(x, z-x)\,\mathrm{d}x$$

同理可得

$$f_Z(z) = \int_{-\infty}^{+\infty} f(z-y, y)\,\mathrm{d}y$$

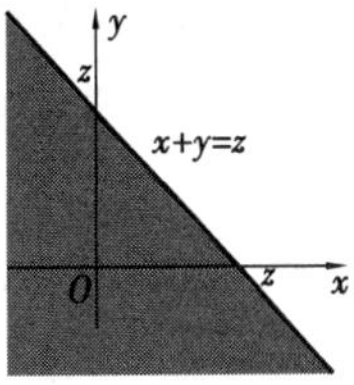

图 4-6

如果 X 与 Y 相互独立,则有

$$f_Z(z) = \int_{-\infty}^{+\infty} f_X(x) f_Y(z-x)\,\mathrm{d}x \ \text{或} \ f_Z(z) = \int_{-\infty}^{+\infty} f_X(z-y) f_Y(y)\,\mathrm{d}y \tag{4-8}$$

式(4-8)通常称为**卷积公式**,在求相互独立的随机变量和的分布时,可直接用此公式.

例 4-8 设随机变量 X 和 Y 相互独立,其概率密度分别为

$$f_X(x) = \begin{cases} 1 & 0 \leqslant x \leqslant 1 \\ 0 & \text{其他} \end{cases} \qquad f_Y(y) = \begin{cases} \mathrm{e}^{-y} & y > 0 \\ 0 & \text{其他} \end{cases}$$

求 $Z = X + Y$ 的概率密度.

解 由卷积公式(4-8),可知

$$f_Z(z) = \int_{-\infty}^{+\infty} f_X(x) f_Y(z-x)\,\mathrm{d}x$$

而由 $f_X(x)$, $f_Y(y)$ 的定义知,仅当满足

$$\begin{cases} 0 \leqslant x \leqslant 1 \\ z - x > 0 \end{cases} \Rightarrow \begin{cases} 0 \leqslant x \leqslant 1 \\ x < z \end{cases}$$

时,上面的被积函数才不等于零,为此,将 Z 分成以下三种情况,可得

$$f_Z(z) = \begin{cases} \int_0^z f_X(x) f_Y(z-x)\,\mathrm{d}x = \int_0^z \mathrm{e}^{-(z-x)}\,\mathrm{d}x & 0 < z < 1 \\ \int_0^z f_X(x) f_Y(z-x)\,\mathrm{d}x = \int_0^1 \mathrm{e}^{-(z-x)}\,\mathrm{d}x & z \geqslant 1 \\ 0 & \text{其他} \end{cases}$$

即有

$$f_Z(z) = \begin{cases} 1 - \mathrm{e}^{-z} & 0 < z < 1 \\ (\mathrm{e}-1)\mathrm{e}^{-z} & z \geqslant 1 \\ 0 & \text{其他} \end{cases}$$

由以上的方法,可以证明以下结论:

结论 1 设 X, Y 相互独立,且 $X \sim N(\mu_1, \sigma_1^2)$, $Y \sim N(\mu_2, \sigma_2^2)$. 则 $Z = X + Y$ 仍然服从正态分布,且

$$Z \sim N(\mu_1 + \mu_2, \sigma_1^2 + \sigma_2^2)$$

结论 2 若 $X_i \sim N(\mu_i, \sigma_i^2)$ $(i = 1, 2, \cdots, n)$,且它们相互独立,则对任意不全为零的常数 $a_1, a_2, \cdots, a_n$,有

$$\sum_{i=1}^{n} a_i X_i \sim N\left(\sum_{i=1}^{n} a_i \mu_i, \sum_{i=1}^{n} a_i^2 \sigma_i^2\right)$$

2)$M = \max(X, Y)$ 及 $N = \min(X, Y)$ 的分布(极值分布)

设随机变量 X, Y 相互独立,其分布函数分别为 $F_X(x)$ 和 $F_Y(y)$,由于 $M = \max(X, Y)$ 不

大于 z 等价于"X 和 Y 都不大于 z",故有

$$F_M(z) = P\{M \le z\} = P\{X \le z, Y \le z\}$$
$$= P\{X \le z\} \cdot P\{Y \le z\} = F_X(z) \cdot F_Y(z)$$

类似地,可得 $N = \min(X, Y)$ 的分布函数

$$F_N(z) = P\{N \le z\} = 1 - P\{N > z\} = 1 - P\{X > z, Y > z\}$$
$$= 1 - P\{X > z\} \cdot P\{Y > z\} = 1 - [1 - F_X(z)][1 - F_Y(z)]$$

上面的结果还可以推广到 n 个相互独立的随机变量的情形. 设 $X_1, X_2, \cdots, X_n$ 相互独立,则有

$$F_{\max}(z) = \prod_{i=1}^{n} F_i(z), \quad F_{\min}(z) = 1 - \prod_{i=1}^{n} [1 - F_i(z)]$$

其中 $F_i(z)$ 表示随机变量 X_i 的分布函数 $(i = 1, 2, \cdots, n)$.

例4-9 设系统 L 由两个独立的子系统 L_1 和 L_2 连接而成,连接方式为(1)串联;(2)并联(图4-7). 设 X 和 Y 分别表示 L_1 和 L_2 的寿命,且它们的概率密度分别为

$$f_X(x) = \begin{cases} \alpha e^{-\alpha x} & x > 0 \\ 0 & x \le 0 \end{cases}$$

$$f_Y(y) = \begin{cases} \beta e^{-\beta y} & y > 0 \\ 0 & y \le 0 \end{cases}$$

图4-7

其中 $\alpha > 0, \beta > 0$ 且 $\alpha \ne \beta$. 试分别就以上两种情况讨论系统的寿命 Z 的概率密度.

解 由给定的 $f_X(x)$ 和 $f_Y(y)$ 求得 X, Y 的分布函数为

$$F_X(x) = \begin{cases} 1 - e^{-\alpha x} & x > 0 \\ 0 & x \le 0 \end{cases} \qquad F_Y(y) = \begin{cases} 1 - e^{-\beta y} & y > 0 \\ 0 & y \le 0 \end{cases}$$

(1)若 L_1 与 L_2 串联,则当 L_1 与 L_2 中有一个故障时,系统 L 就停止工作,因此 L 的寿命为 $Z = \min\{X, Y\}$,于是可以得到

$$F_{\min}(z) = 1 - [1 - F_X(z)][1 - F_Y(z)]$$
$$= \begin{cases} 1 - e^{-(\alpha + \beta)z} & z > 0 \\ 0 & z \le 0 \end{cases}$$

故 $Z = \min\{X, Y\}$ 的概率密度为

$$f_{\min}(z) = \begin{cases} (\alpha + \beta) e^{-(\alpha + \beta)z} & z > 0 \\ 0 & z \le 0 \end{cases}$$

结果表明:若子系统 L_1 和 L_2 的使用寿命分别服从 $\lambda = \alpha$ 与 $\lambda = \beta$ 的指数分布,则串联系统 L 的寿命服从 $\lambda = \alpha + \beta$ 的指数分布.

(2)若 L_1 与 L_2 并联,则当 L_1 与 L_2 都损坏时,系统 L 才停止工作,因此 L 的寿命为 $Z = \max\{X, Y\}$,于是可以得到

$$F_{\max}(z) = F_X(z) F_Y(z) = \begin{cases} (1 - e^{-\alpha z})(1 - e^{-\beta z}) & z > 0 \\ 0 & z \le 0 \end{cases}$$

故 $Z = \max\{X, Y\}$ 的概率密度为

$$f_{\max}(z) = \begin{cases} \alpha e^{-\alpha z} + \beta e^{-\beta z} - (\alpha + \beta) e^{-(\alpha + \beta)z} & z > 0 \\ 0 & z \le 0 \end{cases}$$

4.5 二维随机变量的数字特征（协方差与相关系数）

4.5.1 二维随机变量的数学期望

设二维离散型随机变量(X,Y)的联合分布律为

$$P\{X = x_i, Y = y_j\} = p_{ij} \quad (i,j = 1,2\cdots)$$

则

$$E(X) = \sum_{i=1}^{+\infty} x_i p_i. = \sum_{i=1}^{+\infty} \sum_{j=1}^{+\infty} x_i p_{ij}$$

$$E(Y) = \sum_{j=1}^{+\infty} y_j p_{\cdot j} = \sum_{i=1}^{+\infty} \sum_{j=1}^{+\infty} y_j p_{ij}$$

设二维连续型随机变量(X,Y)的联合概率密度为$f(x,y)$,则

$$E(X) = \int_{-\infty}^{+\infty} x f_X(x) \, \mathrm{d}x = \int_{-\infty}^{+\infty} \int_{-\infty}^{+\infty} x f(x,y) \, \mathrm{d}x\mathrm{d}y$$

$$E(Y) = \int_{-\infty}^{+\infty} y f_Y(y) \, \mathrm{d}y = \int_{-\infty}^{+\infty} \int_{-\infty}^{+\infty} y f(x,y) \, \mathrm{d}x\mathrm{d}y$$

由一维随机变量函数的数学期望的计算方法,可以直接推广到二维的情形.

定理1 设$g(x,y)$是随机变量X,Y的函数,且$E[g(X,Y)]$存在,则

$$E[g(X,Y)] = \begin{cases} \sum_i \sum_j g(x_i,y_j) p_{ij} & \text{当}(X,Y)\text{的联合分布律为}p_{ij} \\ \int_{-\infty}^{+\infty} \int_{-\infty}^{+\infty} g(x,y) f(x,y) \, \mathrm{d}x\mathrm{d}y & \text{当}(X,Y)\text{的联合概率密度为}f(x,y) \end{cases}$$

由定理1,可以得出数学期望的一个重要性质.

推论 若X与Y相互独立,则$E(XY) = E(X)E(Y)$

例4-10 设随机变量(X,Y)的概率密度为

$$f(x,y) = \begin{cases} \mathrm{e}^{-(x+y)} & x > 0, y > 0 \\ 0 & \text{其他} \end{cases}$$

求:$(1) E(X), E(Y)$；$(2) E(XY)$.

解 (1)由边缘分布的求法,即4.3节中的式$(4-6), (4-7)$,得

$$f_X(x) = \begin{cases} \mathrm{e}^{-x} & x > 0 \\ 0 & x \leqslant 0 \end{cases} \qquad f_Y(y) = \begin{cases} \mathrm{e}^{-y} & y > 0 \\ 0 & y \leqslant 0 \end{cases}$$

故

$$E(X) = \int_{-\infty}^{+\infty} x f_X(x) \, \mathrm{d}x = \int_0^{+\infty} x \mathrm{e}^{-x} \mathrm{d}x = 1$$

$$E(Y) = \int_{-\infty}^{+\infty} y f_Y(y) \, \mathrm{d}y = \int_0^{+\infty} y \mathrm{e}^{-y} \mathrm{d}y = 1$$

(2)由(1)知,X与Y相互独立,则$E(XY) = E(X)E(Y) = 1$.

4.5.2 协方差与相关系数

对于随机变量(X,Y),已经讨论了X与Y的重要数学特征——数学期望和方差,为了描述随机变量之间的相互关系,需要讨论其相关性的数字特征——**协方差与相关系数**.

1)协方差

定义8 设(X,Y)为二维随机变量,若
$$E\{[X-E(X)][Y-E(Y)]\}$$
存在,则称其为随机变量X和Y的**协方差**,记为$Cov(X,Y)$,即
$$Cov(X,Y)=E\{[X-E(X)][Y-E(Y)]\} \tag{4-9}$$
等式(4-9)右边展开,利用数学期望的性质,易将协方差的计算化简为下式
$$Cov(X,Y)=E(XY)-E(X)E(Y) \tag{4-10}$$
请读者自行验证式(4-10).由定义8,可推导出下列协方差的基本性质:

(1)$Cov(X,X)=D(X)$;

(2)$Cov(X,Y)=Cov(Y,X)$;

(3)$Cov(aX,bY)=ab\,Cov(X,Y)$,其中a,b是常数;

(4)$Cov(C,X)=0$,C为任意常数;

(5)$Cov(X_1+X_2,Y)=Cov(X_1,Y)+Cov(X_2,Y)$;

(6)若X与Y相互独立时,则$Cov(X,Y)=0$;

(7)$D(X+Y)=D(X)+D(Y)+2Cov(X,Y)$.

特别地,若X与Y相互独立时,则
$$D(X+Y)=D(X)+D(Y)$$

现证(7):由随机变量方差的定义,得
$$\begin{aligned}
D(X+Y)&=E\{[(X+Y)-E(X+Y)]^2\}\\
&=E\{[X+Y-E(X)-E(Y)]^2\}\\
&=E\{[(X-E(X))+(Y-E(Y))]^2\}\\
&=E\{[X-E(X)]^2+[Y-E(Y)]^2+2[X-E(X)][Y-E(Y)]\}\\
&=E\{[X-E(X)]^2\}+E\{[Y-E(Y)]^2\}+\\
&\quad 2E\{[X-E(X)][Y-E(Y)]\}\\
&=D(X)+D(Y)+2Cov(X,Y)
\end{aligned}$$

同理,可以得到另外一个式子:$D(X-Y)=D(X)+D(Y)-2Cov(X,Y)$.

2)相关系数

从协方差的定义可以看出,协方差是有量纲(即物理量的度量)的,因此用它来作为描述随机变量之间的相关性的数字特征并不合适.需要引进新的数学特征——相关系数.

定义9 设(X,Y)为二维随机变量,$D(X)>0$,$D(Y)>0$,称
$$\rho_{XY}=\frac{Cov(X,Y)}{\sqrt{D(X)D(Y)}} \tag{4-11}$$

为随机变量 X 和 Y 的**相关系数**. ρ_{XY} 也记为 ρ. 特别地, 当 $\rho_{XY} = 0$ 时, 称 X 与 Y **不相关**.

ρ_{XY} 是一个无量纲的量, 式 (4-11) 表明, 随机变量 X 与 Y 的相关系数 ρ_{XY} 等于随机变量 X 与 Y 的协方差除以其标准差所得的商.

关于相关系数, 有如下的结论:

(1) $|\rho_{XY}| \leqslant 1$;

(2) 若 X 和 Y 相互独立, 则 $\rho_{XY} = 0$.

(3) 若 $D(X) > 0, D(Y) > 0$, 则 $|\rho_{XY}| = 1$ 当且仅当存在常数 $a, b (a \neq 0)$ 使 $P\{Y = aX + b\} = 1$, 而且当 $a > 0$ 时, $\rho_{XY} = 1$; 当 $a < 0$ 时, $\rho_{XY} = -1$.

注 相关系数 ρ_{XY} 刻画了随机变量 Y 与 X 之间的"线性相关"程度. $|\rho_{XY}|$ 的值越接近 1, Y 与 X 的线性相关程度越高; $|\rho_{XY}|$ 的值越近于 0, Y 与 X 的线性相关程度越弱. 当 $|\rho_{XY}| = 1$ 时, Y 与 X 的变化可完全由 X 的线性函数给出. 当 $\rho_{XY} = 0$ 时, Y 与 X 之间不是线性关系.

例 4-11 设二维随机变量 (X, Y) 的概率密度为

$$f(x, y) = \begin{cases} \dfrac{1}{8}(x + y) & 0 \leqslant x \leqslant 2; 0 \leqslant y \leqslant 2 \\ 0 & \text{其他} \end{cases}$$

求: $(1) E(X), E(Y)$; $(2) Cov(X, Y)$; $(3) \rho_{XY}$.

解 (1) 由 $E(X) = \displaystyle\int_{-\infty}^{+\infty} x f_X(x) \mathrm{d}x = \int_{-\infty}^{+\infty} \int_{-\infty}^{+\infty} x f(x, y) \mathrm{d}x \mathrm{d}y = \dfrac{1}{8} \int_0^2 \int_0^2 x(x + y) \mathrm{d}x \mathrm{d}y = \dfrac{7}{6}$

类似的可以得到

$$E(Y) = \frac{7}{6}$$

(2) 由定理 1, 得

$$E(XY) = \int_{-\infty}^{+\infty} \int_{-\infty}^{+\infty} xy f(x, y) \mathrm{d}x \mathrm{d}y = \frac{1}{8} \int_0^2 \int_0^2 xy(x + y) = \frac{1}{8} \int_0^2 \left(2x^2 + \frac{8}{3}x\right) \mathrm{d}x = \frac{4}{3}$$

故 $Cov(X, Y) = E(XY) - E(X)E(Y) = -\dfrac{1}{36}$

(3) 由定理 1, 知

$$E(X^2) = \int_{-\infty}^{+\infty} \int_{-\infty}^{+\infty} x^2 f(x, y) \mathrm{d}x \mathrm{d}y$$

$$= \frac{1}{8} \int_0^2 \int_0^2 x^2(x + y) \mathrm{d}x \mathrm{d}y = \frac{5}{3}$$

同理可得

$$E(Y^2) = \frac{5}{3}$$

由方差计算公式得

$$D(X) = E(X^2) - [E(X)]^2 = \frac{11}{36}, \quad D(Y) = E(Y^2) - [E(Y)]^2 = \frac{11}{36}$$

故

$$\rho_{XY} = \frac{Cov(X, Y)}{\sqrt{D(X)} \sqrt{D(Y)}} = -\frac{1}{11}$$

4.6 大数定律和中心极限定理

4.6.1 切比雪夫（Chebyshev）不等式与大数定律

在前面曾经指出，事件发生的频率具有稳定性，概率这个概念就是频率稳定性的抽象结果. 在实践中还发现，大量随机现象的平均结果也具有稳定性. 在概率论中用来阐述随机现象平均结果的稳定性的一系列定理统称为**大数定律**. 大数定律反映的是必然性与偶然性之间的辨证联系的规律.

1）切比雪夫（Chebyshev）不等式

为了证明一系列大数定律，需要用到切比雪夫不等式，它是由俄国数学家切比雪夫（Chebyshev）提出并论证的，它作为概率论的理论工具，得到了普遍应用.

定理 2 设随机变量 X 的数学期望 $E(X)$ 与方差 $D(X)$ 存在，则对于任意的正数 ε，有下面的不等式成立：

$$P\{\,|\,X - E(X)\,| \geqslant \varepsilon\} \leqslant \frac{D(X)}{\varepsilon^2}$$

或

$$P\{\,|\,X - E(X)\,| < \varepsilon\} \geqslant 1 - \frac{D(X)}{\varepsilon^2}$$

上面的不等式称为**切比雪夫不等式**.

证明 仅证连续型随机变量的情形. 设 X 的概率密度为 $f(x)$，则

$$\begin{aligned}
P\{\,|\,X - E(X)\,| \geqslant \varepsilon\} &= \int_{|X-E(X)| \geqslant \varepsilon} f(x)\,\mathrm{d}x \\
&\leqslant \int_{|X-E(X)| \geqslant \varepsilon} \frac{[x - E(X)]^2}{\varepsilon^2} f(x)\,\mathrm{d}x \\
&\leqslant \frac{1}{\varepsilon^2} \int_{-\infty}^{+\infty} (x - E(X))^2 f(x)\,\mathrm{d}x \\
&= \frac{D(X)}{\varepsilon^2}
\end{aligned}$$

注 这个不等式也给出了在随机变量 X 分布未知的情形下，事件 $\{\,|\,X - E(X)\,| < \varepsilon\}$ 的概率下限估计.

例如，假设随机变量 $X \sim N(\mu, \sigma^2)$，可以估计

$$P\{\,|\,X - \mu\,| < 3\sigma\} \geqslant 1 - \frac{\sigma^2}{9\sigma^2} \approx 0.888\,9$$

2）大数定律

设 $X_1, X_2, \cdots, X_n, \cdots$ 是一个随机变量序列，a 是一个常数，对任意正数 ε，若有

$$\lim_{n \to +\infty} P\{ |X_n - a| < \varepsilon \} = 1$$

成立, 则称随机变量序列 $\{X_n\}$ **依概率收敛于** a. 记为 $X_n \xrightarrow{P} a$.

由切比雪夫不等式容易推导出切比雪夫定理(读者可试证之):

定理 3(切比雪夫定理) 设独立随机变量序列 $X_1, X_2, \cdots, X_n, \cdots$, 具有相同的数学期望和方差, $E(X_i) = \mu, D(X_i) = \sigma^2, (i = 1, 2, \cdots)$, 则对任意的正数 ε, 有

$$\lim_{n \to \infty} P\left\{ \left| \frac{1}{n} \sum_{i=1}^{n} X_i - \mu \right| < \varepsilon \right\} = 1$$

注 当 n 很大时, 独立随机变量 $X_1, X_2, \cdots, X_n$ 的算术平均值 $\frac{1}{n} \sum_{i=1}^{n} X_i$ 依概率收敛于其数学期望.

定理 4(伯努利大数定律) 设 n_A 是 n 重伯努利试验中事件 A 发生的次数, p 是事件 A 在每次试验中发生的概率, 则对任意的 $\varepsilon > 0$, 有

$$\lim_{n \to +\infty} P\left\{ \left| \frac{n_A}{n} - p \right| < \varepsilon \right\} = 1 \quad \text{或} \quad \lim_{n \to +\infty} P\left\{ \left| \frac{n_A}{n} - p \right| \geqslant \varepsilon \right\} = 0$$

证明 引入新的随机变量

$$X_i = \begin{cases} 1 & \text{若第 } i \text{ 次试验中 } A \text{ 发生} \\ 0 & \text{若第 } i \text{ 次试验中 } A \text{ 不发生} \end{cases} \quad (i = 1, 2, \cdots, n)$$

由题意知, $X_1, X_2, \cdots, X_n$ 相互独立, 服从相同的分布 $B(1, p)$, 且

$E(X_i) = p, D(X_i) = p(1-p), i = 1, 2, \cdots, n$, 由切比雪夫定理即得

$$\lim_{n \to \infty} P\left\{ \left| \frac{1}{n} \sum_{i=1}^{n} X_i - p \right| < \varepsilon \right\} = 1$$

而 $\sum_{i=1}^{n} X_i = n_A$

所以有

$$\lim_{n \to +\infty} P\left\{ \left| \frac{n_A}{n} - p \right| < \varepsilon \right\} = 1$$

注 (1)伯努利大数定律表明:当重复试验次数 n 充分大时, 事件 A 发生的频率 $\frac{n_A}{n}$ 依概率收敛于事件 A 发生的概率 p. 这就为频率的稳定性提供了理论依据. 在实际应用中, 当试验次数很大时, 便可以用事件发生的频率来近似代替事件的概率.

(2)如果事件 A 的概率 p 很小, 则由伯努利大数定律知事件 A 发生的频率也是很小的, 或者说事件 A 很少发生. 即"概率很小的随机事件在个别试验中几乎不会发生", 这一原理称为小概率原理, 应用十分广泛.

4.6.2 中心极限定理

在实际问题中, 许多随机现象是由大量相互独立的随机因素综合影响所形成, 其中每一个因素在总的影响中所起的作用是微小的, 则这种随机变量一般都服从或近似服从正态分布. 有关论证随机变量的和的极限分布是正态分布的定理, 通常称为**中心极限定理**.

设随机变量 $X_1, X_2, \cdots, X_n$ 相互独立, 并且数学期望与方差都存在:

$$E(X_i) = \mu_i \qquad D(X_i) = \sigma_i^2$$

考虑随机变量

$$Y_n = \sum_{i=1}^{n} X_i$$

则有

$$E(Y_n) = \sum_{i=1}^{n} \mu_i \qquad D(Y_n) = \sum_{i=1}^{n} \sigma_i^2$$

把 Y_n 标准化,即得

$$Z_n = \frac{Y_n - E(Y_n)}{\sqrt{D(Y_n)}} = \frac{1}{\sqrt{\sum_{i=1}^{n} \sigma_i^2}} \sum_{i=1}^{n} (X_i - \mu_i)$$

定理 5(独立同分布的中心极限定理)　设随机变量 $X_1, X_2, \cdots, X_n$ 独立同分布,且具有均值 μ 及方差 $\sigma^2(\sigma \neq 0)$,则对任意的实数 x,都有

$$\lim_{n \to +\infty} P\left\{ \frac{\sum_{i=1}^{n} X_i - n\mu}{\sqrt{n}\,\sigma} \leq x \right\} = \Phi(x)$$

定理 5 表明:当 n 充分大时,n 个具有期望和方差的独立同分布的随机变量之和近似服从正态分布. 虽然在一般情况下,很难求出 $X_1 + X_2 + \cdots + X_n$ 的分布的确切形式,但当 n 很大时, 可求出其近似分布

$$\frac{\sum_{i=1}^{n} X_i - n\mu}{\sqrt{n}\,\sigma} \sim N(0,1)$$

由此可知

$$\sum_{i=1}^{n} X_i \sim N(n\mu, n\sigma^2)$$

这一结果是数理统计中大样本统计推断的理论基础.

将定理 5 应用到 n 重伯努利试验,可得到由用法国数学家德莫弗(De Moivre)和拉普拉斯(Laplace)联合命名的定理:

定理 6(德莫弗-拉普拉斯中心极限定理)　设在独立试验序列中,事件 A 在各次试验中发生的概率为 p,随机变量 X 表示事件在 n 次试验中发生的次数,则有

$$\lim_{n \to +\infty} P\left\{ \frac{X - np}{\sqrt{np(1-p)}} \leq x \right\} = \Phi(x)$$

证明　假设 $X_i = \begin{cases} 1 & \text{若第 } i \text{ 次试验中 } A \text{ 发生} \\ 0 & \text{若第 } i \text{ 次试验中 } A \text{ 不发生} \end{cases}$ $\quad (i = 1, 2, \cdots, n)$

由题意知,$X_1, X_2, \cdots, X_n$ 相互独立,服从相同的分布 $B(1, p)$,且 $E(X_i) = p, D(X_i) = p(1-p)$,$i = 1, 2, \cdots, n, X = \sum_{i=1}^{n} X_i$,且 $X \sim B(n, p)$ 由定理 5 可得

$$\lim_{n \to +\infty} P\left\{ \frac{X - np}{\sqrt{np(1-p)}} \leq x \right\} = \Phi(x)$$

定理 6 表明:当 n 充分大时,服从二项分布 $B(n, p)$ 的随机变量 X 近似服从正态分布 N

$(np,np(1-p))$.

例 4-12 一家保险公司有一万人参加了保险,每年每人付 12 元保险费. 在一年内这些人死亡的概率都是 0.006,死后家属可向保险公司领取 1 000 元,求:(1)保险公司一年的利润不少于 6 万元的概率;(2)保险公司亏本的概率.

解 设参加保险的一万人中一年内死亡的人数为 X,则 $X \sim B(10\,000,0.006)$,其分布律为

$$P\{X = k\} = C_{10\,000}^{k}(0.006)^{k}(0.994)^{10\,000-k} \quad (k = 0,1,2,\cdots,10\,000)$$

根据定理 6,X 近似地服从正态分布 $N(60,59.64)$。由题设,公司一年收入保险费 12 万元,付给死者家属 1 000X 元,于是,公司一年的利润为

$$120\,000 - 1\,000X = 1\,000(120 - X)$$

(1)保险公司一年的利润不少于 6 万元的概率为

$$P\{1\,000(120 - X) \geqslant 60\,000\} = P\{0 \leqslant X \leqslant 60\} \approx \Phi\left(\frac{60 - 60}{7.72}\right) - \Phi\left(\frac{0 - 60}{7.72}\right) \approx 0.5$$

(2)保险公司亏本的概率为

$$P\{1\,000(120 - X) < 0\} = P\{X > 120\} \approx 1 - \Phi\left(\frac{120 - 60}{7.72}\right) = 1 - \Phi(7.77) \approx 0$$

即保险公司几乎不会亏本.

4.7 应用实例——学校食堂服务窗口的合理开设

据统计某高校食堂平均每天要接待 2 000 名学生,该食堂开有 m 个服务窗口,每个窗口都可以买到学生想要的食物. m 太小则经常排长队,m 太大又不经济. 假定在每一指定时刻,2 000 名学生每一人是否去该食堂是独立的. 每人在食堂的概率都是 0.1. 现要求"在营业中任一时刻每个窗口的排队人数(包括正在被服务的那个人)都不超过 20"这个事件的概率不小于 α(一般取 $\alpha = 0.80,0.90$ 或 0.95). 则至少需要开设多少窗口?

先用二项分布进行分析. 设 X 表示在指定时刻在食堂买餐的学生人数,

由题设条件知 $\qquad X \sim B(2\,000,0.1)$

$$P\{X = k\} = C_{2\,000}^{k}0.1^{k}0.9^{2\,000-k}(k = 0,1,\cdots,2\,000)$$

故由德莫弗-拉普拉斯中心极限定理,X 近似服从正态分布 $N(200,180)$. 因此每个窗口的排队人数(包括正在被服务的那个人)都不超过 20 的概率为

$$P\{X \leqslant 20m\} = \Phi\left(\frac{20m - 200}{\sqrt{180}}\right) \geqslant 0.95$$

于是,查正态分布表有:$\dfrac{20m - 200}{\sqrt{180}} \geqslant 1.65$,$m \geqslant 11.1$,则至少需要开设 12 个窗口.

习题 4

(A)

1. 一箱子装有 5 件产品,其中 2 件正品,3 件次品. 每次从中取 1 件产品检验质量,不放

回地抽取,连续两次.定义随机变量 X 和 Y 如下:

$$X = \begin{cases} 0 & \text{若第一次取出是次品} \\ 1 & \text{若第一次取出是正品} \end{cases} \qquad Y = \begin{cases} 0 & \text{若第二次取出是次品} \\ 1 & \text{若第二次取出是正品} \end{cases}$$

求 (X,Y) 的分布律.

2. 设二维随机变量 (X,Y) 的概率密度为

$$f(x,y) = \begin{cases} K(6-x-y) & 0 < x < 2, 2 < y < 4 \\ 0 & \text{其他} \end{cases}$$

(1)确定常数 K;(2)求 $P\{X<1,Y<3\}$;(3)求 $P\{X<1.5\}$.

3. 设随机变量 (X,Y) 的概率密度为

$$f(x,y) = \begin{cases} \mathrm{e}^{-(x+y)} & 0 < x < +\infty, 0 < y < +\infty \\ 0 & \text{其他} \end{cases}$$

试求 $P\{X<Y\}$.

4. 设 (X,Y) 在由曲线 $y = x^2$ 和直线 $y = x$ 所围成的区域 D 上服从均匀分布. (1)试写出 (X,Y) 的概率密度;(2)求 X 与 Y 的边缘概率密度. (3) $P\{X>Y\}$.

5. 设 (X,Y) 的概率密度为

$$f(x,y) = \begin{cases} Cx^2 y & x^2 \leqslant y \leqslant 1 \\ 0 & \text{其他} \end{cases}$$

(1)求常数 C;(2)求边缘概率密度;(3)讨论 X 与 Y 的独立性.

6. 已知 X,Y 相互独立,且各自的分布律为

X	-2	-1	0	0.5
P	0.25	0.2	0.15	0.4

Y	-0.5	1	3
P	0.5	0.25	0.25

试写出 (X,Y) 的联合分布律.

7. 设 (X,Y) 的联合分布律为

X \ Y	0	1	2
1	$\dfrac{1}{9}$	$\dfrac{1}{6}$	$\dfrac{1}{18}$
2	α	$\dfrac{1}{3}$	β

求:(1) α,β 应满足什么条件? (2) α,β 取什么值时, X 与 Y 相互独立?

8. 有两位同学相约在周日郊游,并约定于早上 8 点半至 9 点在学校门口见面,但只等待 10 min 就出发. 已知两人到达的时间相互独立,且都服从 8 点半至 9 点间的均匀分布. 试用二维均匀分布及其独立性计算两人一起出发的概率.

9. 设随机变量 (X,Y) 在区域 $D = \{(x,y) \mid 0 < x < 1, 0 < y < x\}$ 上服从均匀分布,求: (1) (X,Y) 的联合概率密度和边缘概率密度;(2)判断 X 与 Y 是否相互独立.

10. 设随机变量 (X,Y) 的联合分布律为

Y ╲ X	−1	0	1
0	0.2	0.3	0
1	0.1	0	0.4

求二维随机变量的函数 Z 的分布：$(1)Z = X + Y;(2)Z = XY;(3)Z = \max\{X,Y\}$.

11. 设随机变量 (X,Y) 的概率密度为

$$f(x,\dot{y}) = \begin{cases} \dfrac{1}{2}(x + y)\mathrm{e}^{-(x+y)} & x > 0, y > 0 \\ 0 & \text{其他} \end{cases}$$

(1)判断 X 与 Y 是否相互独立;(2)求 $Z = X + Y$ 的概率密度.

12. 设 X,Y 是相互独立的随机变量,其概率密度分别为

$$f_X(x) = \begin{cases} 1 & 0 \leqslant x \leqslant 1 \\ 0 & \text{其他} \end{cases} \qquad f_Y(y) = \begin{cases} 2y & 0 \leqslant y \leqslant 1 \\ 0 & \text{其他} \end{cases}$$

求 $Z = X + Y$ 的概率密度.

13. 设随机变量 (X,Y) 的概率密度为

$$f(x,y) = \begin{cases} B\mathrm{e}^{-(x+y)} & 0 < x < 1, 0 < y < \infty \\ 0 & \text{其他} \end{cases}$$

(1)确定常数 B;(2)求边缘概率密度 $f_X(x),f_Y(y)$;(3)求 $Z = \max\{X,Y\}$ 分布函数.

14. 设相互独立的随机变量 X,Y 都服从参数为 2 的泊松分布,求 $D(3X - Y)$.

15. 设 (X,Y) 为二维随机变量,$D(X) = 49,D(Y) = 25,\rho_{XY} = 0.6$,求 $D(X + Y)$ 与 $D(X - Y)$.

16. 设 (X,Y) 为二维随机变量,$E(X) = E(Y) = 0,E(X^2) = 9,E(Y^2) = 16,\rho_{XY} = 0.2$,求 $Cov(X,Y)$.

17. 设二维随机变量 (X,Y) 的联合概率分布如下:

Y ╲ X	−1	0	1
0	0	$\dfrac{1}{3}$	0
1	$\dfrac{1}{3}$	0	$\dfrac{1}{3}$

证明:X 与 Y 不相关,但 X 与 Y 不相互独立.

18. 已知正常男性成人血液中,1 mL 白细胞数平均是 7 300,均方差是 700,利用切比雪夫不等式估计每毫升含白细胞数在 5 200 ~ 9 400 的概率.

19. 有 3 000 个同龄人参加人寿保险. 在 1 年内每人的死亡概率为 0.1%,参加保险的人在 1 年的第一天交付保险费 10 元,死亡时家属可以从保险公司领取 2 000 元,试用中心极限定理求保险公司亏本的概率.

（B）

1.（2012 年数学三）设随机变量 X 与 Y 相互独立，且都服从区间 $(0,1)$ 上的均匀分布，则 $P\{X^2 + Y^2 \leqslant 1\} = ($).

 （A）$\dfrac{1}{4}$ （B）$\dfrac{1}{2}$ （C）$\dfrac{\pi}{8}$ （D）$\dfrac{\pi}{4}$

2.（2012 年数学三）设随机变量 X 与 Y 相互独立，且服从参数为 1 的指数分布。记 $U = \max\{X, Y\}$，$V = \min\{X, Y\}$.

（1）求 V 的概率密度 $f_V(v)$；

（2）求 $E(U + V)$.

3.（2012 年数学一）设随机变量 X 与 Y 相互独立，且分别服从参数为 1 与参数为 4 的指数分布，则 $P\{X < Y\} = ($).

 （A）$\dfrac{1}{5}$ （B）$\dfrac{1}{3}$ （C）$\dfrac{2}{5}$ （D）$\dfrac{4}{5}$

4.（2012 年数学一）将长度为 1 m 的木棒随机地截成两段，则两段长度的相关系数为（ ）.

 （A）1   （B）$\dfrac{1}{2}$ （C）$-\dfrac{1}{2}$ （D）-1

5.（2012 年数学一）已知随机变量 X, Y 以及 XY 的分布律如下表所示：

X	0	1	2
P	$\dfrac{1}{2}$	$\dfrac{1}{3}$	$\dfrac{1}{6}$

Y	0	1	2
P	$\dfrac{1}{3}$	$\dfrac{1}{3}$	$\dfrac{1}{3}$

XY	0	1	2	4
P	$\dfrac{7}{12}$	$\dfrac{1}{3}$	0	$\dfrac{1}{12}$

求：（1）$P\{X = 2Y\}$；

（2）$Cov(X - Y, Y)$ 与 ρ_{XY}.

6.（2013 年数学三）设随机变量 X 和 Y 相互独立，则 X 和 Y 的概率分布分别为

X	0	1	2	3
P	$\dfrac{1}{2}$	$\dfrac{1}{4}$	$\dfrac{1}{8}$	$\dfrac{1}{8}$

Y	-1	0	1
P	$\dfrac{1}{3}$	$\dfrac{1}{3}$	$\dfrac{1}{3}$

则 $P\{X+Y=2\}=($ 　 $)$.

(A)$\dfrac{1}{12}$ 　　　　(B)$\dfrac{1}{8}$ 　　　　(C)$\dfrac{1}{6}$ 　　　　(D)$\dfrac{1}{2}$

7.(2013 年数学三)设(X,Y)是二维随机变量,X 的边缘概率密度为

$$f_X(x)=\begin{cases}3x^2 & 0<x<1\\0 & \text{其他}\end{cases}$$,在给定 $X=x(0<x<1)$ 的条件下,Y 的条件概率密度

$$f_{Y|X}(y|x)=\begin{cases}\dfrac{3y^2}{x^3} & 0<y<x\\0 & \text{其他}\end{cases}$$

(1)求(X,Y)的概率密度$f(x,y)$;

(2)Y 的边缘概率密度$f_Y(y)$;

(3)求 $P\{X>2Y\}$.

第5章

样本及抽样分布

前面四章属于概率论的内容,随后的四章将是数理统计的内容.数理统计是具有广泛应用的一个数学分支.它以概率论为理论基础,根据试验或观察得到的数据,来研究随机现象,对研究对象的客观规律性作出种种合理的估计和判断.

在概率论中,随机变量的分布都假设为已知,在这一前提下去研究它的性质、特点和规律性.例如求出它的数字特征,讨论随机变量函数的分布,研究各种常用分布等.在数理统计中,随机变量的分布可以是未知的,或者是分布已知但不完全.人们通过对所研究的随机变量进行重复独立的观察和试验,得到许多观察值,对这些数据进行分析,从而对所研究的随机变量的分布作出种种的推断.例如全国人口普查,采取随机抽样的方式抽取样本,通过对样本的统计分析,对全国人口状况进行推断.从以下的例子,将会知道数理统计所要研究的各类问题.

例 5-1 某工厂日产 A 型钢筋 10^4 根,为了解这批钢筋的强度情况,抽查其中的 50 根,得到钢筋强度的 50 个数据(此处研究的对象是一天内所生产的 10^4 根钢筋的强度,它称为问题中的统计**总体**,抽查所得到的 50 个关于强度的数据称为总体的一个**样本**),现提出如下的问题:

(1)怎样根据样本的 50 个数据,去估计总体的均值与方差?

(2)如果国家标准规定 A 型钢筋的标准强度是 a,如何根据该样本去判断这批钢筋的强度是合乎国家标准,还是与 a 有显著的差异?

(3)50 个数据各不相同,造成这种差异的原因是纯粹由生产中的随机因素造成的?还是由于生产过程中某些特定的因素造成的?

(4)若这批钢筋的强度和某种因素(如原材料的含锰量)有关,怎样由这 50 个数据去分析这批钢筋的强度和该因素的相关关系?

显然,该厂生产的 A 型钢筋,其强度是一个随机变量,记为 X,此处研究的总体就是 X 的 10^4 个值的集合.

第 1 个问题是怎样由一组样本值去估计总体的均值和方差.这类问题称为**参数估计**问题.

第 2 个问题是要根据一组样本值去检验总体均值是否等于某一常数 a,即 $E(X) = a$ 是否成立.这类问题称为**假设检验**问题.

第 3 个问题是分析数据差异的原因.这类问题称为**方差分析**问题.

第 4 个问题是根据样本值去探求随机变量间可能存在着的某种相关关系问题.这类问

题称为**回归分析**问题.

上述四个方面的问题构成数理统计学的基本内容,将在以后各章分别进行讨论.

这一章将介绍总体、随机样本、统计量及抽样分布等数理统计的一些基本概念,并着重介绍几个常用的统计量和抽样分布. 作为统计量的应用实例,本章最后一节介绍关于运动员选拔时,并不是仅仅比较其最好成绩,一般情况是根据平均成绩和稳定性作为主要依据,如果标准不同则选拔的结果也会出现不一样.

5.1 总体与样本

数理统计的核心内容是统计推断,即通过能够提供研究对象信息的一组数据对研究对象的性质进行推断.

假如要研究某厂所生产的一批灯泡的平均寿命. 由于测试灯泡的寿命具有破坏性,因此只能从这批产品中抽取一部分进行寿命测试,并且根据这部分产品寿命数据对整批产品的平均寿命作一统计推断,即由部分推断整体. 因此引入总体和个体这两个概念.

定义1 在数理统计中,通常将被研究对象的全体称为**总体**,而组成总体的每个基本单元就称为一个**个体**.

例如,上述的一批灯泡的全体就组成一个总体,其中每一个灯泡就是一个个体;某大学一年级的男学生是一个总体,每一个一年级男学生是一个个体;某种计算器中装配的锂电池是一个总体,每节锂电池是一个个体;某工厂生产的皮带是一个总体,每一条皮带是一个个体.

在数理统计学中,并不笼统地研究所关心对象的一切情况,而只是对它的某一个或几个数值指标感兴趣. 例如,考察灯泡时,并不研究它的形状、式样等特征,而只是关心灯泡寿命、亮度等数值指标的大小. 当只考察灯泡寿命这项数值指标时,一批灯泡中的每一个灯泡有一个确定的寿命值,因此,自然会把所有的这些灯泡寿命的全体当作总体,这时每个灯泡寿命值就是个体.

众所周知,即使在相同的生产条件下生产灯泡,由于种种微小的偶然因素的影响,灯泡的寿命值也不尽相同,但却有一定的统计规律,这说明灯泡寿命是一个随机变量,这时每只灯泡的寿命值就是随机变量的可能取值,而总体就是随机变量的所有这些可能取值的全体. 因而可以用随机变量 X 来描述总体,简称总体 X,X 的分布函数 $F(x)$ 称为总体 X 的分布函数. 这样就把对总体的研究转化为对表示总体的随机变量 X 的研究. 这种联系也可以推广到多维的情况. 例如,要研究总体中个体的两个数值指标 X 与 Y,比如 X 表示灯泡的寿命,Y 表示灯泡的亮度,可以把这两个指标所构成的二维随机变量 (X, Y) 可能取值的全体看作一个总体,简称**二维总体**,(X, Y) 的联合分布函数称为总体 (X, Y) 的联合分布函数. 今后,凡是提到总体就是指一个随机变量,常用大写字母 X, Y, Z 等表示总体.

由于总体可用随机变量来描述,因而研究总体就需要研究其分布. 一般来说,其分布是未知的,或分布类型已知但其中的参数未知. 为了确定总体的分布,可以从总体 X 中随机抽取若干个个体来加以观测,并利用观测结果来推断总体属性. 从总体 X 中每抽取一个个体,就是对总体 X 做一次随机试验,重复进行 n 次试验后,得到了总体 X 的一组数值 $(x_1, x_2, \cdots,$

x_n),称为一个**样本观测值**.

为了保证所抽取的个体在总体中具有代表性,则抽取个体的方法应符合以下两条规定:

(1)随机性:要求在每次抽取时,总体中的每一个个体被抽到的可能性均等;

(2)独立性:要求每次抽取一个个体后,总体的成分不改变,即每次抽取之间相互不影响.

称此种方法为**简单随机抽样**.简称**抽样**.

定义 2 若随机变量 $X_1, X_2, \cdots, X_n$ 相互独立,且每一个 $X_i(i=1,2,\cdots,n)$ 与总体 X 具有相同的分布,则称 n 维随机变量$(X_1, X_2, \cdots, X_n)$为来自总体的**简单随机样本**,简称**样本**(或**子样**),它的观测值$(x_1, x_2, \cdots, x_n)$称为**样本观测值**,n 称为**样本容量**.$(X_1, X_2, \cdots, X_n)$可能取值的全体组成的集合称为**样本空间**,样本观测值$(x_1, x_2, \cdots, x_n)$是样本空间的一个**样本点**.

若总体 X 的分布函数为 $F(x)$,则$(X_1, X_2, \cdots, X_n)$的联合分布函数为

$$F^*(x_1, x_2, \cdots, x_n) = \prod_{i=1}^{n} F(x_i) \tag{5-1}$$

当总体 X 是连续型随机变量,且其概率密度函数为 $f(x)$ 时,$(X_1, X_2, \cdots, X_n)$的联合概率密度函数为

$$f^*(x_1, x_2, \cdots, x_n) = \prod_{i=1}^{n} f(x_i) \tag{5-2}$$

当总体 X 是离散型随机变量,且其概率分布为 $P\{X = x_k\} = p(x_k)(k=1,2,\cdots,n)$ 时,$(X_1, X_2, \cdots, X_n)$的联合概率分布为

$$P\{X_1 = x_1, X_2 = x_2, \cdots, X_n = x_n\} = \prod_{i=1}^{n} p(x_i) \tag{5-3}$$

例 5-2 设总体服从(0-1)分布,且 $P\{X=1\} = p, 0 < p < 1$,样本$(X_1, X_2, \cdots, X_n)$来自总体 X,求样本$(X_1, X_2, \cdots, X_n)$的联合概率分布.

解 因 $P\{X_i = x_i\} = p^{x_i}(1-p)^{1-x_i}$ $(i=1,2,\cdots,n)$. $x_i = 0,1$,故有

$$P\{X_1 = x_1, X_2 = x_2, \cdots, X_n = x_n\} = \prod_{i=1}^{n} p(x_i) = \prod_{i=1}^{n} p^{x_i}(1-p)^{1-x_i}$$

$$= \prod_{i=1}^{n} p^{\sum_{i=1}^{n} x_i}(1-p)^{n-\sum_{i=1}^{n} x_i}$$

例 5-3 设总体 X 服从参数为 λ 的泊松分布,其概率分布为

$$P\{X = x\} = \frac{\lambda^x}{x!}e^{-\lambda} \quad (x = 0,1,2,\cdots)$$

求容量为 n 的样本$(X_1, X_2, \cdots, X_n)$的联合概率分布.

解 因为 X_i 与总体同分布,所以

$$p(x_i) = \frac{\lambda^{x_i}}{x_i!}e^{-\lambda} \quad (x_i = 0,1,2,\cdots)$$

从而

$$P\{X_1 = x_1, X_2 = x_2, \cdots, X_n = x_n\} = \prod_{i=1}^{n} \frac{\lambda^{x_i}}{x_i!}e^{-\lambda} = e^{-n\lambda}\prod_{i=1}^{n} \frac{\lambda^{x_i}}{x_i!}$$

5.2 抽样分布

5.2.1 统计量

随机样本是对总体进行统计、分析与推断的依据. 当获取样本以后,往往不是直接利用样本进行推断,而是要对其进行"加工""整理",把它们所提供的关于总体的信息集中起来. 具体的做法是根据问题的需要,构造出不含未知参数的样本的函数,如 $\overline{X} = \dfrac{1}{n} \sum\limits_{i=1}^{n} X_i, S_n^2 = \dfrac{1}{n} \sum\limits_{i=1}^{n} (X_i - \overline{X})^2$ 等,再利用这些函数对总体的特征进行分析和推断,这些函数就是**统计量**.

定义 3 设 $X_1, X_2, \cdots, X_n$ 为总体 X 的一个样本,若有 n 元连续函数 $g(X_1, X_2, \cdots, X_n)$ 是一个样本函数. 设 $g(X_1, X_2, \cdots, X_n)$ 不含未知参数,则称 $g(X_1, X_2, \cdots, X_n)$ 为一个**统计量**.

例如:$X_1 + X_2 + \cdots + X_n, X_1^2 + X_2^2 + \cdots + X_n^2, \max\{X_1, X_2, \cdots, X_n\}$ 都是统计量,而 $\dfrac{1}{\sigma}(X_1 + X_2 + \cdots + X_n), (X_1 - \mu)^2 + (X_2 - \mu)^2 + \cdots + (X_n - \mu)^2$,当 σ, μ 未知时,都不是统计量.

统计量 $g(X_1, X_2, \cdots, X_n)$ 是一个随机变量,若 $(x_1, x_2, \cdots, x_n)$ 是样本观测值,则 $g(x_1, x_2, \cdots, x_n)$ 称为 $g(X_1, X_2, \cdots, X_n)$ 的观测值.

1)样本均值、样本方差

设从总体 X 中取得一个容量为 n 的样本 $(X_1, X_2, \cdots, X_n)$, $(x_1, x_2, \cdots, x_n)$ 为样本观测值. 统计量

$$\overline{X} = \frac{1}{n} \sum_{i=1}^{n} X_i \tag{5-4}$$

称为**样本均值**,代入观测值后得

$$\overline{x} = \frac{1}{n} \sum_{i=1}^{n} x_i \tag{5-5}$$

称为**样本均值观测值**. 统计量

$$S_n^2 = \frac{1}{n} \sum_{i=1}^{n} (X_i - \overline{X})^2 \tag{5-6}$$

称为**样本方差**

$$S_n = \sqrt{S_n^2} = \sqrt{\frac{1}{n} \sum_{i=1}^{n} (X_i - \overline{X})^2} \tag{5-7}$$

称为**样本标准差**(或称**样本均方差**),代入观测值后得

$$s_n^2 = \frac{1}{n} \sum_{i=1}^{n} (x_i - \overline{x})^2, s_n = \sqrt{s_n^2} \tag{5-8}$$

分别称为**样本方差观测值**及**均方差观测值**.

样本方差的计算公式为

$$S_n^2 = \frac{1}{n} \sum_{i=1}^{n} X_i^2 - \overline{X}^2 \tag{5-9}$$

事实上

$$S_n^2 = \frac{1}{n} \sum_{i=1}^{n} (X_i - \overline{X})^2$$

$$= \frac{1}{n} \sum_{i=1}^{n} (X_i^2 - 2X_i\overline{X} + \overline{X}^2)$$

$$= \frac{1}{n} \sum_{i=1}^{n} X_i^2 - \frac{2}{n}\overline{X} \sum_{i=1}^{n} X_i + \frac{1}{n} \sum_{i=1}^{n} \overline{X}^2$$

$$= \frac{1}{n} \sum_{i=1}^{n} (X_i^2 - 2\overline{X}^2 + \overline{X}^2)$$

$$= \frac{1}{n} \sum_{i=1}^{n} (X_i^2 - \overline{X}^2)$$

在实际应用中常采用

$$S^2 = \frac{1}{n-1} \sum_{i=1}^{n} (X_i - \overline{X})^2 \tag{5-10}$$

作为**样本方差**,今后,如无特别说明,样本方差指的是 S^2,样本标准差指的是 S. 易见

$$S^2 = \frac{n}{n-1} S_n^2 \tag{5-11}$$

例 5-4 在某工厂生产的轴承中随机地取 10 只,测得其质量(以 kg 计)为

2.36	2.42	2.38	2.34	2.40
2.42	2.39	2.43	2.39	2.37

求样本均值和样本方差与样本标准差.

解 样本均值为

$$\overline{x} = \frac{2.36 + 2.42 + \cdots + 2.37}{10} = 2.39(\text{kg})$$

样本方差为

$$s^2 = \frac{1}{10-1}[2.36^2 + 2.42^2 + \cdots + 2.37^2 - 10 \times 2.39^2] = 0.000\,822\,2(\text{kg}^2)$$

样本标准差为 $s = \sqrt{0.000\,822\,2} \approx 0.028\,7(\text{kg})$

关于样本均值和样本方差由以下定理得出两个常用的重要结论:

定理 1 设总体 X 的数学期望 $E(X) = \mu$ 及方差 $D(X) = \sigma^2$ 存在,样本 $(X_1, X_2, \cdots, X_n)$ 来自总体 X,则

(1) $E(\overline{X}) = \mu, D(\overline{X}) = \dfrac{\sigma^2}{n}$

(2) $E(S_n^2) = \dfrac{n-1}{n}\sigma^2, E(S^2) = \sigma^2$

证明 由样本的定义知,$X_1, \cdots, X_n$ 独立同分布,因此 $E(X_i) = E(X) = \mu, D(X_i) = D(X) = \sigma^2, i = 1, \cdots, n$,故有

(1) $E(\overline{X}) = E\left(\dfrac{1}{n} \sum_{i=1}^{n} X_i\right) = \dfrac{1}{n} \sum_{i=1}^{n} E(X_i) = \mu$

$$D(\overline{X}) = D\left(\frac{1}{n}\sum_{i=1}^{n}X_i\right) = \frac{1}{n^2}\sum_{i=1}^{n}D(X_i) = \frac{\sigma^2}{n}$$

$$(2)\, E(S_n^2) = E\left[\frac{1}{n}\sum_{i=1}^{n}(X_i - \overline{X})^2\right] = E\left[\frac{1}{n}\sum_{i=1}^{n}(X_i^2 - \overline{X}^2)\right]$$

$$= \frac{1}{n}\sum_{i=1}^{n}E(X_i^2) - E(\overline{X}^2)$$

$$= \frac{1}{n}\sum_{i=1}^{n}\left[D(X_i) + (E(X_i))^2\right] - \left[D(\overline{X}) + (E(\overline{X}))^2\right]$$

$$= \frac{1}{n}\sum_{i=1}^{n}(\sigma^2 + \mu^2) - \left(\frac{\sigma^2}{n} + \mu^2\right)$$

$$= \frac{n-1}{n}\sigma^2$$

$$E(S^2) = E\left(\frac{n}{n-1}S_n^2\right) = \frac{n}{n-1}E(S_n^2) = \sigma^2$$

由结论(1)可知,样本均值 $\overline{X}$ 反映了总体均值 $E(X) = \mu$ 的信息. 这是因为, $\overline{X}$ 的取值虽然有时会比 μ 大,有时会比 μ 小,但是, $\overline{X}$ 的中心位置正好是 μ,并且 $\overline{X}$ 围绕 μ 的摆动幅度(即方差 $D(\overline{X}) = \dfrac{\sigma^2}{n}$)随样本容量 n 的增大而减小,这就是说 n 越大, $\overline{X}$ 越向总体的数学期望 μ 集中. 所以,当 n 较大时,样本均值 $\overline{X}$ 可作为总体的数学期望 μ 的近似值,近似的精度为 $\dfrac{\sigma^2}{n}$. 其实切比雪夫定理(即平均值具有稳定性)也说明了这个问题.

由结论(2)可知,样本方差反映了总体 X 的方差 $D(X) = \sigma^2$ 的信息. 这是因为, S^2 的取值围绕 σ^2 摆动, S^2 的中心位置正好是 σ^2. 可以设想一下,当总体方差较大时,样本的观测值就较为分散,从而使偏差平方和 $\sum_{i=1}^{n}(x_i - \overline{x})^2$ 较大,即 s^2 也较大;反之也如此. 因此,样本方差反映了数据取值分散与集中的程度,即反映了总体方差的信息. 虽然 S_n^2 也在一定程度上反映了总体 X 的方差,但是有系统误差(除了随机性以外),而 S^2 克服了 S_n^2 的缺点,无系统误差. 当 n 充分大时, S_n^2 和 S^2 差别并不大.

2)样本矩

设 $(X_1, X_2, \cdots, X_n)$ 为取自总体 X 的一个样本, $\overline{X}$ 为样本均值,统计量

$$A_k = \frac{1}{n}\sum_{i=1}^{n}X_i^k \quad (k = 1, 2, \cdots) \tag{5-12}$$

称为**样本 k 阶原点矩**. 统计量

$$B_k = \frac{1}{n}\sum_{i=1}^{n}(X_i - \overline{X})^k \quad (k = 1, 2, \cdots) \tag{5-13}$$

称为**样本 k 阶中心矩**.

显然,样本均值 $\overline{X}$ 为样本一阶原点矩,即 $A_1 = \overline{X}$;样本方差 S_n^2 为样本二阶中心矩,即 $B_2 = S_n^2$.

5.2.2 抽样分布

统计量是对总体的分布或数字特征进行统计推断的基础. 因此求统计量的分布是数理统计的基本问题之一. 统计量的分布, 称为**抽样分布**.

关于抽样分布, 应关心两类问题:

(1) 当已知总体 X 的分布类型时, 若能对固定的样本容量 n 推导出统计量的分布, 则称这种抽样分布为**精确分布**, 它在小样本问题(n 较小)中特别有用;

(2) 不对任何个别的 n 求出统计量的分布, 而只求出当 $n \to \infty$ 时统计量的极限分布, 则称这种抽样分布为**极限分布**, 它在大样本问题(n 较大)中很有用.

由于**正态总体**(即服从正态分布的总体)在数理统计中占有特别重要的地位, 下面主要推导正态总体的几个常用的精确抽样分布.

1) 正态总体样本的线性函数的分布

设总体 X 服从正态分布 $N(\mu, \sigma^2)$, $(X_1, X_2, \cdots, X_n)$ 为来自此总体的样本. 考察统计量 $Y = a_1 X_1 + a_2 X_2 + \cdots + a_n X_n = \sum\limits_{i=1}^{n} a_i X_i (a_i$ 为已知常数且不全为零), 有以下定理.

定理2 设 $(X_1, X_2, \cdots, X_n)$ 是来自正态总体 $N(\mu, \sigma^2)$ 的一个样本, 统计量 Y 是样本的任一确定的线性函数, 即 $Y = \sum\limits_{i=1}^{n} a_i X_i$, 则 Y 也服从正态分布, 即 $Y \sim N\left(\mu \sum\limits_{i=1}^{n} a_i, \sigma^2 \sum\limits_{i=1}^{n} a_i^2\right)$.

证明 不妨设 $a_i \neq 0$ $(i = 1, 2, \cdots, n)$. 由于 $X_1, X_2, \cdots, X_n$ 独立同分布, 从而 $a_1 X_1, a_2 X_2, \cdots, a_n X_n$ 也独立, 且 $a_i X_i \sim N(a_i \mu, a_i^2 \sigma^2)$ $(i = 1, 2, \cdots, n)$, 再由正态分布的可加性, 即知本定理成立.

特别地, 取 $a_i = \dfrac{1}{n}$ $(i = 1, 2, \cdots, n)$, 此时得到 Y 就是样本均值 $\overline{X}$, 从而可得以下推论.

推论 设 $(X_1, X_2, \cdots, X_n)$ 是来自正态总体 $N(\mu, \sigma^2)$ 的一个样本, 则

(1) 样本均值 $\overline{X}$ 也服从正态分布, 即 $\overline{X} = \dfrac{1}{n} \sum\limits_{i=1}^{n} X_i \sim N\left(\mu, \dfrac{\sigma^2}{n}\right)$.

(2) $\dfrac{\overline{X} - \mu}{\dfrac{\sigma}{\sqrt{n}}} = \dfrac{\overline{X} - \mu}{\sigma} \sqrt{n} \sim N(0, 1)$.

可见, $\overline{X}$ 具有良好的性质, 一方面 $\overline{X}$ 与总体 X 有相同的均值, 另一方面向均值集中.

例 5-5 设总体 $X \sim N(52, 6.3^2)$, 现随机抽取容量为 36 的一个样本, 求样本均值 $\overline{X}$ 落入 $(50.8, 53.8)$ 之间的概率.

解 因 $X \sim N(52, 6.3^2)$, $n = 36$, 故 $\overline{X} \sim N\left(52, \dfrac{6.3^2}{36}\right)$,

$$P\{50.8 < \overline{X} < 53.8\} = \Phi\left(\dfrac{53.8 - 52}{\dfrac{6.3}{6}}\right) - \Phi\left(\dfrac{50.8 - 52}{\dfrac{6.3}{6}}\right) = \Phi(1.71) - \Phi(-1.14) = 0.829\,3$$

2) χ^2 分布

χ^2 分布又称**卡方分布**, 它是由法国数学家埃尔米特(Hermert)和英国统计学家皮尔逊

(K. Person)分别提出的,主要应用于总体方差的估计和检验.

定义 4 设随机变量 $X_1, X_2, \cdots, X_n$ 相互独立,且均服从标准正态分布 $N(0,1)$,则称随机变量

$$\chi^2 = \sum_{i=1}^{n} X_i^2 = X_1^2 + X_2^2 + \cdots + X_n^2 \qquad (5\text{-}14)$$

为服从**自由度为** n **的** χ^2 **分布**.记为 $\chi^2 \sim \chi^2(n)$.

自由度指的是式(5-14)右端包含的独立变量的个数. $\chi^2(n)$ 分布的概率密度函数是

$$f(x) = \begin{cases} \dfrac{1}{2^{\frac{n}{2}} \Gamma\left(\dfrac{n}{2}\right)} x^{\frac{n}{2}-1} \mathrm{e}^{-\frac{x}{2}} & x > 0 \\ 0 & x \leqslant 0 \end{cases}$$

其中 $\Gamma(\alpha) = \displaystyle\int_0^{+\infty} x^{\alpha-1} \mathrm{e}^{-x} \mathrm{d}x (\alpha > 0)$ 为 Γ 函数.

由 χ^2 分布的定义,可得到如下两条重要性质:

性质 1 $E(\chi^2) = n, D(\chi^2) = 2n$.

性质 2 (可加性) 若 $\chi_1^2 \sim \chi^2(m), \chi_2^2 \sim \chi^2(n)$,且 χ_1^2, χ_2^2 相互独立,则 $\chi_1^2 + \chi_2^2 \sim \chi^2(m+n)$.

为使用方便,书后编制了 χ^2 分布表供应用时查阅(附表3).

定义 5 设连续型随机变量 X 的概率密度函数为 $f(x)$,对于给定的实数 $\alpha(0 < \alpha < 1)$ 及 x_α,若 $P\{X > x_\alpha\} = \displaystyle\int_{x_\alpha}^{+\infty} f(x) \mathrm{d}x = \alpha$,则称实数 x_α 为随机变量 X 的分布的水平为 α 的**上侧分位数或临界值**.

附表3为 χ^2 分布的上侧分位数表,其中 $\chi_\alpha^2(n)$ 满足 $P\{\chi^2(n) > \chi_\alpha^2(n)\} = \alpha$,如图5-1所示,对给定的 α, n 由附表3可查出上侧分位数 $\chi_\alpha^2(n)$.例如 $\chi_{0.9}^2(10) = 4.865$.

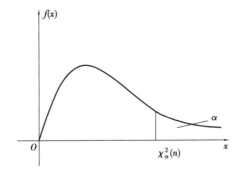

图 5-1

例 5-6 设总体 $X \sim N(0,1), X_1, X_2, \cdots, X_6$ 为总体 X 的样本, $Y = (X_1 + X_2 + X_3)^2 + (X_4 + X_5 + X_6)^2$,试确定常数 c 使 cY 服从 χ^2 分布.

解 $X_1 + X_2 + X_3 \sim N(0,3), X_4 + X_5 + X_6 \sim N(0,3)$

则 $\dfrac{1}{\sqrt{3}}(X_1 + X_2 + X_3) \sim N(0,1), \dfrac{1}{\sqrt{3}}(X_4 + X_5 + X_6) \sim N(0,1)$

故 $\left[\dfrac{1}{\sqrt{3}}(X_1 + X_2 + X_3)\right]^2 + \left[\dfrac{1}{\sqrt{3}}(X_4 + X_5 + X_6)\right]^2 = \dfrac{1}{3} Y \sim \chi^2(2)$

得常数 $c = \dfrac{1}{3}$

下面的重要定理由英国统计学家费希尔(Fisher)提出并证明,是 χ^2 分布在正态总体抽样中的应用.

定理 3(费希尔定理) 设 $X_1, X_2, \cdots, X_n$ 是取自正态总体 $N(\mu, \sigma^2)$ 的样本,记 $\overline{X} = \dfrac{1}{n} \sum\limits_{i=1}^{n} X_i$, $S_n^2 = \dfrac{1}{n} \sum\limits_{i=1}^{n} (X_i - \overline{X})^2$,则有

(1) $\overline{X}$ 与 S_n^2 相互独立;

(2) $\dfrac{n S_n^2}{\sigma^2} \sim \chi^2(n-1)$, $\dfrac{(n-1)S^2}{\sigma^2} \sim \chi^2(n-1)$.

证略.

例 5-7 设 $X_1, X_2, \cdots, X_n$ 是取自正态总体 $N(\mu, \sigma^2)$ 的样本,证明: $E(S_n^2) = \dfrac{n-1}{n} \sigma^2$, $D(S_n^2) = \dfrac{2(n-1)}{n^2} \sigma^4$.

证明 由费希尔定理知 $\dfrac{n S_n^2}{\sigma^2} \sim \chi^2(n-1)$,从而

$$E\left(\frac{n S_n^2}{\sigma^2}\right) = n-1, \quad D\left(\frac{n S_n^2}{\sigma^2}\right) = 2(n-1)$$

因此

$$E(S_n^2) = E\left(\frac{n\sigma^2 S_n^2}{n\sigma^2}\right) = \frac{\sigma^2}{n} E\left(\frac{n S_n^2}{\sigma^2}\right) = \frac{\sigma^2}{n}(n-1) = \frac{n-1}{n}\sigma^2$$

$$D(S_n^2) = D\left(\frac{n\sigma^2 S_n^2}{n\sigma^2}\right) = \frac{\sigma^4}{n^2} D\left(\frac{n S_n^2}{\sigma^2}\right) = \frac{\sigma^4}{n^2} 2(n-1) = \frac{2(n-1)}{n^2}\sigma^4$$

例 5-8 在设计导弹发射装置时,重要事情之一是研究弹着点偏离目标中心的距离的方差. 对于一类导弹发射装置,弹着点偏离目标中心的距离服从正态分布 $N(\mu, \sigma^2)$,这里 $\sigma^2 = 100 \ \mathrm{m}^2$,现在进行了 25 次发射试验,用 S^2 记这 25 次试验中弹着点偏离目标中心的距离的样本方差. 试求 S^2 超过 50 m^2 的概率.

解 根据费希尔定理

$$\frac{(n-1)S^2}{\sigma^2} \sim \chi^2(n-1)$$

于是

$$
\begin{aligned}
P\{S^2 > 50\} &= P\left\{ \frac{(n-1)S^2}{\sigma^2} > \frac{(n-1)50}{\sigma^2} \right\} \\
&= P\left\{ \chi^2(24) > \frac{24 \times 50}{100} \right\} \\
&= P\{\chi^2(24) > 12\} > 0.975
\end{aligned}
$$

故可以超过 97.5% 的概率断言, S^2 超过 50 m^2.

3) t 分布

t 分布是由英国统计学家哥赛特(Willam sealy Gosset)于 1908 年用笔名 student 提出的,因此 t 分布又称为**学生分布**. t 分布是小样本分布,小样本一般指 $n < 30$. t 分布适用于当总体

方差未知时,用样本方差代替总体方差,进行统计推断.

定义 6   设随机变量 $X \sim N(0,1)$,$Y \sim \chi^2(n)$ 且 X 与 Y 相互独立,则称随机变量 $T = \dfrac{X}{\sqrt{\dfrac{Y}{n}}}$

服从**自由度为 n 的 t 分布**,记为 $T \sim t(n)$.

设 $T \sim t(n)$,则 T 的概率密度函数为

$$f(x) = \frac{\Gamma\left(\dfrac{n+1}{2}\right)}{\Gamma\left(\dfrac{n}{2}\right)\sqrt{n\pi}}\left(1 + \frac{x^2}{n}\right)^{-\frac{n+1}{2}}$$

t 分布具有如下性质:

性质 1 $E(T) = 0, D(T) = \dfrac{n}{n-2}(n > 2)$.

性质 2   当 $n \to +\infty$ 时,$t(n)$ 的概率密度函数 $f(x)$ 无限趋近 $\varphi(x) = \dfrac{1}{\sqrt{2\pi}}\mathrm{e}^{-\frac{x^2}{2}}$.

性质 2 表明,t 分布的极限分布是标准正态分布,因此在实际应用中,当 $n \geq 30$ 时可用标准正态分布 $N(0,1)$ 来作为 t 分布的近似计算.

计算 t 分布时,可查阅书后附表 4.

附表 4 为 t 分布的上侧分位数表,其中 $t_\alpha(n)$ 满足 $P\{t(n) > t_\alpha(n)\} = \alpha$,如图 5-2 所示,对给定的 α 及 n,由附表 4 可以查出上侧分位数 $t_\alpha(n)$. 例如 $t_{0.05}(8) = 1.859\,5$.

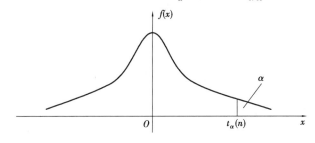

图 5-2

下面的两个重要定理是 t 分布在正态总体抽样中的应用.

定理 4   设 $X_1, X_2, \cdots, X_n$ 是取自正态总体 $N(\mu, \sigma^2)$ 的样本,记 $\overline{X} = \dfrac{1}{n}\sum\limits_{i=1}^{n} X_i$,

$S_n^2 = \dfrac{1}{n}\sum\limits_{i=1}^{n}(X_i - \overline{X})^2$,则 $T = \dfrac{\overline{X} - \mu}{S_n}\sqrt{n-1} \sim t(n-1)$.

证明   记 $Y = \dfrac{\overline{X} - \mu}{\sigma}\sqrt{n}$,$Z = \dfrac{nS_n^2}{\sigma^2}$,则 $Y \sim N(0,1)$,$Z \sim \chi^2(n-1)$,且 Y 与 Z 相互独立,因此

$$T = \frac{Y}{\sqrt{\dfrac{Z}{n-1}}} = \frac{\overline{X} - \mu}{S_n}\sqrt{n-1} \sim t(n-1)$$

证毕.

注   若使用 $S^2 = \dfrac{1}{n-1}\sum\limits_{i=1}^{n}(X_i - \overline{X})^2$,则 $T = \dfrac{\overline{X} - \mu}{S}\sqrt{n} \sim t(n-1)$.

定理5 设总体 $X \sim N(\mu_1, \sigma^2)$，$Y \sim N(\mu_2, \sigma^2)$，$X_1, X_2, \cdots, X_m$ 及 $Y_1, Y_2, \cdots, Y_n$ 分别为来自两总体的样本，且相互独立，则

$$T = \frac{(\bar{X} - \bar{Y}) - (\mu_1 - \mu_2)}{\sqrt{mS_m^2 + nS_n^2}} \sqrt{\frac{mn(m+n-2)}{m+n}} \sim t(m+n-2)$$

其中 $\bar{X} = \frac{1}{m}\sum_{i=1}^{m} X_i$，$\bar{Y} = \frac{1}{n}\sum_{i=1}^{n} Y_i$；$S_m^2 = \frac{1}{m}\sum_{i=1}^{m}(X_i - \bar{X})^2$，$S_n^2 = \frac{1}{n}\sum_{i=1}^{n}(Y_i - \bar{Y})^2$

证明 因为

$$\bar{X} \sim N\left(\mu_1, \frac{\sigma^2}{m}\right), \bar{Y} \sim N\left(\mu_2, \frac{\sigma^2}{n}\right)$$

所以

$$\bar{X} - \bar{Y} \sim N\left(\mu_1 - \mu_2, \frac{m+n}{mn}\sigma^2\right)$$

记

$$U = \frac{(\bar{X} - \bar{Y}) - (\mu_1 - \mu_2)}{\sqrt{\frac{m+n}{mn}\sigma^2}}$$

则

$$U \sim N(0,1)$$

又

$$\frac{mS_m^2}{\sigma^2} \sim \chi^2(m-1), \frac{nS_n^2}{\sigma^2} \sim \chi^2(n-1)$$

记

$$V = \frac{mS_m^2 + nS_n^2}{\sigma^2} \sim \chi^2(m+n-2)$$

从而 $T = \dfrac{U}{\sqrt{\dfrac{V}{m+n-2}}} = \dfrac{(\bar{X} - \bar{Y}) - (\mu_1 - \mu_2)}{\sqrt{mS_m^2 + nS_n^2}} \sqrt{\dfrac{mn(m+n-2)}{m+n}} \sim t(m+n-2)$

特殊地，若 $\mu_1 = \mu_2$，则

$$T = \frac{\bar{X} - \bar{Y}}{\sqrt{mS_m^2 + nS_n^2}} \sqrt{\frac{mn(m+n-2)}{m+n}} \sim t(m+n-2)$$

注 （1）若采用样本方差 $S_X^2 = \dfrac{1}{m-1}\sum_{i=1}^{m}(X_i - \bar{X})^2$，$S_Y^2 = \dfrac{1}{n-1}\sum_{i=1}^{n}(Y_i - \bar{Y})^2$，则有

$$T = \frac{(\bar{X} - \bar{Y}) - (\mu_1 - \mu_2)}{\sqrt{(m-1)S_X^2 + (n-1)S_Y^2}} \sqrt{\frac{mn(m+n-2)}{m+n}} \sim t(m+n-2)$$

（2）定理中要求两个正态总体分布的方差是相等的.

例5-9 设总体 X 和 Y 相互独立，且均服从正态分布 $N(0,3^2)$，$(X_1, \cdots, X_9)$ 和 $(Y_1, \cdots, Y_9)$ 是分别来自 X 和 Y 的样本，求统计量 $W = \dfrac{X_1 + \cdots + X_9}{\sqrt{Y_1^2 + \cdots + Y_9^2}}$ 的分布.

解 因为

$$X_i \sim N(0,3^2)$$

所以

$$X_1 + X_2 + \cdots + X_9 \sim N(0,81)$$

则

$$\frac{1}{9}(X_1 + X_2 + \cdots + X_9) \sim N(0,1)$$

又因为

$$Y_i \sim N(0,3^2)$$

所以

$$\frac{1}{3}Y_i \sim N(0,1)$$

则

$$\left(\frac{1}{3}Y_1\right)^2 + \left(\frac{1}{3}Y_2\right)^2 + \cdots + \left(\frac{1}{3}Y_9\right)^2 \sim \chi^2(9)$$

由于 X 和 Y 相互独立,则由 t 分布的定义有

$$\frac{\frac{1}{9}(X_1 + \cdots + X_9)}{\sqrt{\frac{\left(\frac{1}{3}Y_1\right)^2 + \left(\frac{1}{3}Y_2\right)^2 + \cdots + \left(\frac{1}{3}Y_9\right)^2}{9}}} \sim t(9)$$

化简即有
$$W \sim t(9)$$

4)F 分布

F 分布是以英国统计学家费希尔(Fisher)姓氏的第一个字母命名,主要用于两个正态总体的方差比的估计等.

定义 7 设 $X \sim \chi^2(m)$,$Y \sim \chi^2(n)$,且 X 与 Y 相互独立,则称随机变量 $F = \dfrac{\dfrac{X}{m}}{\dfrac{Y}{n}}$ 服从**第一**

自由度为 m,第二自由度为 n 的 F 分布,记为 $F \sim F(m,n)$.

设 $F \sim F(m,n)$,则 F 的概率密度函数是

$$f(x) = \begin{cases} \dfrac{\Gamma\left(\dfrac{m+n}{2}\right)}{\Gamma\left(\dfrac{m}{2}\right)\Gamma\left(\dfrac{n}{2}\right)}\left(\dfrac{m}{n}\right)^{\frac{m}{2}} x^{\frac{m}{2}-1}\left(1 + \dfrac{m}{n}x\right)^{-\frac{m+n}{2}} & x > 0 \\ 0 & x \leqslant 0 \end{cases}$$

F 分布具有如下性质:

性质 1 $E(F) = \dfrac{n}{n-2}$

$$D(F) = \frac{n^2(2m + 2n - 4)}{m(n-2)^2(n-4)}$$

性质 2 若 $F \sim F(m,n)$,则 $\dfrac{1}{F} \sim F(n,m)$.

性质 3 设 $F \sim F(1,n)$,$T \sim t(n)$,则 $F = T^2$.

计算 F 分布时,可查阅书后附表 5.

附表 5 中,$F_\alpha(m,n)$ 为 F 分布的上侧分位数表,其中 $F_\alpha(m,n)$ 满足 $P\{F > F_\alpha(m,n)\} = \alpha$,如图 5-3 所示,对给定的 m,n 及 α,由附表 5 可查出上侧分位数 $F_\alpha(m,n)$,例如 $F_{0.05}(10,8) = 3.35$.

下面的重要定理是 F 分布在正态总体抽样中的应用.

定理 6 设 $X_1,X_2,\cdots,X_m$ 和 $Y_1,Y_2,\cdots,Y_n$ 为分别来自两相互独立的正态总体 $N(\mu_1,\sigma_1^2)$,$N(\mu_2,\sigma_2^2)$ 的样本,则

$$F = \frac{(n-1)mS_m^2\sigma_2^2}{(m-1)nS_n^2\sigma_1^2} \sim F(m-1,n-1)$$

证明 由费希尔定理知

$$\frac{mS_m^2}{\sigma_1^2} \sim \chi^2(m-1),\frac{nS_n^2}{\sigma_2^2} \sim \chi^2(n-1)$$

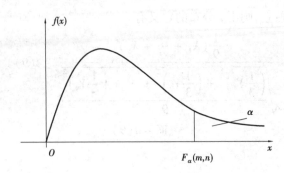

图 5-3

因为两组样本相互独立,所以$\dfrac{mS_m^2}{\sigma_1^2}$与$\dfrac{nS_n^2}{\sigma_2^2}$也相互独立,

从而

$$F = \frac{(n-1)mS_m^2\sigma_2^2}{(m-1)nS_n^2\sigma_1^2} = \frac{\dfrac{mS_m^2}{(m-1)\sigma_1^2}}{\dfrac{nS_n^2}{(n-1)\sigma_2^2}} \sim F(m-1,n-1)$$

推论 设$X_1,X_2,\cdots,X_m$和$Y_1,Y_2,\cdots,Y_n$为分别来自两相互独立的正态总体$N(\mu_1,\sigma^2)$,$N(\mu_2,\sigma^2)$的样本,则

$$F = \frac{(n-1)mS_m^2}{(m-1)nS_n^2} \sim F(m-1,n-1)$$

此时,若采用样本方差

$$S_X^2 = \frac{1}{m-1}\sum_{i=1}^m (X_i - \overline{X})^2$$

$$S_Y^2 = \frac{1}{n-1}\sum_{i=1}^n (Y_i - \overline{Y})^2$$

则

$$F = \frac{S_X^2}{S_Y^2} \sim F(m-1,n-1)$$

结构较为简单,实际中常被采用.

例 5-10 设$X_1,X_2,\cdots,X_{15}$是取自正态总体$N(0,2^2)$的样本,求统计量

$$Y = \frac{X_1^2 + X_2^2 + \cdots + X_{10}^2}{2(X_{11}^2 + X_{12}^2 + \cdots + X_{15}^2)}$$

的分布.

解 因为$\dfrac{X_i}{2} \sim N(0,1)$ $(i=1,\cdots,15)$,则由χ^2分布的定义知

$$\frac{1}{4}(X_1^2 + X_2^2 \cdots + X_{10}^2) \sim \chi^2(10)$$

$$\frac{1}{4}(X_{11}^2 + X_{12}^2 \cdots + X_{15}^2) \sim \chi^2(5)$$

且两者相互独立.再由F分布的定义知,

$$\frac{\dfrac{1}{4}(X_1^2 + X_2^2 \cdots + X_{10}^2)}{10} \Big/ \frac{\dfrac{1}{4}(X_{11}^2 + X_{12}^2 \cdots + X_{15}^2)}{5} \sim F(10,5)$$

即

$$Y = \frac{X_1^2 + X_2^2 + \cdots + X_{10}^2}{2(X_{11}^2 + X_{12}^2 + \cdots + X_{15}^2)} \sim F(10,5)$$

5.3 应用实例——统计量在运动员选拔中的运用

某大学要选拔男子跳远运动员代表学校分别参加市级和省级大学生运动会,按规定每个项目只能选派一名运动员参加。现通过集训后,举行专项比赛,对学校最为优秀的两名男子跳远运动员陈辉和李军进行选拔,在 10 次比赛中,这两位选手的成绩如下(单位:m):

陈辉 6.85 6.91 6.93 6.98 6.99 7.00 7.05 7.07 7.13 7.19

李军 6.81 6.83 6.84 6.85 6.92 7.08 7.11 7.17 7.18 7.21

如果按最好成绩,李军的比较好,是否就应该派李军代表学校参赛呢? 这需要根据一定的条件和标准再作决定.

下列给出不同标准,根据统计量和概率的计算结果,决定一位选手代表学校参赛.

(1)选手的平均成绩和稳定性;

(2)经过历届比赛成绩和现状分析,市级比赛成绩如果达到 6.95 m 就可以夺得冠军;

(3)通过调查研究,省级比赛成绩要夺得冠军的成绩必须达到 7.08 m.

解决方法如下:

(1) 用样本均值的计算公式 $\bar{x} = \dfrac{1}{n}\sum_{i=1}^{n} x_i$,从 10 次比赛的成绩计算两位选手的样本均值,分别得到陈辉的平均成绩 $\bar{x}_1 = 7.01$ m,李军的平均成绩 $\bar{x}_2 = 7.00$ m. 因 $\bar{x}_1 > \bar{x}_2$,可见陈辉的平均成绩比李军的平均成绩好.

用样本方差的计算公式 $s^2 = \dfrac{1}{n-1}\sum_{i=1}^{n}(x_i - \bar{x})^2$,分别得到 $s_1^2 = 0.010\,6, s_2^2 = 0.029$. 因 $s_1^2 < s_2^2$,可见陈辉的成绩比李军的成绩要稳定.

所以,如果从选手的平均成绩和稳定性考虑,应该派陈辉代表学校参赛.

(2)在 10 次比赛中,陈辉有 7 次达到或超过 6.95 m,而李军只有 5 次达到或超过 6.95 m,即陈辉达到或超过 6.95 m 的概率为 $P_1 = 0.7$,李军达到或超过 6.95 m 的概率为 $P_2 = 0.5$.

由于 $P_1 > P_2$,因此,若按市级比赛成绩达到 6.95 m 就可以夺得冠军的标准,应该选拔陈辉代表学校参赛.

(3)按省级比赛成绩要夺得冠军的成绩必须达到 7.08 m 的标准选拔. 在 10 次比较中,陈辉只有 2 次达到或超过 7.08 m,即陈辉达到或超过 7.08 m 的概率为 $P_1 = 0.2$,而李军有 5 次达到或超过 7.08 m,即李军达到或超过 7.08 m 的概率为 $P_2 = 0.5$.

由于 $P_1 < P_2$,因此,若按省级比赛成绩要夺得冠军的成绩必须达到 7.08 m 的标准选拔,应该选派李军代表学校参赛.

由该实例可见,对两位选手的选拔不能只看其最好成绩,应该根据不同的要求和标准加以考虑,在相应的条件和标准之下,作出相应的决定.

习题5
(A)

1. 设总体 X 服从参数为 λ 的指数分布,即

$$f(x) = \begin{cases} \lambda e^{-\lambda x} & x > 0 \\ 0 & x \leq 0 \end{cases}$$

求容量为 n 的样本 $(X_1, X_2, \cdots, X_n)$ 的联合概率密度函数.

2. 设总体 $X \sim N(\mu, \sigma^2)$,μ, σ^2 未知,$X_1, X_2, \cdots, X_n$ 为一个样本,指出 $\sum\limits_{i=1}^{n} kX_i$,$\max\limits_{1 \leqslant i \leqslant n}\{X_i\}$,$\frac{1}{\sigma^2}\sum\limits_{i=1}^{n}(X_i - \bar{X})^2$,$\sum\limits_{i=1}^{n}(X_i - \mu)^2$,$\frac{\bar{X} - \mu}{\sigma}\sqrt{n}$,$\min\limits_{1 \leqslant i \leqslant n}\{X_i\}$ 哪些是统计量,哪些不是统计量.

3. 设某厂大量生产某种产品,其次品率 p 未知. 每 m 件产品包装为一盒,为了检查产品的质量,任意抽取 n 盒查其中的次品数. 试在这个统计问题中说明什么是总体、样本以及它们的分布.

4. 设从总体 X 中抽得一组样本观测值:54,67,68,78,70,66,67,70,65,69,试求样本均值 $\bar{x}$,样本方差 s_n^2 及 s^2.

5. 设总体 X 服从 0-1 分布,$P\{X=1\} = p$,$0 < p < 1$,$(X_1, \cdots, X_n)$ 是来自总体 X 的一个样本,$\bar{X}$,S_n^2 分别是样本均值和样本方差.

(1)求 $E(\bar{X})$,$D(\bar{X})$ 和 $E(S_n^2)$;

(2)证明:$S_n^2 = \bar{X}(1 - \bar{X})$.

6. 假设某种类型的电阻器的阻值服从均值 $\mu = 200\ \Omega$,标准差 $\sigma = 10\ \Omega$ 的正态分布,在一个电子线路中使用了 25 个这样的电阻.

(1)求这 25 个电阻平均值落在 199 Ω 到 202 Ω 之间的概率.

(2)求这 25 个电阻总阻值不超过 5 100 Ω 的概率.

7. 设某大城市人均年收入服从均值 $\mu = 1.5$ 万元,标准差 $\sigma = 0.5$ 万元的正态分布. 现随机调查了 100 个人,求他们的年均收入在下列情况下的概率:

(1)大于 1.6 万元;

(2)小于 1.3 万元.

8. 设总体 X 服从正态分布 $N(\mu, \sigma^2)$,$(X_1, \cdots, X_{20})$ 是来自总体 X 的一个样本,令

$$Y = 3\sum_{i=1}^{10} X_i - 4\sum_{i=11}^{20} X_i$$

求 Y 的分布.

9. 设 $(X_1, \cdots, X_n)$ 是来自正态总体 $N(\mu, \sigma^2)$ 的一个样本,求 $Y = \frac{1}{\sigma^2}\sum\limits_{i=1}^{n}(X_i - \mu)^2$ 的分布.

10. 设 $(X_1, \cdots, X_9)$ 是来自分布为 $N(0, 2^2)$ 的正态总体的一个样本,求系数 a, b, c,使

$$X = a(X_1 + X_2)^2 + b(X_3 + X_4 + X_5)^2 + c(X_6 + X_7 + X_8 + X_9)^2$$

服从 χ^2 分布,并求其自由度.

11. 设 (X_1,X_2) 是来自总体 X 的一个样本,其中 $X \sim N(0,\sigma^2)$,求 $Y = \dfrac{(X_1+X_2)^2}{(X_1-X_2)^2}$ 的分布.

12. 设 $(X_1,\cdots,X_n,X_{n+1},\cdots,X_{n+m})$ 是来自分布为 $N(0,\sigma^2)$ 的正态总体容量为 $(n+m)$ 的样本,试求下列统计量的分布:

$(1) Y_1 = \dfrac{\sqrt{m} \sum\limits_{i=1}^{n} X_i}{\sqrt{n} \sqrt{\sum\limits_{i=n+1}^{n+m} X_i^2}}$; $(2) Y_2 = \dfrac{m \sum\limits_{i=1}^{n} X_i^2}{n \sum\limits_{i=n+1}^{n+m} X_i^2}$.

13. 设 $X_1,X_2,\cdots,X_{16}$ 是来自正态总体 $N(\mu,\sigma^2)$ 的一个样本,$S^2 = \dfrac{1}{15} \sum\limits_{i=1}^{16} (X_i - \overline{X})^2$,求:

(1) 概率 $P\left\{\dfrac{S^2}{\sigma^2} \leqslant 2.041\right\}$;$(2)$方差 $D(S^2)$.

(B)

1. (2009 年数学三)设 $X_1,X_2,\cdots,X_n$ 为来自二项分布总体 $B(n,p)$ 的简单随机样本,$\overline{X}$ 和 S^2 分别为样本均值和样本方差。记统计量 $T = \overline{X} - S^2$,则 $E(T) = $ _____.

2. (2010 年数学三) 若 $X_1,X_2,\cdots,X_n$ 为来自正态总体 $N(\mu,\sigma^2)(\sigma > 0)$ 的简单随机样本,记统计量 $T = \dfrac{1}{n} \sum\limits_{i=1}^{n} X_i^2$,则 $E(T) = $ _____.

3. (2011 年数学三) 设总体 X 服从参数为 $\lambda(\lambda > 0)$ 的泊松分布,$X_1,X_2,\cdots,X_n(n \geqslant 2)$ 为来自该总体的简单随机样本,则对于统计量 $T_1 = \dfrac{1}{n} \sum\limits_{i=1}^{n} X_i,T_2 = \dfrac{1}{n-1} \sum\limits_{i=1}^{n-1} X_i + \dfrac{1}{n} X_n$,有( ).

$(A)E(T_1) > E(T_2),D(T_1) > D(T_2)$

$(B)E(T_1) > E(T_2),D(T_1) < D(T_2)$

$(C)E(T_1) < E(T_2),D(T_1) > D(T_2)$

$(D)E(T_1) < E(T_2),D(T_1) < D(T_2)$

4. (2012 年数学三)设 X_1,X_2,X_3,X_4 为来自总体 $N(1,\sigma^2)(\sigma > 0)$ 的简单随机样本,则统计量 $\dfrac{X_1 - X_2}{|X_3 + X_4 - 2|}$ 的分布( ).

$(A)N(0,1)$ $(B)t(1)$ $(C)\chi^2(1)$ $(D)F(1,1)$

5. (2013 年数学一)设随机变量 $X \sim t(n)$,$Y \sim F(1,n)$,给定 $\alpha(0 < \alpha < 0.5)$,常数 c 满足 $P\{X > c\} = \alpha$,则 $P\{Y > c^2\} = ($).

$(A)\alpha$ $(B)1-\alpha$ $(C)2\alpha$ $(D)1-2\alpha$

6. 设总体 X 服从 0-1 分布,$(X_1,\cdots,X_n)$ 为一个样本,则 $P\left\{\overline{X} = \dfrac{k}{n}\right\} = $ _____.

7. 设 $X_1,X_2,\cdots,X_n,X_{n+1}$ 是来自正态总体 $N(\mu,\sigma^2)$ 的一个样本,

$Y = X_{n+1} - \dfrac{1}{n+1} \sum\limits_{i=1}^{n+1} X_i$,则 $Y \sim $ _____.

8. 设总体 X 和 Y 相互独立,且均服从正态分布 $N(30,3^2),(X_1,\cdots,X_{20})$ 和 $(Y_1,\cdots,Y_{25})$ 是分别来自 X 和 Y 的样本,求 $P\{|\overline{X} - \overline{Y}| > 0.4\}$.

第6章

参数估计

如何对湖中的黑白鱼的比例进行估计,如何估计一批产品中的正次品比例或某地区的男女人数比例? 如何对换了新的稻种,耕作方法也作了改进的水稻总产量进行预测? 作为应用实例,将在学完本章参数估计的知识后进行解答.

在实际问题中,对于一个总体的分布已知,而分布中所含的一个或多个参数却未知,只有确定这些未知的参数,才能解决实际问题. 如何根据样本得出未知参数,这就是**参数估计**问题.

参数估计问题主要采用如下两种方式:一是**点估计**,就是以样本的某一个函数值作为总体中未知参数的估计值;二是**区间估计**,就是对于未知参数确定在一个范围内,并且在一定的可靠度之下使这个范围包含未知参数的真值.

6.1 参数的点估计

6.1.1 点估计的概念

对于所研究的总体,往往已经有了某些信息. 例如,已知某市的高中一年级男生的身高 X 服从正态分布 $N(\mu, \sigma^2)$,但参数 μ 未知,通过抽查 500 名男生,测得其样本平均值为 168 cm,用 168 cm 作为身高 X 的均值 μ 的一个估计,这就是**点估计**.

定义 1 设总体 X 的分布中含有未知参数 θ,$X_1, X_2, \cdots, X_n$ 为 X 的一个样本,$x_1, x_2, \cdots, x_n$ 是相应的一个样本值. 为了估计未知参数 θ,需根据样本构造的一个统计量

$$\hat{\theta}(X_1, X_2, \cdots, X_n)$$

称为 θ 的**估计量**.

定义 2 用样本的一组观察值 $x_1, x_2, \cdots, x_n$ 得到的估计量 $\hat{\theta}$ 的值 $\hat{\theta}(x_1, x_2, \cdots, x_n)$ 称为 θ 的**估计值**.

估计量与估计值统称为**点估计**,简称为**估计**,并记为 $\hat{\theta}$.

注 估计量 $\hat{\theta}(X_1, X_2, \cdots, X_n)$ 是一个随机变量,是样本的函数,也是一个统计量. 而估计

值是一个数值,在数轴上表现为一个点,对不同的样本值,θ 的估计值 $\hat{\theta}$ 一般是不同的. 在不至于混淆的情况下,可将参数 θ 的估计量和估计值均记为 $\hat{\theta}$.

例6-1 设某型号节能灯的寿命 X（以小时计）服从指数分布

$$X \sim f(x,\theta) = \begin{cases} \dfrac{1}{\theta}\mathrm{e}^{-\frac{x}{\theta}} & x > 0 \\ 0 & x \leqslant 0 \end{cases}$$

θ 为未知参数,$\theta > 0$. 现经过抽查 10 个该节能灯,得样本值为:

　1 890　2 010　1 930　2 100　1 780　2 030　1 920　2 000　1 680　1 830

试估计未知参数 θ.

解 因为总体 X 的均值为 θ,即 $\theta = E(X)$,因此,可考虑用样本均值 $\overline{X}$ 作为 θ 的估计量.由所得的样本值计算,可得到:

$$\overline{x} = \frac{1}{10}(1\,890 + 2\,010 + \cdots + 1\,830) = 1\,917$$

于是,参数 θ 的估计量与估计值分别是 $\hat{\theta} = \overline{X}$ 与 $\hat{\theta} = \overline{x} = 1\,917$.

在例 6-1 中,将样本均值作为总体均值,从而得到参数的估计量和估计值,这就是一种构造估计量的点估计方法.下面介绍两种常用的点估计方法:**矩估计法**和**最大似然估计法**.

6.1.2　矩估计法

定义3 设 X 和 Y 为随机变量,k,l 为正整数,称

$E(X^k)$ 　　　　　　　　　　　　　为 **k 阶原点矩**（简称 **k 阶矩**）

$E([X - E(X)]^k)$ 　　　　　　　　为 **k 阶中心矩**

$E(|X|^k)$ 　　　　　　　　　　　　为 **k 阶绝对原点矩**

$E(|X - E(X)|^k)$ 　　　　　　　　为 **k 阶绝对中心矩**

$E(X^k Y^l)$ 　　　　　　　　　　　为 X 和 Y 的 **$k + l$ 阶混合矩**

$E\{[X - E(X)]^k[Y - E(Y)]^l\}$ 　为 X 和 Y 的 **$k + l$ 阶混合中心矩**.

注 由定义 3 可见:

(1) X 的数学期望 $E(X)$ 是 X 的一阶原点矩;

(2) X 的方差 $D(X)$ 是 X 的二阶中心矩;

(3) 协方差 $Cov(X,Y)$ 是 X 和 Y 的二阶混合中心矩.

在例 6-1 中,对于总体 X,以样本均值 $\overline{X} = \dfrac{1}{n}\sum\limits_{i=1}^{n} X_i$ 作为总体均值 $E(X)$ 的估计量,即以一阶样本矩作为一阶总体矩的估计量,从而得到未知参数 θ 的估计量. 这种估法就是**矩估计法**.

1）矩估计法的基本思想

矩估计法的基本思想是用样本矩去估计总体矩. 其理论依据是由大数定律可知,当总体的 k 阶矩存在时,样本的 k 阶矩依概率收敛于总体的 k 阶矩. 一般地,记

总体 k 阶矩　　$\mu_k = E(X^k)$

样本 k 阶矩　$A_k = \dfrac{1}{n} \displaystyle\sum_{i=1}^{n} X_i^k$

总体 k 阶中心矩　$\nu_k = E[X - E(X)]^k$

样本 k 阶中心矩　$B_k = \dfrac{1}{n} \displaystyle\sum_{i=1}^{n} (X_i - \overline{X})^k$

定义4　用样本 k 阶矩去估计总体的 k 阶矩的方法称为**矩估计法**. 用矩估计法确定的估计量称为**矩估计量**. 相应的估计值称为**矩估计值**. 矩估计量与矩估计值统称为**矩估计**.

矩估计法是英国统计学家皮尔逊(Pearson)于 1894 年提出的. 由于方法简便易行,性质良好,一直沿用至今.

2)矩估计的求法

设总体 X 的分布中含有 k 个未知参数 $\theta_1, \cdots, \theta_k$. 则求矩估计的方法如下:

(1)列出矩估计式. 求总体 X 的前 k 阶矩

$$\begin{cases} \mu_1 = E(X) = \mu_1(\theta_1, \cdots, \theta_k) \\ \mu_2 = E(X^2) = \mu_2(\theta_1, \cdots, \theta_k) \\ \quad\vdots \\ \mu_k = E(X^k) = \mu_k(\theta_1, \cdots, \theta_k) \end{cases} \tag{6-1}$$

(2)求解关于矩估计量的方程组. 将未知参数 $\theta_1, \cdots, \theta_k$ 表示为 $\mu_1, \cdots, \mu_k$ 的函数,即解方程组(6-1),得到

$$\begin{cases} \theta_1 = g_1(\mu_1, \cdots, \mu_k) \\ \theta_2 = g_2(\mu_1, \cdots, \mu_k) \\ \quad\vdots \\ \theta_k = g_k(\mu_1, \cdots, \mu_k) \end{cases} \tag{6-2}$$

(3)求出矩估计. 分别以样本 k 阶矩 $A_1, \cdots, A_k$ 代替相应的总体矩 $\mu_1, \cdots, \mu_k$,从而得到未知参数 $\theta_1, \cdots, \theta_k$ 的矩估计为

$$\begin{cases} \hat{\theta}_1 = g_1(A_1, \cdots, A_k) \\ \hat{\theta}_2 = g_2(A_1, \cdots, A_k) \\ \quad\vdots \\ \hat{\theta}_k = g_k(A_1, \cdots, A_k) \end{cases} \tag{6-3}$$

注　对于中心矩,类似于上述步骤,即求 $\nu_1, \cdots, \nu_k$,解方程组,最后用 $B_1, \cdots, B_k$ 代替 $\nu_1, \cdots, \nu_k$,求出矩估计 $\hat{\theta}_1, \cdots, \hat{\theta}_k$. k 阶矩和 k 阶中心矩可一起灵活运用.

例6-2　设 $X_1, X_2, \cdots, X_n$ 为来自总体 X 的样本,已知总体的分布密度函数为

$$f(x;k) = \begin{cases} (k+2)x^{k+1} & 0 < x < 1 \\ 0 & \text{其他} \end{cases}$$

其中 $k > -2$,求未知参数 k 的矩估计量.

解　(1)列出矩估计式.

$$\mu_1 = E(X) = \int_0^1 x(k+2)x^{k+1}\mathrm{d}x = (k+2)\int_0^1 x^{k+2}\mathrm{d}x = \frac{k+2}{k+3}$$

（2）求解关于矩估计量的方程. 在上面的方程中解得

$$k = \frac{3\mu_1 - 2}{1 - \mu_1}$$

（3）求出矩估计. 以样本矩 $A_1 = \overline{X}$ 代替相应的总体矩 μ_1，从而得到未知参数 k 的矩估计为

$$\hat{k} = \frac{3\overline{X} - 2}{1 - \overline{X}}$$

例 6-3 设总体 X 在区间 $[a,b]$ 上服从均匀分布，a,b 未知，$X_1,X_2,\cdots,X_n$ 是来自 X 的样本，试求参数 a,b 的矩估计量.

解 （1）列出矩估计式. 总体的一阶矩与二阶中心矩为

$$\begin{cases} \mu_1 = E(X) = \dfrac{a + b}{2} \\ \nu_2 = D(X) = \dfrac{(b - a)^2}{12} \end{cases}$$

（2）求解关于矩估计量的方程组. 解上述方程组得

$$\begin{cases} a = \mu_1 - \sqrt{3\nu_2} \\ b = \mu_1 + \sqrt{3\nu_2} \end{cases}$$

（3）求出矩估计. 用样本一阶矩 $A_1 = \overline{X}$ 代替总体一阶矩 μ_1，用样本二阶中心矩 $B_2 = S_n^2$ 代替总体二阶中心矩 ν_2，故得参数 a,b 的矩估计为

$$\begin{cases} \hat{a} = \overline{X} - \sqrt{3}S_n \\ \hat{b} = \overline{X} + \sqrt{3}S_n \end{cases}$$

例 6-4 求总体 X 的数学期望 $E(X) = \mu$ 及方差 $D(X) = \sigma^2$ 的矩估计.

解 总体的一阶、二阶矩为

$$\begin{cases} \mu_1 = E(X) = \mu \\ \mu_2 = E(X^2) = D(X) + [E(X)]^2 = \sigma^2 + \mu^2 \end{cases}$$

解方程组得

$$\begin{cases} \mu = \mu_1 \\ \sigma^2 = \mu_2 - \mu^2 \end{cases}$$

用 $A_1 = \overline{X}, A_2 = \dfrac{1}{n}\sum_{i=1}^{n} X_i^2$ 分别代替 μ_1,μ_2，得 μ 及方差 σ^2 的矩估计为

$$\begin{cases} \hat{\mu} = \mu_1 = \overline{X} \\ \hat{\sigma}^2 = A_2 - A_1^2 = \dfrac{1}{n}\sum_{i=1}^{n} X_i^2 - \overline{X}^2 = \dfrac{1}{n}\sum_{i=1}^{n}(X_i - \overline{X})^2 = S_n^2 \end{cases}$$

所得结果表明：只要总体的期望和方差存在，其矩估计不受总体的分布类型影响，对任何总体都适用. 例如，对于正态总体 $N(\mu,\sigma^2)$，未知参数 μ,σ^2 的矩估计量为

$$\hat{\mu} = \overline{X}, \hat{\sigma}^2 = \frac{1}{n}\sum_{i=1}^{n}(X_i - \overline{X})^2 = S_n^2$$

例 6-5 设总体 X 的概率分布为

X	-1	1	2
P_i	$-\theta+2$	$-\theta+2$	$2\theta-3$

其中 θ 是未知参数. 现抽得一个样本: $x_1=2, x_2=-1, x_3=2$, 求 θ 的矩估计值.

解 总体的一阶矩为

$$\mu_1 = E(X) = -1 \times (-\theta+2) + 1 \times (-\theta+2) + 2 \times (2\theta-3) = 4\theta - 6$$

样本一阶矩为

$$\bar{x} = \frac{1}{3}(2-1+2) = 1$$

由样本一阶矩代替总体一阶矩: $\mu_1 = \bar{x}$, 得 $4\theta-6=1$, 故 θ 的矩估计值为 $\hat{\theta} = \dfrac{7}{4}$.

6.1.3 最大似然估计法

如果说矩估计法看起来比较直观, 则表面上对于最大似然估计法会感到比较抽象, 但从下面两个通俗的引例会感到并非如此, 而会觉得最大似然估计法也比较直观.

实例1 中国队和日本队相遇于 2016 年里约奥运会乒乓球男子团体决赛, 中国队和日本队分别淘汰了韩国队和德国队后进入决赛. 乒乓球团体项目在北京奥运会上首次设项以来, 男团冠军就一直是中国队的囊中之物, 中国乒乓球男女团体在国际上更是被称为"梦之队". 从本届比赛的情况分析, 中国队整体实力也在对手之上, 中国队比赛前表示不会去保金牌, 而是拼下这场比赛. 事实上, 比赛结果没有多少悬念, 正如各大媒体所预测的, 中国队始终掌握比赛主动权, 最终取得了金牌, 实现三连冠.

实例2 一位体温达 39 ℃ 的发热患者, 医生根据患者的症状, 将会要求患者做除体温之外的检查, 比如心肺听诊、验血、X 光等, 再根据检查结果进行诊断, 判断患者最可能得什么病, 对症下药.

无论是奥运会乒乓球男子团体决赛赛前的预测, 还是医生给患者看病, 都体现了最大似然估计法的基本思想.

1)最大似然估计法的思想

最大似然估计法的思想是利用已经得到的抽样结果, 寻找使这个结果出现的可能性最大的那个 θ 值作为参数 θ 的估计 $\hat{\theta}$.

最大似然估计法不同于矩估计, 它是一种概率意义下的参数估计. 最大似然估计法开始是由德国数学家高斯(Gauss)于 1821 年提出, 后来英国统计学家费希尔(R. A. Fisher)于 1922 年重新发现并作出进一步的研究.

定义5 设总体 X 属离散型, 其分布律为

$$P\{X=x\} = p(x;\theta)(\theta \text{ 为未知参数})$$

如果 $X_1, X_2, \cdots, X_n$ 为来自 X 的一个样本, $x_1, x_2, \cdots, x_n$ 是相应的一个样本值, 则样本的联合分布律为

$$P\{X_1=x_1, X_2=x_2, \cdots, X_n=x_n\} = \prod_{i=1}^{n} p(x_i;\theta)$$

对于确定的样本观察值 $x_1, x_2, \cdots, x_n$, 上式是未知参数 θ 的函数, 记为

$$L(\theta) = L(x_1, x_2, \cdots, x_n; \theta) = \prod_{i=1}^{n} p(x_i; \theta) \tag{6-4}$$

该函数称为样本的**似然函数**.

类似地, 可定义总体是连续型的样本似然函数.

定义 6 设连续型总体 X 的概率密度为 $f(x; \theta)$, θ 为未知参数, 则样本的**似然函数**为

$$L(\theta) = L(x_1, x_2, \cdots, x_n; \theta) = \prod_{i=1}^{n} f(x_i; \theta) \tag{6-5}$$

注 样本似然函数 $L(\theta)$ 的大小意味着该样本值出现的可能性的大小.

定义 7 对于已知的样本值 $x_1, x_2, \cdots, x_n$, 在参数 θ 的可能取值范围内, 选择使似然函数 $L(\theta)$ 达到最大值的参数值 $\hat{\theta}(x_1, x_2, \cdots, x_n)$ 作为 θ 的估计, 这种求点估计的方法称为**最大似然估计法**, 也称为**极大似然估计法**.

称 $\hat{\theta} = \hat{\theta}(x_1, x_2, \cdots, x_n)$ 为 θ 的**最大似然估计值**. 相应的统计量 $\hat{\theta} = \hat{\theta}(X_1, X_2, \cdots, X_n)$ 称为 θ 的**最大似然估计量**. 最大似然估计值和最大似然估计量统称为**最大似然估计**.

2) 最大似然估计法的方法步骤

求未知参数 θ 的最大似然估计的问题, 可归结为求似然函数 $L(\theta)$ 的最大值点的问题, 在 $L(\theta)$ 关于 θ 可微的情形下, 具体方法步骤如下:

(1) 构造似然函数 $L(\theta) = L(x_1, x_2, \cdots, x_n; \theta)$.

(2) 解**似然方程**

$$\frac{\mathrm{d}L}{\mathrm{d}\theta} = 0 \tag{6-6}$$

或**对数似然方程**

$$\frac{\mathrm{d}\ln L}{\mathrm{d}\theta} = 0 \tag{6-7}$$

从而求出驻点.

注 因 L 为乘积形式, $\ln L$ 是 L 的单调增加函数, $\ln L$ 与 L 有相同的极值点, 故在大多数场合下, 用对数似然方程 (6-7) 比用 (6-6) 求解驻点更为方便.

(3) 求出最大似然估计. 即判断并求出似然函数 $L(\theta)$ 的最大值点 $\hat{\theta}$.

注 如果无法求出驻点, 则按最大似然法的基本思想来确定 $\hat{\theta}$.

可将上述方法推广到多个未知参数的情形, 一般地, 设总体含有 m 个未知参数, θ_1, $\theta_2, \cdots, \theta_m$, 其似然函数为

$$L = L(x_1, x_2, \cdots, x_n; \theta_1, \theta_2, \cdots, \theta_m)$$

解**对数似然方程组**

$$\begin{cases} \dfrac{\partial \ln L}{\partial \theta_1} = 0 \\[2mm] \dfrac{\partial \ln L}{\partial \theta_2} = 0 \\[2mm] \cdots \\[2mm] \dfrac{\partial \ln L}{\partial \theta_m} = 0 \end{cases}$$

在通常情况下,其唯一解 $\hat{\theta}_1, \hat{\theta}_2, \cdots, \hat{\theta}_m$ 即为的 $\theta_1, \theta_2, \cdots, \theta_m$ 的最大似然估计.

例 6-6 设总体 X 服从(0-1)分布:

X	0	1
P_i	$1-p$	p

从 X 中抽得样本 $X_1, X_2, \cdots, X_n$ 的一组观察值为 $x_1, x_2, \cdots, x_n (x_i = 0, 1; \quad i = 1, 2, \cdots, n)$,求参数 p 的最大似然估计.

解 因总体 X 的分布律为
$$P\{X = x\} = p^x (1-p)^{1-x}, \quad x = 0, 1$$
故 p 的似然函数为
$$L(p) = \prod_{i=1}^{n} p^{x_i}(1-p)^{1-x_i} = p^{\sum_{i=1}^{n} x_i} \cdot (1-p)^{n-\sum_{i=1}^{n} x_i}$$

令 $y = \sum_{i=1}^{n} x_i$,并取对数得
$$\ln L(p) = y \ln p + (n-y) \ln(1-p)$$

解对数似然方程
$$\frac{\mathrm{d} \ln L(p)}{\mathrm{d} p} = \frac{y}{p} - (n-y) \frac{1}{1-p} = 0$$

得唯一驻点:$p = \dfrac{y}{n} = \dfrac{\sum\limits_{i=1}^{n} x_i}{n} = \bar{x}$,故 p 的最大似然估计值为

$$\hat{p} = \frac{\sum_{i=1}^{n} x_i}{n} = \bar{x}$$

p 的最大似然估计量为

$$\hat{p} = \frac{\sum_{i=1}^{n} X_i}{n} = \overline{X}$$

由例 6-6 的结果可知,若从一批含有优等品的产品中随机抽取 80 件,发现有 12 件优等品,即 $n = 80, \sum_{i=1}^{n} X_i = 12$,则这批产品的优等品率的最大似然估计为

$$\hat{p} = \frac{12}{80} = 0.15$$

这个结果与直观看法相吻合,它是以出现优等品的频率来估计优等品率.

例 6-7 设 X 中的一组样本观察值为 $x_1, x_2, \cdots, x_n$,求例 6-2 中参数 k 的最大似然估计.

解 (1)构造似然函数(当 $0 < x_i < 1$ 时)
$$L(k) = \prod_{i=1}^{n} (k+2) x_i^{k+1} = (k+2)^n (x_1 x_2 \cdots x_n)^{k+1}$$

取对数得

$$\ln L(k) = n \ln(k+2) + (k+1) \ln(x_1 x_2 \cdots x_n) = n \ln(k+2) + (k+1) \sum_{i=1}^{n} \ln x_i$$

（2）解对数似然方程

$$\frac{\mathrm{d}\ln L}{\mathrm{d}k} = \frac{n}{k+2} + \sum_{i=1}^{n}\ln x_i = 0$$

得

$$k = -2 - \frac{n}{\sum\limits_{i=1}^{n}\ln x_i}$$

（3）判断并求出似然函数的最大值点

因

$$\frac{\mathrm{d}^2(\ln L)}{\mathrm{d}k^2} = -\frac{n}{(k+2)^2} < 0$$

故所求 k 的最大似然估计值为

$$\hat{k} = -2 - \frac{n}{\sum\limits_{i=1}^{n}\ln x_i}$$

这与例 6-2 得到 k 的矩估计不同.

例 6-8 设总体 X 的分布密度函数为

$$f(x,\theta) = \begin{cases} \mathrm{e}^{-(x-\theta)} & x \geq \theta \\ 0 & x < \theta \end{cases}$$

$X_1, X_2, \cdots, X_n$ 为来自总体 X 的样本,试证:未知参数 θ 的最大似然估计量为 $\hat{\theta} = \min\{X_1, X_2, \cdots, X_n\}$.

证明 设 $x_1, x_2, \cdots, x_n$ 是来自 X 中的一组样本观察值,因为

$$f(x_i,\theta) = \begin{cases} \mathrm{e}^{-(x_i-\theta)} & x_i \geq \theta \\ 0 & x_i < \theta \end{cases}$$

所以似然函数为

$$L(\theta) = \prod_{i=1}^{n} f(x_i,\theta) = \begin{cases} \mathrm{e}^{-\sum\limits_{i=1}^{n}(x_i-\theta)} & x_i \geq \theta \\ 0 & x_i < \theta \end{cases}$$

$$= \begin{cases} \mathrm{e}^{n\theta-\sum\limits_{i=1}^{n}x_i} & x_i \geq \theta \\ 0 & x_i < \theta \end{cases}$$

当 $x_i \geq \theta$ 时 $\ln L = n\theta - \sum\limits_{i=1}^{n}x_i, \dfrac{\mathrm{d}\ln L}{\mathrm{d}\theta} = n > 0.$

故似然函数单调递增,又 $x_i \geq \theta$,因此 θ 的最大似然估计量为

$$\hat{\theta} = \min\{X_1, X_2, \cdots, X_n\}$$

从例 6-8 的证明过程中知道,由于无法从 $\dfrac{\mathrm{d}\ln L}{\mathrm{d}\theta}=0$ 得到最大似然估计 $\hat{\theta}$,因此需要按最大似然估计法的基本思想来确定 $\hat{\theta}$. 要使 $L(\theta)$ 最大,θ 要尽量大,但 θ 最大也只能等于 X_i,故以 $\hat{\theta} = \min\{X_1, X_2, \cdots, X_n\}$ 作为 θ 的最大似然估计量.

例6-9 设 $x_1, x_2, \cdots, x_n$ 是正态总体 $N(\mu, \sigma^2)$ 的样本观察值,试求未知参数 μ, σ^2 的最大似然估计.

解 因总体的概率密度为

$$f(x; \mu, \sigma^2) = \frac{1}{\sqrt{2\pi\sigma^2}} e^{-\frac{(x-\mu)^2}{2\sigma^2}}$$

似然函数为

$$L = L(x_1, x_2, \cdots, x_n; \mu, \sigma^2) = \prod_{i=1}^{n} \frac{1}{\sqrt{2\pi\sigma^2}} e^{-\frac{(x_i-\mu)^2}{2\sigma^2}}$$

$$= (2\pi)^{\frac{-n}{2}} (\sigma^2)^{\frac{-n}{2}} e^{-\frac{1}{2\sigma^2} \sum\limits_{1}^{n} (x_i-\mu)^2}$$

取对数得

$$\ln L = -\frac{n}{2}\ln(2\pi) - \frac{n}{2}\ln(\sigma^2) - \frac{1}{2\sigma^2} \sum_{i=1}^{n} (x_i - \mu)^2$$

对数似然方程组为

$$\begin{cases} \dfrac{\partial \ln L}{\partial \mu} = \dfrac{1}{\sigma^2} \sum\limits_{i=1}^{n} (x_i - \mu) = \dfrac{1}{\sigma^2} \left(\sum\limits_{i=1}^{n} x_i - n\mu \right) = 0 \\ \dfrac{\partial \ln L}{\partial \sigma^2} = -\dfrac{n}{2\sigma^2} + \dfrac{1}{2(\sigma^2)^2} \sum\limits_{i=1}^{n} (x_i - \mu)^2 = 0 \end{cases}$$

由此得到唯一解

$$\begin{cases} \mu = \dfrac{1}{n} \sum\limits_{i=1}^{n} x_i = \bar{x} \\ \sigma^2 = \dfrac{1}{n} \sum\limits_{i=1}^{n} (x_i - \bar{x})^2 \end{cases}$$

因此,未知参数 μ, σ^2 的最大似然估计值为

$$\hat{\mu} = \frac{1}{n} \sum_{i=1}^{n} x_i = \bar{x}, \quad \hat{\sigma}^2 = \frac{1}{n} \sum_{i=1}^{n} (x_i - \bar{x})^2$$

最大似然估计量为

$$\hat{\mu} = \frac{1}{n} \sum_{i=1}^{n} X_i = \bar{X}, \quad \hat{\sigma}^2 = \frac{1}{n} \sum_{i=1}^{n} (X_i - \bar{X})^2 = S_n^2$$

此结果与例6-4的矩估计量相同.

如果某种商品的质量(单位:kg)$X \sim N(\mu, \sigma^2)$,现随机地取 10 只,测得其质量为 2.36,2.42,2.38,2.34,2.40 kg,则可得该商品质量的均值与方差的最大似然估计分别是

$$\hat{\mu} = \bar{x} = \frac{1}{5} \sum_{i=1}^{5} x_i = \frac{1}{5}(2.36 + 2.42 + 2.38 + 2.34 + 2.40) = 2.38 \text{ kg}$$

$$\hat{\sigma}^2 = \frac{1}{5} \sum_{i=1}^{5} (x_i - \bar{x})^2 = 0.000\,68$$

本节介绍的两种点估计方法:矩估计法与最大似然估计法,都是参数估计最常用的方法,它们各有特点,各有优缺点. 矩估计法比较直观易用,但要求总体的 k 阶矩必须存在;最大似然估计法具有理论上的优点,操作性强,但要求似然函数可微. 因此,两种方法各有千秋.

6.2 点估计的评价标准

6.1 节表明,对于总体分布的未知参数可以应用不同的估计方法,所得到的估计也可能不同,例如对于例 6-2 和例 6-7 中参数 k 的矩估计和最大似然估计就不相同. 因此希望所得到的估计是最优的,这就需要建立点估计的评价标准.

因为估计量是样本的函数,是随机变量,故对于不同的样本值,就会得出不同的参数估计值. 因而要从整体上来评价估计量的优良,不应只看其中个别样本的表现. 下面介绍三种常用的点估计的评价标准.

6.2.1 无偏性

由于不同的样本值会产生不同的参数估计值,因此一个好的估计量应该是其估计值不要偏大也不要偏小,这就是无偏性的要求.

定义 8 设 $\hat{\theta}(X_1, X_2, \cdots, X_n)$ 是参数 θ 的估计量,若

$$E(\hat{\theta}) = \theta$$

则称 $\hat{\theta}$ 是 θ 的**无偏估计量**或称 $\hat{\theta}$ 是 θ 的**无偏性**.

注 $\hat{\theta}$ 具有无偏性的意义是指估计量没有系统偏差,只有随机偏差. 此时 $\hat{\theta}$ 的取值由于随机性而可能偏离 θ 的真值,但取其均值即为 θ 的真值.

例 6-10 设总体 X 的数学期望 $E(X) = \mu$ 及方差 $D(X) = \sigma^2$ 均存在,$X_1, X_2, \cdots, X_n$ 是 X 的样本,考察 $\hat{\mu} = \overline{X} = \dfrac{1}{n} \sum_{i=1}^{n} X_i$, $\hat{\sigma}^2 = S_n^2 = \dfrac{1}{n} \sum_{i=1}^{n} (X_i - \overline{X})^2$ 分别作为 μ, σ^2 的估计时,是否具有无偏性?

解 (1)由第 5 章 5.2 节定理 1(1),因 $E(X_i) = E(X) = \mu (i = 1, 2, \cdots, n)$,于是

$$E(\hat{\mu}) = E\left(\frac{1}{n} \sum_{i=1}^{n} X_i\right) = \frac{1}{n} \sum_{i=1}^{n} E(X_i) = \frac{1}{n} \cdot n\mu = \mu$$

故 $\hat{\mu} = \overline{X}$ 作为 μ 的估计量时,具有无偏性,即 $\hat{\mu} = \overline{X}$ 是 μ 的无偏估计量.

(2)又方差 $D(X) = \sigma^2$ 存在,则 $D(X_i) = D(X) = \sigma^2$,由第 5 章 5.2 节定理 1(2),知

$$E(\hat{\sigma}^2) = E(S_n^2) = \frac{n-1}{n} \sigma^2$$

因此 $\hat{\sigma}^2 = S_n^2$ 不是 σ^2 的无偏估计.

若考察

$$E(S^2) = E\left(\frac{n}{n-1} S_n^2\right) = \frac{n}{n-1} E(S_n^2) = \sigma^2$$

可知样本方差 S^2 是 σ^2 的无偏估计,因此用 S^2 作为 σ^2 的估计比 S_n^2 作为 σ^2 的估计更优. 但在

样本容量 n 很大时, S^2 与 S_n^2 相差很小, 可不加区别.

注 读者可能会认为, 如果 $\hat{\theta}$ 是 θ 的无偏估计量, 就能推断函数 $g(\hat{\theta})$ 也是 $g(\theta)$ 的无偏估计量. 事实并非如此.

例如, 就正态总体 $X \sim N(\mu, \sigma^2)$ 而言, $\overline{X}$ 是 μ 的无偏估计量, 而 $\overline{X}^2$ 却非 μ^2 的无偏估计量. 事实上,

$$E(\overline{X}^2) = D(\overline{X}) + [E(\overline{X})]^2 = \frac{1}{n}\sigma^2 + \mu^2$$

又 $\sigma^2 > 0$, 故必有 $E(\overline{X}^2) \neq \mu^2$.

除了 $\overline{X}$ 是 μ 的无偏估计量之外, 还有更多的估计量可作为 μ 的无偏估计量.

例 6-11 设总体 X 的数学期望 $E(X) = \mu, X_1, X_2, \cdots, X_n$ 是 X 的样本, 且 $k_i \geqslant 0, \sum\limits_{i=1}^{n} k_i = 1$. 求证:

$$\hat{\mu} = \sum_{i=1}^{n} k_i X_i$$

是 μ 的无偏估计量.

证 由题设条件, 因 $E(X_i) = E(X) = \mu, i = 1, 2, \cdots, n$, 从而

$$E(\hat{\mu}) = E\left(\sum_{i=1}^{n} k_i X_i\right) = \sum_{i=1}^{n} k_i E(X_i)$$

$$= \sum_{i=1}^{n} k_i \mu = \mu \sum_{i=1}^{n} k_i = \mu$$

故 $\hat{\mu} = \sum\limits_{i=1}^{n} k_i X_i$ 是 μ 的无偏估计量.

6.2.2 有效性

从例 6-11 可以发现, 一个参数会出现若干个无偏估计

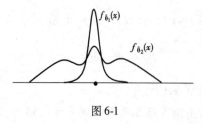

图 6-1

量更优的问题. 假如 $\hat{\theta}_1, \hat{\theta}_2$ 都是 θ 的无偏估计量, 则 $\hat{\theta}_1$, $\hat{\theta}_2$ 的取值都围绕 θ 波动, 自然会认为波动幅度小的更优, 即一个较好的无偏估计量的方差应该较小 (如图 6-1所示). 由此引出另一个评价估计量的标准——有效性.

定义 9 设 $\hat{\theta}_1(X_1, X_2, \cdots, X_n)$ 与 $\hat{\theta}_2(X_1, X_2, \cdots, X_n)$ 都是参数 θ 的无偏估计量, 若

$$D(\hat{\theta}_1) < D(\hat{\theta}_2)$$

则称 $\hat{\theta}_1$ 较 $\hat{\theta}_2$ **有效**.

例 6-12 设总体 $X \sim N(\mu, 1)$, 其中 μ 未知, X_1, X_2, X_3 为 X 的一个样本. 下面三个关于 μ 的无偏估计量中, 采用有效性这一标准来评价, 哪一个最优?

$(1)\hat{\mu}_1 = \dfrac{1}{3}X_1 + \dfrac{2}{3}X_2$;

$(2)\hat{\mu}_2 = \dfrac{1}{3}X_1 + \dfrac{1}{3}X_2 + \dfrac{1}{3}X_3$;

$(3)\hat{\mu}_3 = \dfrac{1}{6}X_1 + \dfrac{1}{2}X_2 + \dfrac{1}{3}X_3$.

解 因 $D(X_i) = D(X) = 1, i = 1,2,3$,从而

$$D(\hat{\mu}_1) = \frac{1}{9}D(X_1) + \frac{4}{9}D(X_2) = \frac{5}{9}$$

$$D(\hat{\mu}_2) = \frac{1}{9}D(X_1) + \frac{1}{9}D(X_2) + \frac{1}{9}D(X_3) = \frac{1}{3}$$

$$D(\hat{\mu}_3) = \frac{1}{36}D(X_1) + \frac{1}{4}D(X_2) + \frac{1}{9}D(X_3) = \frac{7}{18}$$

即得

$$D(\hat{\mu}_2) < D(\hat{\mu}_3) < D(\hat{\mu}_1)$$

故三个关于 μ 的无偏估计量中 $\hat{\mu}_2$ 最优.

事实上,总体 X 的数学期望 $E(X) = \mu$ 的无偏估计量 $\hat{\mu} = \sum\limits_{i=1}^{n} k_i X_i \left(k_i \geq 0, \sum\limits_{i=1}^{n} k_i = 1 \right)$ 中,以有效性作为评价标准时,可得出 $\overline{X}$ 是最有效的. 这个问题将作为习题,请读者完成.

6.2.3　一致性

在样本容量 n 固定的情况下,无偏性和有效性作为评价标准较好地反映了估计量的优良. 但随着样本所包含信息的增多,样本容量 n 无限增大时,自然希望估计量能在某种意义下越来越接近未知参数的真值. 这就是一致性的评价标准问题.

定义 10　设 $\hat{\theta}(X_1, X_2, \cdots, X_n)$ 是参数 θ 的估计量,若 $\hat{\theta}$ 依概率收敛于 θ,即对任意正数 ε,有

$$\lim_{n \to \infty} P\{ |\hat{\theta} - \theta| < \varepsilon \} = 1$$

则称 $\hat{\theta}$ 是 θ 的**一致估计量**或**相合估计量**.

可以证明:样本均值 $\overline{X}$ 是总体均值 $E(X)$ 的一致估计量,样本方差 S^2 是总体方差 $D(X)$ 的一致估计量.

本节介绍了点估计的三个评价标准:无偏性、有效性、一致性. 无偏性比较直观易用,但并非每一个参数都存在无偏估计;有效性直观上和理论上都较为合理,作为一个评价标准运用较多,但有效性要求估计量的方差越小越好,事实上并非可以任意小;一致性是对一个估计量的基本要求,但要求样本容量适当大,这在实际中难以做到. 由此可见,三个评价标准各有特点,各有优劣,在实际应用中,对于一个估计量的评价,要视具体情况而定,不一定都要满足三个标准.

6.3 置信区间

一个未知参数的点估计,只是未知参数的一个近似值,并没有给出这个近似值与参数真值的接近程度,也就不知参数真值的所在范围. 因此,如果能给出一个估计区间,并以一定的可靠程度包含未知参数的真值,这样的估计更有实用价值. 例如在估计大学生的生活支出时,如果说"每月生活支出 1 000 元",则是点估计的表达方式;如果说"每月生活支出在 600 元至 1 400 元之间",则是一个估计范围,这是下面将要研究的**区间估计**. 在区间估计理论方面,原籍波兰的美国统计学家奈曼(Jerzy Neymann)于 1934 年提出**置信区间**的理论,并得到广泛应用.

6.3.1 置信区间的概念

定义 11 设 θ 是总体的未知参数,$X_1, X_2, \cdots, X_n$ 是总体的一个样本,若对给定的常数 $\alpha(0 < \alpha < 1)$,确定两个统计量 $\underline{\theta} = \underline{\theta}(X_1, X_2, \cdots, X_n)$ 与 $\overline{\theta} = \overline{\theta}(X_1, X_2, \cdots, X_n)$,使得

$$P\{\underline{\theta} < \theta < \overline{\theta}\} = 1 - \alpha$$

则称随机区间 $(\underline{\theta}, \overline{\theta})$ 为参数 θ 的 $1 - \alpha$ **置信区间**或**区间估计**. $1 - \alpha$ 称为**置信度**或**置信水平**,$\underline{\theta}$ 与 $\overline{\theta}$ 分别称为**置信下限**与**置信上限**.

注 因为 $\underline{\theta}$ 与 $\overline{\theta}$ 是统计量,置信区间 $(\underline{\theta}, \overline{\theta})$ 是随机区间,而 θ 是客观存在的未知参数,$(\underline{\theta}, \overline{\theta})$ 可能包含 θ 也可能不包含 θ,所以随机区间 $(\underline{\theta}, \overline{\theta})$ 包含 θ 的概率为 $1 - \alpha$,而并非 θ 落在 $(\underline{\theta}, \overline{\theta})$ 的概率为 $1 - \alpha$.

置信度 $1 - \alpha$ 越大,则置信区间 $(\underline{\theta}, \overline{\theta})$ 包含 θ 的概率就越大,从而区间 $(\underline{\theta}, \overline{\theta})$ 的长度也越大,这将导致对未知参数 θ 的估计精度变得越低,因此在具体应用中,正确的做法:在保证置信度的条件下尽可能提高估计精度. 常用的置信度 $1 - \alpha = 0.90, 0.95, 0.99$ 等,即 $\alpha = 0.10, 0.05, 0.01$ 等.

6.3.2 置信区间的求法

区间估计的基本思想:利用点估计,构造包含待估参数 θ 的样本函数,由设定的置信度导出置信区间. 具体求法步骤如下:

(1)选取待估参数 θ 的较优的点估计 $\hat{\theta}$;

(2)利用 $\hat{\theta}$,构造一个包含 θ 的样本函数(该函数的分布已知且其分布与 θ 无关)

$$U = U(X_1, X_2, \cdots, X_n; \theta);$$

(3)对给定的置信度 $1 - \alpha$,确定 u_1, u_2 使

$$P\{u_1 < U < u_2\} = 1 - \alpha$$

通常可选取满足 $P\{U \leqslant u_1\} = P\{U \geqslant u_2\} = \dfrac{\alpha}{2}$ 的 u_1 和 u_2;

（4）利用不等式,恒等变形后化为

$$P\{\underline{\theta} < \theta < \overline{\theta}\} = 1 - \alpha$$

则$(\underline{\theta},\overline{\theta})$就是$\theta$的置信度为$1-\alpha$的置信区间.

例 6-13 设总体 $X \sim N(\mu,4)$,其中μ未知,已知X的一组容量$n=25$的样本均值为$\overline{x}=7.50$,求μ的置信度为$1-\alpha=0.95$的置信区间.

解 选取μ的无偏估计$\overline{X}$,构造样本函数

$$U = \frac{\overline{X} - \mu}{\sigma}\sqrt{n} \sim N(0,1)$$

该函数服从的标准正态分布不包含任何未知参数. 由标准正态分布的双侧α分位数,如图6-2所示,有

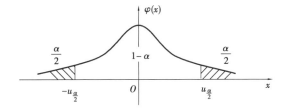

图 6-2

$$P\left\{\left|\frac{\overline{X} - \mu}{\sigma}\sqrt{n}\right| < u_{\frac{\alpha}{2}}\right\} = 1 - \alpha$$

即

$$P\left\{\overline{X} - \frac{\sigma}{\sqrt{n}}u_{\frac{\alpha}{2}} < \mu < \overline{X} + \frac{\sigma}{\sqrt{n}}u_{\frac{\alpha}{2}}\right\} = 1 - \alpha$$

因此,μ的置信度为$1-\alpha$置信区间为

$$\left(\overline{X} - \frac{\sigma}{\sqrt{n}}u_{\frac{\alpha}{2}}, \overline{X} + \frac{\sigma}{\sqrt{n}}u_{\frac{\alpha}{2}}\right)$$

由$1-\alpha=0.95$,查表得$u_{\frac{\alpha}{2}}=u_{0.025}=1.96$,又$n=25,\overline{x}=7.50$,故所求的置信区间为

$$(6.72,8.28)$$

这说明区间$(6.72,8.28)$包含μ的可信程度为95%. 虽然该区间已经不是随机区间,但仍称其为置信度为0.95的置信区间.

6.3.3 单侧置信区间

前面的讨论中,对于待估参数θ,给出了由两个统计量$\underline{\theta}$与$\overline{\theta}$确定的置信区间$(\underline{\theta},\overline{\theta})$,这种置信区间也称为**双侧置信区间**. 但有些实际问题并不需要同时考虑上限与下限,只需要考虑上限或下限. 比如,在考察产品的寿命时,希望平均寿命尽量大,故主要是考察产品平均寿命的置信下限;而在考察产品的次品率时,则主要考察其置信上限. 这就需要引入单侧置信区间.

定义 12 设θ是总体的未知参数,$X_1,X_2,\cdots,X_n$是总体的一个样本,若对给定的常数α $(0<\alpha<1)$,存在统计量$\underline{\theta}=\underline{\theta}(X_1,X_2,\cdots,X_n)$,使得

$$P\{\underline{\theta} < \theta\} = 1 - \alpha$$

则称$(\underline{\theta}, +\infty)$为$\theta$的置信度$1-\alpha$的**单侧置信区间**,称$\underline{\theta}$为**单侧置信下限**.

又若存在统计量$\overline{\theta} = \overline{\theta}(X_1, X_2, \cdots, X_n)$,使得

$$P\{\theta < \overline{\theta}\} = 1 - \alpha$$

则称$(-\infty, \overline{\theta})$为$\theta$的置信度$1-\alpha$的**单侧置信区间**,称$\overline{\theta}$为**单侧置信上限**.

例6-14 设某品牌的手机电池寿命$X \sim N(\mu, \sigma^2)$,现随机抽取5只电池做试验,测得其寿命(h)如下:

$$10\ 950 \quad 10\ 850 \quad 10\ 750 \quad 10\ 700 \quad 10\ 750$$

试求电池平均寿命μ的置信度为95%的单侧置信下限.

解 因μ与σ^2均未知,样本函数构造为

$$T = \frac{\overline{X} - \mu}{S}\sqrt{n} \sim t(n-1)$$

给定置信度$1-\alpha$,有

$$P\left\{\frac{\overline{X} - \mu}{S}\sqrt{n} < t_\alpha(n-1)\right\} = 1 - \alpha$$

即

$$P\left\{\mu > \overline{X} - \frac{S}{\sqrt{n}}t_\alpha(n-1)\right\} = 1 - \alpha$$

因此,μ的置信度为$1-\alpha$的单侧置信下限为

$$\overline{X} - \frac{S}{\sqrt{n}}t_\alpha(n-1)$$

由题设数据计算得到

$$\overline{x} = 10\ 800, s = 100, n = 5, \alpha = 0.05$$

查t分布表知$t_{0.05}(4) = 2.14$,故电池平均寿命μ的置信度为95%的单侧置信下限

$$\overline{x} - \frac{s}{\sqrt{n}}t_\alpha(n-1) = 10\ 705$$

这说明,该品牌手机电池的平均寿命至少在10 705 h以上的可靠程度为95%.

6.4 单个正态总体均值与方差的区间估计

由于实际问题中大量存在的总体服从正态分布,且正态总体参数的置信区间也是最完善的,因此正态总体均值与方差的区间估计就成为研究的重点,本节将介绍单个正态总体均值μ与方差σ^2的置信区间,主要讨论下列四种情形:

(1)σ^2已知,μ的置信区间;

(2)σ^2未知,μ的置信区间;

(3)μ已知,σ^2的置信区间;

(4)μ未知,σ^2的置信区间.

6.4.1 均值的置信区间

设 $X_1, X_2, \cdots, X_n$ 是总体 $X \sim N(\mu, \sigma^2)$ 的一个样本, σ^2 已知, 而 μ 为未知参数. 因为 $\overline{X} \sim N\left(\mu, \dfrac{\sigma^2}{n}\right)$, 故构造样本函数

$$U = \frac{\overline{X} - \mu}{\sigma} \sqrt{n} \sim N(0,1)$$

对于给定的置信度 $1 - \alpha$, 由标准正态分布表查得 $u_{\frac{\alpha}{2}}$ (如 6.3 节图 6-2), 于是

$$P\left\{ \left| \frac{\overline{X} - \mu}{\sigma} \sqrt{n} \right| < u_{\frac{\alpha}{2}} \right\} = 1 - \alpha$$

即

$$P\left\{ \overline{X} - \frac{\sigma}{\sqrt{n}} u_{\frac{\alpha}{2}} < \mu < \overline{X} + \frac{\sigma}{\sqrt{n}} u_{\frac{\alpha}{2}} \right\} = 1 - \alpha$$

因此, μ 的置信度为 $1 - \alpha$ 置信区间为

$$\left(\overline{X} - \frac{\sigma}{\sqrt{n}} u_{\frac{\alpha}{2}}, \overline{X} + \frac{\sigma}{\sqrt{n}} u_{\frac{\alpha}{2}} \right) \tag{6-8}$$

6.3 节例 6-13 就是一个关于正态总体方差 σ^2 已知的情形下, 求正态总体均值 μ 的实例.

设总体 $X \sim N(\mu, \sigma^2)$, σ^2 与 μ 均未知, $X_1, X_2, \cdots, X_n$ 是总体的一个样本, 要求未知参数 μ 的置信区间. 因为 σ^2 未知, 所以不能使用式 (6-8) 作为 μ 的置信区间. 考虑到 S^2 是 σ^2 的无偏估计, 故构造样本函数

$$T = \frac{\overline{X} - \mu}{S} \sqrt{n} \sim t(n-1)$$

对于给定的置信度 $1 - \alpha$, 查 t 分布表 (附表 4) 可得 $t_{\frac{\alpha}{2}}(n-1)$, 于是

$$P\left\{ -t_{\frac{\alpha}{2}}(n-1) < \frac{\overline{X} - \mu}{S} \sqrt{n} < t_{\frac{\alpha}{2}}(n-1) \right\} = 1 - \alpha$$

即

$$P\left\{ \overline{X} - \frac{S}{\sqrt{n}} \cdot t_{\frac{\alpha}{2}}(n-1) < \mu < \overline{X} + \frac{S}{\sqrt{n}} \cdot t_{\frac{\alpha}{2}}(n-1) \right\} = 1 - \alpha$$

因此, 在 σ^2 未知的情形下, μ 的置信度为 $1 - \alpha$ 的置信区间为

$$\left(\overline{X} - \frac{S}{\sqrt{n}} \cdot t_{\frac{\alpha}{2}}(n-1), \overline{X} + \frac{S}{\sqrt{n}} \cdot t_{\frac{\alpha}{2}}(n-1) \right) \tag{6-9}$$

例 6-15 设总体 $X \sim N(\mu, \sigma^2)$, 其中 σ^2 与 μ 均未知, 已知 X 的一组容量 $n = 25$ 的样本均值 $\overline{x} = 7.50$, 样本标准差 $s = 2$, 求 μ 的置信度为 95% 的置信区间.

解 对于置信度为 $1 - \alpha = 0.95 (\alpha = 0.05)$, 有 $t_{\frac{\alpha}{2}}(n-1) = t_{0.025}(24) = 2.064$, 将已知的数据代入式 (6-9), 得 μ 的置信度为 95% 的置信区间为 $(6.77, 8.33)$.

这个结果与例 6-13 相比, 可见在总体方差未知的情形下, 用样本方差得到的置信区间与总体方差已知的情形相近.

但一般而言, 当 σ^2 已知时, 掌握的信息会多一些, 对 μ 的估计精度要高一些; 反之, 当 σ^2 未知时, 对 μ 的估计精度会低一些, 表现为 μ 的置信区间长度要长一些. 比较例 6-13 得到的

区间为$(6.72,8.28)$,例6-15得到的区间为$(6.77,8.33)$,也说明了这一点.

　　例6-16　假定某专业的大学新生的数学入学成绩(满分为150分)$X \sim N(\mu,\sigma^2)$,现随机抽查9位学生的数学成绩(分)如下:

$$135 \quad 125 \quad 140 \quad 105 \quad 103 \quad 109 \quad 95 \quad 99 \quad 124$$

试求平均成绩μ的置信度为90%的置信区间.

　　解　$1-\alpha=0.90,\dfrac{\alpha}{2}=0.05,n=9,n-1=8$,查$t$分布表知$t_{0.05}(8)=1.86$.

由题设数据计算得到

$$\bar{x} = 115,s = 16.36$$

将以上相关数据代入式(6-9),得μ的置信度为90%的置信区间为$(105,126)$(取整数).

　　该结果说明,数学平均成绩估计为$105 \sim 126$分,这个估计的可信程度为90%.

6.4.2　方差的置信区间

　　在某些实际问题中经常要考虑精度或稳定性,则需要对正态总体的方差进行区间估计.

　　设$X_1,X_2,\cdots,X_n$是总体$X \sim N(\mu,\sigma^2)$的一个样本,μ已知,要求未知参数σ^2的置信区间.选取统计量

$$\chi^2 = \frac{1}{\sigma^2}\sum_{i=1}^{n}(X_i-\mu)^2 \sim \chi^2(n)$$

对于给定的置信度$1-\alpha$,查χ^2分布表求出$\chi^2_{\frac{\alpha}{2}}(n)$与$\chi^2_{1-\frac{\alpha}{2}}(n)$,如图6-3所示,使

$$P\left\{\chi^2_{1-\frac{\alpha}{2}}(n) < \frac{1}{\sigma^2}\sum_{i=1}^{n}(X_i-\mu)^2 < \chi^2_{\frac{\alpha}{2}}(n)\right\} = 1-\alpha$$

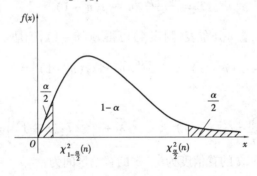

图6-3

即

$$P\left\{\frac{\sum\limits_{i=1}^{n}(X_i-\mu)^2}{\chi^2_{\frac{\alpha}{2}}(n)} < \sigma^2 < \frac{\sum\limits_{i=1}^{n}(X_i-\mu)^2}{\chi^2_{1-\frac{\alpha}{2}}(n)}\right\} = 1-\alpha$$

因此,在μ已知的情形下,σ^2的置信度为$1-\alpha$的置信区间为

$$\left(\frac{\sum\limits_{i=1}^{n}(X_i-\mu)^2}{\chi^2_{\frac{\alpha}{2}}(n)},\frac{\sum\limits_{i=1}^{n}(X_i-\mu)^2}{\chi^2_{1-\frac{\alpha}{2}}(n)}\right) \tag{6-10}$$

　　例6-17　已知某体育用品公司生产的乒乓球的直径(单位:mm)$X \sim N(40,\sigma^2)$,从一批

乒乓球中随机抽到 10 个,得样本观察值为

$$40 \quad 40.1 \quad 40.2 \quad 40 \quad 39.9 \quad 40.1 \quad 39.8 \quad 39.9 \quad 40.1 \quad 40$$

求 σ^2 的置信度为 95% 的置信区间.

解 由样本观察值计算可得

$$\sum_{i=1}^{10} (x_i - \mu)^2 = 0.13$$

由置信度为 $1 - \alpha = 0.95$, $\alpha = 0.05$, 查 χ^2 分布表(附表 3)得:$\chi_{\frac{\alpha}{2}}^2(n) = \chi_{0.025}^2(10) = 20.5$, 与 $\chi_{1-\frac{\alpha}{2}}^2(n) = \chi_{0.975}^2(10) = 3.25$. 将以上相关数据代入式(6-10), 得所求 σ^2 的置信度为 95% 的置信区间为 $(0.0063, 0.0400)$.

对于正态总体 $X \sim N(\mu, \sigma^2)$, 若 μ 未知, 要求 σ^2 的置信区间, 此时式(6-10)的两个置信限不能作为统计量, 显然不能用其作为置信区间. 故此时应选取统计量

$$\chi^2 = \frac{1}{\sigma^2} \sum_{i=1}^{n} (X_i - \overline{X})^2 = \frac{nS_n^2}{\sigma^2} \sim \chi^2(n-1)$$

对于给定的置信度 $1 - \alpha$, 查 χ^2 分布表求出 $\chi_{\frac{\alpha}{2}}^2(n-1)$ 与 $\chi_{1-\frac{\alpha}{2}}^2(n-1)$, 使

$$P\left\{\chi_{1-\frac{\alpha}{2}}^2(n-1) < \frac{1}{\sigma^2} \sum_{i=1}^{n} (X_i - \overline{X})^2 < \chi_{\frac{\alpha}{2}}^2(n-1)\right\} = 1 - \alpha$$

故可得 σ^2 的置信度为 $1 - \alpha$ 的置信区间为

$$\left(\frac{\sum_{i=1}^{n} (X_i - \overline{X})^2}{\chi_{\frac{\alpha}{2}}^2(n-1)}, \frac{\sum_{i=1}^{n} (X_i - \overline{X})^2}{\chi_{1-\frac{\alpha}{2}}^2(n-1)} \right) \tag{6-11}$$

例 6-18 在例 6-17 中, 假如 μ 未知, 用同样的数据求 σ^2 的置信度为 95% 的置信区间.

解 由样本观察值计算得到

$$\overline{x} = \frac{1}{10} \sum_{i=1}^{10} x_i = 40.01, \quad \sum_{i=1}^{10} (x_i - \overline{x})^2 = 0.113$$

又 $1 - \alpha = 0.95$, $\alpha = 0.05$, 查 χ^2 分布表得:$\chi_{\frac{\alpha}{2}}^2(n-1) = \chi_{0.025}^2(9) = 19.02$, $\chi_{1-\frac{\alpha}{2}}^2(n-1) = \chi_{0.975}^2(9) = 2.7$.

将有关数据代入式(6-11), 得所求 σ^2 的置信区间为 $(0.0059, 0.0419)$.

6.5 双正态总体均值差与方差比的区间估计

在实际问题中, 往往会遇到类似服从正态分布的产品指标, 由于生产条件的不同, 会造成两个正态分布总体的均值或方差的不同, 故需要比较其总体均值或总体方差的差异, 需要知道差异的大小, 从而需要研究两个正态总体均值差或方差比的估计问题.

在以下的诸多情况中, 假设第一个正态总体 $X \sim N(\mu_1, \sigma_1^2)$, $\overline{X}$ 是 X 的容量为 m 的样本均值, $\overline{Y}$ 是第二个正态总体 $Y \sim N(\mu_2, \sigma_2^2)$ 的容量为 n 的样本均值, 且 X 与 Y 相互独立.

6.5.1 双正态总体方差都已知时，均值差的置信区间

若 σ_1^2 与 σ_2^2 已知，要求 $\mu_1 - \mu_2$ 的置信度为 $1 - \alpha$ 的置信区间.

因 $\overline{X}$ 与 $\overline{Y}$ 分别是 μ_1 与 μ_2 的无偏估计，$\overline{X} \sim N\left(\mu_1, \dfrac{\sigma_1^2}{m}\right)$，$\overline{Y} \sim N\left(\mu_2, \dfrac{\sigma_2^2}{n}\right)$，$\overline{X}$ 与 $\overline{Y}$ 相互独立，故有

$$\overline{X} - \overline{Y} \sim N\left(\mu_1 - \mu_2, \frac{\sigma_1^2}{m} + \frac{\sigma_2^2}{n}\right)$$

即选取统计量

$$U = \frac{(\overline{X} - \overline{Y}) - (\mu_1 - \mu_2)}{\sqrt{\dfrac{\sigma_1^2}{m} + \dfrac{\sigma_2^2}{n}}} \sim N(0,1)$$

对于给定的置信度 $1 - \alpha$，查标准正态分布表得 $u_{\frac{\alpha}{2}}$，使

$$P\left\{-u_{\frac{\alpha}{2}} < \frac{(\overline{X} - \overline{Y}) - (\mu_1 - \mu_2)}{\sqrt{\dfrac{\sigma_1^2}{m} + \dfrac{\sigma_2^2}{n}}} < u_{\frac{\alpha}{2}}\right\} = 1 - \alpha$$

即

$$P\left\{\overline{X} - \overline{Y} - u_{\frac{\alpha}{2}} \cdot \sqrt{\frac{\sigma_1^2}{m} + \frac{\sigma_2^2}{n}} < \mu_1 - \mu_2 < \overline{X} - \overline{Y} + u_{\frac{\alpha}{2}} \cdot \sqrt{\frac{\sigma_1^2}{m} + \frac{\sigma_2^2}{n}}\right\} = 1 - \alpha$$

因此 $\mu_1 - \mu_2$ 的置信度为 $1 - \alpha$ 的置信区间为

$$\left(\overline{X} - \overline{Y} - u_{\frac{\alpha}{2}} \cdot \sqrt{\frac{\sigma_1^2}{m} + \frac{\sigma_2^2}{n}}, \overline{X} - \overline{Y} + u_{\frac{\alpha}{2}} \cdot \sqrt{\frac{\sigma_1^2}{m} + \frac{\sigma_2^2}{n}}\right) \tag{6-12}$$

例 6-19 已知某高校男生的身高（单位:cm）$X \sim N(\mu_1, 20)$，女生的身高（单位:cm）$Y \sim N(\mu_2, 16)$，从总体 X 与 Y 中分别抽查 50 位学生，测得男生的平均身高为 170 cm，女生的平均身高为 160 cm，求男生的平均身高与女生的平均身高之差的置信度为 99% 的置信区间.

解 因 $1 - \alpha = 0.99$，故 $\alpha = 0.01$，查标准正态分布表 $\Phi(2.575) = 0.995$，知 $u_{\frac{\alpha}{2}} = u_{0.005} = 2.575$，又 $m = 50, n = 50, \overline{x} = 170, \overline{y} = 160$，将有关数据代入式(6-12)，得所求 $\mu_1 - \mu_2$ 的置信区间为 $(7.8, 12.2)$

该结果说明，男生的平均身高比女生的平均身高高于 7.8 cm 至 12.2 cm 的可信度为 99%.

6.5.2 双正态总体方差相等但未知时，均值差的置信区间

若 $\sigma_1^2 = \sigma_2^2 = \sigma^2$，参数 μ_1, μ_2, σ^2 未知，要求 $\mu_1 - \mu_2$ 的置信度为 $1 - \alpha$ 的置信区间. 此时应选取统计量

$$T = \frac{(\overline{X} - \overline{Y}) - (\mu_1 - \mu_2)}{\sqrt{(m-1)S_X^2 + (n-1)S_Y^2}} \sqrt{\frac{mn(m+n-2)}{m+n}} \sim t(m+n-2)$$

其中 $S_X^2 = \dfrac{1}{m-1} \sum\limits_{i=1}^{m} (X_i - \overline{X})^2$，$S_Y^2 = \dfrac{1}{n-1} \sum\limits_{i=1}^{n} (Y_i - \overline{Y})^2$

为便于记忆，令

$$S_w = \sqrt{\frac{(m-1)S_X^2 + (n-1)S_Y^2}{m+n-2}}$$

则

$$T = \frac{(\overline{X} - \overline{Y}) - (\mu_1 - \mu_2)}{S_w \sqrt{\dfrac{1}{m} + \dfrac{1}{n}}}$$

对于给定的置信度 $1-\alpha$，查 t 分布表，得 $t_{\frac{\alpha}{2}} = t_{\frac{\alpha}{2}}(m+n-2)$，可推出 $\mu_1 - \mu_2$ 的置信区间为

$$\left(\overline{X} - \overline{Y} - t_{\frac{\alpha}{2}} \cdot S_w \sqrt{\frac{1}{m} + \frac{1}{n}}, \ \overline{X} - \overline{Y} + t_{\frac{\alpha}{2}} \cdot S_w \sqrt{\frac{1}{m} + \frac{1}{n}} \right) \tag{6-13}$$

例 6-20 已知某体育用品公司在更新设备之前生产的乒乓球的直径(单位:mm) $X \sim N(\mu_1, \sigma^2)$，更新设备之后生产的乒乓球的直径(单位:mm) $Y \sim N(\mu_2, \sigma^2)$，从前后两批乒乓球中各随机抽到 10 个，分别得样本观察值为

前批:40.2　40.0　39.9　40.1　40.0　40.1　39.8　39.9　40.1　40.0

后批:40.0　40.0　40.1　40.0　39.9　40.1　39.9　39.9　40.1　40.0

求两批乒乓球的直径之差 $\mu_1 - \mu_2$ 的置信度为 90% 的置信区间.

解 由已知样本观察值计算得到

$$\overline{x} = 40.01, \ s_x^2 = \frac{0.113}{9}, \ \overline{y} = 40, \ s_y^2 = \frac{0.06}{9}$$

$$s_w = \sqrt{\frac{(m-1)s_x^2 + (n-1)s_y^2}{m+n-2}} = \sqrt{\frac{0.173}{18}} = 0.098$$

又 $1 - \alpha = 0.90$，$\alpha = 0.10$，查 t 分布表，得 $t_{\frac{\alpha}{2}} = t_{\frac{\alpha}{2}}(m+n-2) = t_{0.05}(18) = 1.7341$，将有关数据代入式(6-13)，得所求 $\mu_1 - \mu_2$ 的置信区间为 $(-0.066, 0.086)$

6.5.3　双正态总体方差比的置信区间

若 μ_1 与 μ_2 已知，要求 $\dfrac{\sigma_1^2}{\sigma_2^2}$ 的置信度为 $1-\alpha$ 的置信区间. 此时应选取统计量

$$F = \frac{\dfrac{1}{m\sigma_1^2} \sum\limits_{i=1}^{m} (X_i - \mu_1)^2}{\dfrac{1}{n\sigma_2^2} \sum\limits_{i=1}^{n} (Y_i - \mu_2)^2} \sim F(m,n)$$

对于给定的置信度 $1-\alpha$，查 F 分布表，得 $F_{1-\frac{\alpha}{2}}(m,n)$，$F_{\frac{\alpha}{2}}(m,n)$，使

$$P\{ F_{1-\frac{\alpha}{2}}(m,n) < F < F_{\frac{\alpha}{2}}(m,n) \} = 1 - \alpha$$

即

$$P\left\{F_{1-\frac{\alpha}{2}}(m,n) < \frac{\dfrac{1}{m\sigma_1^2}\sum_{i=1}^{m}(X_i-\mu_1)^2}{\dfrac{1}{n\sigma_2^2}\sum_{i=1}^{n}(Y_i-\mu_2)^2} < F_{\frac{\alpha}{2}}(m,n)\right\} = 1-\alpha$$

故可推出 $\dfrac{\sigma_1^2}{\sigma_2^2}$ 的置信度为 $1-\alpha$ 的置信区间为

$$\left(\frac{1}{F_{\frac{\alpha}{2}}(m,n)}\frac{n\sum_{i=1}^{m}(X_i-\mu_1)^2}{m\sum_{i=1}^{n}(Y_i-\mu_2)^2}, \frac{1}{F_{1-\frac{\alpha}{2}}(m,n)}\frac{n\sum_{i=1}^{m}(X_i-\mu_1)^2}{m\sum_{i=1}^{n}(Y_i-\mu_2)^2}\right) \quad (6\text{-}14)$$

若 μ_1 与 μ_2 未知, 要求 $\dfrac{\sigma_1^2}{\sigma_2^2}$ 的置信度为 $1-\alpha$ 的置信区间. 此时应选取统计量

$$F = \frac{\dfrac{1}{(m-1)\sigma_1^2}\sum_{i=1}^{m}(X_i-\overline{X})^2}{\dfrac{1}{(n-1)\sigma_2^2}\sum_{i=1}^{n}(Y_i-\overline{Y})^2} = \frac{\dfrac{S_X^2}{\sigma_1^2}}{\dfrac{S_Y^2}{\sigma_2^2}} \sim F(m-1,n-1)$$

可推出 $\dfrac{\sigma_1^2}{\sigma_2^2}$ 的置信区间为

$$\left(\frac{1}{F_{\frac{\alpha}{2}}(m-1,n-1)}\frac{S_X^2}{S_Y^2}, \frac{1}{F_{1-\frac{\alpha}{2}}(m-1,n-1)}\frac{S_X^2}{S_Y^2}\right) \quad (6\text{-}15)$$

例 6-21　已知某体育用品公司在更新设备前后生产的乒乓球的直径(单位:mm)分别服从正态分布 $X \sim N(\mu_1,\sigma_1^2)$ 与 $Y \sim N(\mu_2,\sigma_2^2)$, 从前后两批乒乓球中各随机抽到 10 个, 分别得样本观察值为

前批:40.2　40.0　39.9　40.1　40.0　40.1　39.8　39.9　40.1　40.0

后批:40.0　40.0　40.1　40.0　39.9　40.1　39.9　39.9　40.1　40.0

求下列两种情况的 $\dfrac{\sigma_1^2}{\sigma_2^2}$ 的置信度为 90% 的置信区间.

(1)已知更新设备前后生产的乒乓球的直径的均值为 $\mu_1=40.1$ mm 与 $\mu_2=40.0$ mm;

(2)μ_1 与 μ_2 未知.

解　(1)由已知样本观察值计算得到

$$\sum_{i=1}^{10}(x_i-\mu_1)^2 = 0.21, \quad \sum_{i=1}^{10}(y_i-\mu_2)^2 = 0.06$$

给定的置信度 $1-\alpha=0.9$, 即 $\alpha=0.1$, 查附表 5 的 F 分布表, 得

$$F_{\frac{\alpha}{2}}(m,n) = F_{0.05}(10,10) = 2.98, F_{1-\frac{\alpha}{2}}(m,n) = F_{0.95}(10,10) = \frac{1}{F_{0.05}(10,10)} = 0.34$$

相关数据代入式(6-14)得 $\dfrac{\sigma_1^2}{\sigma_2^2}$ 的置信度为 90% 的置信区间为

$$\left(\frac{1}{2.98}\cdot\frac{10\times0.21}{10\times0.06}, \frac{1}{0.34}\cdot\frac{10\times0.21}{10\times0.06}\right) = (1.17,10.29)$$

该区间的下限大于 1, 则认为 σ_1^2 比 σ_2^2 大.

（2）μ_1 与 μ_2 未知，由已知样本观察值计算得到

$$\bar{x} = 40.01, \ s_x^2 = \frac{0.113}{9} = 0.012\ 6, \bar{y} = 40, s_y^2 = \frac{0.06}{9} = 0.006\ 7$$

查 F 分布表，知

$$F_{\frac{\alpha}{2}}(m-1, n-1) = F_{0.05}(9,9) = 3.18, F_{1-\frac{\alpha}{2}}(m-1, n-1) = F_{0.95}(9,9) = \frac{1}{F_{0.05}(9,9)} = 0.31$$

将相关数据代入式（6-15）得 $\dfrac{\sigma_1^2}{\sigma_2^2}$ 的置信度为 90% 的置信区间为

$$\left(\frac{1}{3.18} \cdot \frac{0.012\ 6}{0.006\ 7}, \frac{1}{0.31} \cdot \frac{0.012\ 6}{0.006\ 7}\right) = (0.59, 6.06)$$

为了使用方便，将正态总体下的参数区间估计的结果汇总为表6-1，表6-2.

表 6-1 单个正态总体参数的区间估计

待估参数	条件	统计量及其分布	置信区间
均值 μ	σ^2 已知	$U = \dfrac{\bar{X} - \mu}{\sigma}\sqrt{n} \sim N(0,1)$	$\left(\bar{X} - \dfrac{\sigma}{\sqrt{n}}u_{\frac{\alpha}{2}}, \bar{X} + \dfrac{\sigma}{\sqrt{n}}u_{\frac{\alpha}{2}}\right)$
	σ^2 未知	$T = \dfrac{\bar{X} - \mu}{S}\sqrt{n} \sim t(n-1)$	$\left(\bar{X} - \dfrac{S}{\sqrt{n}} \cdot t_{\frac{\alpha}{2}}(n-1), \bar{X} + \dfrac{S}{\sqrt{n}} \cdot t_{\frac{\alpha}{2}}(n-1)\right)$
方差 σ^2	μ 已知	$\chi^2 = \dfrac{1}{\sigma^2}\sum\limits_{i=1}^{n}(X_i - \mu)^2 \sim \chi^2(n)$	$\left(\dfrac{\sum\limits_{i=1}^{n}(X_i - \mu)^2}{\chi^2_{\frac{\alpha}{2}}(n)}, \dfrac{\sum\limits_{i=1}^{n}(X_i - \mu)^2}{\chi^2_{1-\frac{\alpha}{2}}(n)}\right)$
	μ 未知	$\chi^2 = \dfrac{1}{\sigma^2}\sum\limits_{i=1}^{n}(X_i - \bar{X})^2$ $\sim \chi^2(n-1)$	$\left(\dfrac{\sum\limits_{i=1}^{n}(X_i - \bar{X})^2}{\chi^2_{\frac{\alpha}{2}}(n-1)}, \dfrac{\sum\limits_{i=1}^{n}(X_i - \bar{X})^2}{\chi^2_{1-\frac{\alpha}{2}}(n-1)}\right)$

表 6-2 双正态总体参数的区间估计

待估参数	条件	统计量及其分布	置信区间
均值差 $\mu_1 - \mu_2$	σ_1^2, σ_2^2 已知	$U = \dfrac{(\bar{X} - \bar{Y}) - (\mu_1 - \mu_2)}{\sqrt{\dfrac{\sigma_1^2}{m} + \dfrac{\sigma_2^2}{n}}} \sim N(0,1)$	$(\bar{X} - \bar{Y} - u_{\frac{\alpha}{2}} \cdot k, \bar{X} - \bar{Y} + u_{\frac{\alpha}{2}} \cdot k)$ 记 $k = \sqrt{\dfrac{\sigma_1^2}{m} + \dfrac{\sigma_2^2}{n}}$
	σ_1^2, σ_2^2 未知 $\sigma_1^2 = \sigma_2^2$	$T = \dfrac{(\bar{X} - \bar{Y}) - (\mu_1 - \mu_2)}{S_w\sqrt{\dfrac{1}{m} + \dfrac{1}{n}}} \sim t(m+n-2)$, 记 $S_w = \sqrt{\dfrac{(m-1)S_X^2 + (n-1)S_Y^2}{m+n-2}}$	$(\bar{X} - \bar{Y} - t_{\frac{\alpha}{2}} \cdot k, \bar{X} - \bar{Y} + t_{\frac{\alpha}{2}} \cdot k)$ 记 $k = S_w\sqrt{\dfrac{1}{m} + \dfrac{1}{n}}$

续表

待估参数	条件	统计量及其分布	置信区间
方差比 $\dfrac{\sigma_1^2}{\sigma_2^2}$	μ_1,μ_2 已知	$F = \dfrac{\dfrac{1}{m\sigma_1^2}\sum\limits_{i=1}^{m}(X_i-\mu_1)^2}{\dfrac{1}{n\sigma_2^2}\sum\limits_{i=1}^{n}(Y_i-\mu_2)^2} \sim F(m,n)$	$\left(\dfrac{1}{F_{\frac{\alpha}{2}}(m,n)}k,\dfrac{1}{F_{1-\frac{\alpha}{2}}(m,n)}k\right)$ 记 $k = \dfrac{n\sum\limits_{i=1}^{m}(X_i-\mu_1)^2}{m\sum\limits_{i=1}^{n}(Y_i-\mu_2)^2}$
	μ_1,μ_2 未知	$F = \dfrac{\dfrac{1}{(m-1)\sigma_1^2}\sum\limits_{i=1}^{m}(X_i-\overline{X})^2}{\dfrac{1}{(n-1)\sigma_2^2}\sum\limits_{i=1}^{n}(Y_i-\overline{Y})^2}$ $= \dfrac{S_X^2/\sigma_1^2}{S_Y^2/\sigma_2^2} \sim F(m-1,n-1)$	$\left(\dfrac{1}{F_{\frac{\alpha}{2}}(m-1,n-1)}\dfrac{S_X^2}{S_Y^2},\right.$ $\left.\dfrac{1}{F_{1-\frac{\alpha}{2}}(m-1,n-1)}\dfrac{S_X^2}{S_Y^2}\right)$

6.6 应用实例——湖中黑白鱼比例的估计与水稻总产量的预测

6.6.1 如何估计湖中黑、白鱼的比例

丰水水产养殖场两年前在人工湖混养了黑白两种鱼. 为了搞清楚湖中黑白两种鱼的比例,现从湖中有放回地捕鱼 30 条,其中黑鱼数为 18 条,白鱼数为 12 条;那么黑白两种鱼的比例是 18∶12 即 3∶2 吗? 是如何进行估计的?

现用统计方法解决此问题.

设湖中有白鱼 a 条,则黑鱼数为 $b=ka$,其中 k 为待估计参数. 从湖中任捕一条鱼,记

$$X = \begin{cases} 1 & \text{若是白鱼} \\ 0 & \text{若是黑鱼} \end{cases}$$

则 $P\{X=1\} = \dfrac{a}{a+ka} = \dfrac{1}{1+k}, P\{X=0\} = 1-P\{X=1\} = \dfrac{k}{1+k}$

为了使抽取的样本为简单随机样本,现从湖中有放回地捕鱼 n 条(即任捕一条,记下其颜色后放回湖中,任其自由游动,稍后再捕第二条,重复前一过程),得样本 $X_1,X_2,\cdots,X_n$,各 X_i 相互独立,且均与 X 同分布. 设在这 n 次抽样中,捕得 m 条白鱼. 以此抽样结果可对 k 作出估计. 下面用通常使用的矩估计法和最大似然估计法估计 k.

(1)矩估计法

令 $\overline{X} = E(X) = \dfrac{1}{1+k}$,可求得 $\hat{k} = \dfrac{1}{\overline{X}} - 1$,由抽样结果知,$X$ 的观测值 $\overline{x} = \dfrac{m}{n}$,故 k 的矩估计

值为 $\hat{k} = \dfrac{n}{m} - 1$.

（2）最大似然估计法

由于每个 X_i 的分布为

$$P\{X_i = x_i\} = \left(\frac{k}{1+k}\right)^{1-x_i}\left(\frac{1}{1+k}\right)^{x_i}, x_i = 0,1$$

设 $x_1, x_2, \cdots, x_n$ 为相应抽样结果（样本观测值），则似然函数为

$$L(k; x_1, x_2, \cdots, x_n) = \left(\frac{k}{1+k}\right)^{n-\sum_{i=1}^{n}x_i}\left(\frac{1}{1+k}\right)^{\sum_{i=1}^{n}x_i} = \frac{k^{n-m}}{(1+k)^n}$$

$$\ln L(k; x_1, x_2, \cdots, x_n) = (n-m)\ln k - n\ln(1+k)$$

令 $\dfrac{\mathrm{d}\ln L(k; x_1, x_2, \cdots, x_n)}{\mathrm{d}k} = \dfrac{n-m}{k} - \dfrac{n}{1+k} = 0$，可求得 k 的最大似然估计值为

$$\hat{k} = \frac{n}{m} - 1$$

两种方法所得估计结果相同.

当 $n = 30, m = 12$ 时，可得 $\hat{k} = \dfrac{30}{12} - 1 = \dfrac{18}{12} = \dfrac{3}{2}$，所以黑白两种鱼的比例就是 $3:2$.

注 本例可作为应用十分广泛的统计模型. 例如：可将黑白鱼看成是一批产品的正次品，或某地区的男女性. 则依此可估计产品中的正次品比例或是估计该地区的男女人数比例，等等.

6.6.2 如何预测水稻总产量

新新农场多年来一直种植某种水稻品种，并沿用传统的耕作方法. 平均亩（1 亩 $\approx$ 666.67 m^2）产 600 kg. 今年换了新的稻种，耕作方法也作了改进. 收获前，为了预测产量高低，先抽查了具有一定代表性的 30 亩水稻的产量，平均亩产 642.5 kg，标准差为 160 kg. 如何预测总产量？

实际上，要预测总产量，只要预测平均亩产量.

设水稻亩产量 X 为一随机变量，由于它受众多随机因素的影响，故可设 $X \sim N(\mu, \sigma^2)$.

只要算出平均亩产量的置信区间，则下限与种植面积的乘积就是对总产量的最保守估计，上限与种植面积的乘积就是对总产量的最乐观估计.

根据正态分布关于均值的区间估计，在方差未知时，μ 的置信度为 95% 的置信区间为

$$\left(\overline{x} - 1.96\frac{s}{\sqrt{n}}, \overline{x} + 1.96\frac{s}{\sqrt{n}}\right)$$

将 $n = 30, \overline{x} = 642.5, s = 160$ 代入，有

$$\overline{x} \pm 1.96\frac{s}{\sqrt{n}} = 642.5 \pm 57.25$$

故得 μ 的置信度为 95% 的置信区间为 $(585.25, 699.75)$

最保守的估计为亩产 585.25 kg，比往年略低；最乐观的估计为亩产可能达到 700 kg，比往年高出 100 kg.

因上下限差距太大,影响预测的准确.要解决这个问题,可再抽查 70 亩,即前后共抽样 100 亩.若设 $\bar{x}=642.5, s=160, n=100$,则 μ 的置信度为 95% 的置信区间为

$$\bar{x} \pm 1.96 \frac{s}{\sqrt{n}} = 642.5 \pm 31.4$$

即 $(611.1, 673.9)$

置信下限比往年亩产多 11.1 kg,这就可以预测:在很大程度上,今年水稻平均亩产至少比往年高出 11 kg. 当然这是最保守的估计.

习题 6
(A)

1. 某网页在一段时间内的点击次数服从参数为 λ 泊松分布,抽查一分钟内的点击次数,共抽查 40 次,得到如下数据:

每分钟的点击次数	0	1	2	3	4	5	6	7
抽查次数	5	10	12	8	3	2	0	0

求泊松分布中未知参数 λ 的矩估计值.

2. 设总体 X 的分布律为

X	0	1	2
P_i	$\theta^2 - 3\theta + 2$	$2\theta - 2\theta^2$	$\theta^2 + \theta - 1$

其中 θ 是未知参数. 现抽得一个样本: $x_1 = 0, x_2 = 1, x_3 = 2$,求 θ 的矩估计值.

3. $X_1, X_2, \cdots, X_n$ 是正态总体 $X \sim N(\mu, \sigma^2)$ 的样本,8,9,10,10,11,12,14,15,15,16 是 $n = 10$ 的一个样本观测值.求未知参数 μ, σ^2 的最大似然估计量和最大似然估计量值.

4. 设 $X_1, X_2, \cdots, X_n$ 为来自总体 X 的样本,已知总体的分布密度函数为

$$f(x;k) = \begin{cases} (k+1)x^k & 0 < x < 1 \\ 0 & \text{其他} \end{cases}$$

其中 $k > -1$,求未知参数 k 的矩估计量和最大似然估计量.

5. 设 $X \sim U[0, \theta]$,$X_1, X_2, \cdots, X_n$ 为来 X 的一个样本.

(1)求未知参数 θ 的矩估计量和最大似然估计量;

(2)若有样本观察值:10,15,19,20,14,13,25,18,12,28. 求 θ 的矩估计值和最大似然估计值.

6. 在第 5 题中 θ 的矩估计是否是 θ 的无偏估计?

7. 设 X_1, X_2, X_3 是正态总体 $X \sim N(\mu, 2^2)$ 的样本,μ 未知.

(1)试证下列三个统计量都是 μ 的无偏估计量:

$$\hat{\mu}_1 = \frac{1}{2}X_1 + \frac{1}{4}X_2 + \frac{1}{4}X_3$$

$$\hat{\mu}_2 = \frac{1}{2}X_1 + \frac{1}{2}X_2$$

$$\hat{\mu}_3 = \frac{1}{3}X_1 + \frac{1}{3}X_2 + \frac{1}{3}X_3$$

(2)指出以上三个无偏估计量中哪个最有效?

8. 设总体 X 服从正态分布 $N(\mu, 16)$,抽取样本 $x_1, x_2, \cdots, x_n$,且 $\bar{x} = \frac{1}{n}\sum_{i=1}^{n} x_i$ 为样本均值. 已知 $\bar{x} = 11, n = 64$,求 μ 的置信度为 0.95 的置信区间.

9. 某校在准备参加高考的考生中 50 人作为随机样本,已知其模拟考数学平均分为 122.3,标准差为 14.7,如果本次模拟考很有参考价值,且高考的数学成绩服从正态分布,有理由相信该校考生的高考数学成绩平均分不会低于多少(置信度为 99%)?

10. 从某品牌 U 盘随机抽取 5 只做读写试验,测得其可用次数(单位:千次)为:

$$105 \quad 110 \quad 112 \quad 125 \quad 128$$

已知该品牌 U 盘的可读写次数 $X \sim N(\mu, \sigma^2)$,试求平均可读写次数 μ 的置信度为 95% 的单侧置信下限.

11. 某工厂生产一种零件,其长度 X(单位:cm)服从正态分布 $X \sim N(\mu, \sigma^2)$,现从一批零件中随机抽出 9 个,分别测得其长度如下:

$$14.8, 15.2, 15.1, 14.9, 14.8, 15.0, 15.3, 15.2, 14.7$$

(1)已知零件长度 X 的标准差 $\sigma = 0.15$,求 μ 的置信度为 0.95 的置信区间.

(2)若 σ 未知,求 μ 的置信度为 0.95 的置信区间.

12. 用红外测温仪测量高炉的铁水温度(单位:℃),抽查 5 次,测到数据:

$$1\,275 \quad 1\,265 \quad 1\,260 \quad 1\,250 \quad 1\,245$$

若所测数据服从正态分布.

(1)求温度真值的范围($\alpha = 0.05$);

(2)求总体标准差 σ 的置信度为 95% 的置信区间.

13. 2007 年对深圳和广州两地职工月平均工资情况进行调查,分别调查了 100 人,深圳的职工月平均工资为 3 260 元,广州的职工月平均工资为 2 638 元,设深圳的职工工资(单位:元)$X \sim N(\mu_1, 418^2)$. 求两地区职工平均工资之差的 99% 的置信区间,并对解释所求结果的意义.

14. 设从 2 个正态总体 $N(\mu_1, \sigma^2)$,$N(\mu_2, \sigma^2)$ 中分别抽取容量 12 和 10 的样本,已知 $\bar{x} = 24$,$\bar{y} = 20$,$s_x^2 = 36$,$s_y^2 = 25$,求 $\mu_1 - \mu_2$ 的置信度为 95% 的置信区间.

15. 设 A,B 两种品牌手机电池的寿命(单位:天)分别服从正态分布 $X \sim N(\mu_1, \sigma_1^2)$ 与 $Y \sim N(\mu_2, \sigma_2^2)$,现抽查 A 品牌手机电池 4 个,抽查 B 品牌手机电池 5 个,样本观察值为

A 品牌:510 540 550 600

B 品牌:580 595 635 640 660

求总体方差比 $\frac{\sigma_1^2}{\sigma_2^2}$ 的置信度为 95% 的置信区间.

(B)

1. (2007 年数学一,数学三)设总体 X 的概率密度为 $f(x, \theta) = \begin{cases} \dfrac{1}{2\theta} & 0 < x < \theta \\ \dfrac{1}{2(1-\theta)} & \theta \leqslant x < 1 \\ 0 & \text{其他} \end{cases}$,其

中参数 $\theta(0 < \theta < 1)$ 未知. $X_1, X_2, \cdots, X_n$ 是来自总体 X 的简单随机样本, $\overline{X}$ 是样本均值.

(1) 求参数 θ 的矩估计量 $\hat{\theta}$;

(2) 判断 $4\overline{X}^2$ 是否为 θ^2 的无偏估计量, 并说明理由.

2. (2008 年数学一, 数学三) 设 $X_1, X_2, \cdots, X_n$ 是总体 $N(\mu, \sigma^2)$ 的简单随机样本. 记 $\overline{X} = \dfrac{1}{n} \sum_{i=1}^{n} X_i, S^2 = \dfrac{1}{n-1} \sum_{i=1}^{n} (X_i - \overline{X})^2, T = \overline{X}^2 - \dfrac{1}{n}S^2$.

(1) 证明 T 是 μ^2 的无偏估计量; (2) 当 $\mu = 0, \sigma = 1$ 时, 求 $D(T)$.

3. (2009 年数学一) 设 $X_1, X_2, \cdots, X_n$ 为来自二项分布总体 $B(n, p)$ 的简单随机样本, $\overline{X}$ 和 S^2 分别为样本均值和样本方差. 若 $\overline{X} + kS^2$ 为 np^2 的无偏估计量, 则 $k = \underline{\hspace{3cm}}$.

4. (2009 年数学一) 设总体 X 的概率密度为 $f(x) = \begin{cases} \lambda^2 x e^{-\lambda x} & x > 0 \\ 0 & \text{其他} \end{cases}$, 其中参数 $\lambda(\lambda > 0)$ 未知, $X_1, X_2, \cdots, X_n$ 是来自总体 X 的简单随机样本.

(1) 求参数 λ 的矩估计量; (2) 求参数 λ 的最大似然估计量.

5. (2011 年数学一) 设 $X_1, X_2, \cdots, X_n$ 为来自正态分布总体 $N(\mu_0, \sigma^2)$ 的简单随机样本, 其中 μ_0 已知, $\sigma^2 > 0$, 未知.

(1) 求参数 σ^2 的最大似然估计 $\hat{\sigma}^2$;

(2) 计算 $E(\hat{\sigma}^2)$ 和 $D(\hat{\sigma}^2)$.

6. (2012 年数学一) 设随机变量 X 与 Y 相互独立且分别服从正态分布 $N(\mu, \sigma^2)$ 与 $N(\mu, 2\sigma^2)$, 其中 σ 是未知参数且 $\sigma > 0$. 设 $Z = X - Y$,

(1) 求 Z 的概率密度 $f(z, \sigma^2)$;

(2) 设 $Z_1, Z_2, \cdots, Z_n$ 为来自总体 Z 的简单随机样本, 求 σ^2 的最大似然估计 $\hat{\sigma}^2$;

(3) 证明 $\hat{\sigma}^2$ 为 σ^2 的无偏估计量.

7. (2013 年数学一, 数学三) 设总体 X 的概率密度为 $f(x) = \begin{cases} \dfrac{\theta^2}{x^3} e^{-\frac{\theta}{x}} & x > 0 \\ 0 & \text{其他} \end{cases}$, 其中 θ 为未知参数且大于零, $X_1, X_2, \cdots, X_n$ 为来自总体 X 的简单随机样本.

(1) 求 θ 的矩估计量;

(2) 求 θ 的最大似然估计量.

8. 设总体 X 服从正态分布 $N(\mu, 100)$, 抽取样本 $x_1, x_2, \cdots, x_n$, 且 $\overline{x}$ 为样本均值. 问: 要使 μ 的置信度为 0.90 的置信区间长度不超过 5, 样本容量 n 至少应取多大?

第7章

假设检验

上一章的参数估计是统计推断的一个重要内容,所解决的是总体分布已知而参数未知的问题;然而,在诸多实际问题中存在着总体分布未知,而需要推断总体的某些未知特性,提出某些关于总体的假设,这就是统计推断的另一个重要内容:**假设检验**.

作为假设检验的一个应用实例,将在本章最后一节介绍两次地震间隔时间所服从的分布,从而了解地震规律及预报的知识.

7.1 假设检验的基本概念

假设检验是根据样本所提供的信息,运用适当的统计量,对提出的假设进行检验,作出接受或拒绝的决策.

7.1.1 假设检验的基本思想

先从一个实例来说明假设检验的基本思想.

实例 李明同学号称是学校篮球队的神投手,他与张亮同学说其三分球的命中率可达80%,张亮让李明在三分线处投球 2 次,结果都没投中,因此张亮同学坚决地说李明同学三分球的命中率不可能达到80%.问张亮同学的结论是否正确?

先提出假设 H_0:李明同学三分球的命中率达到80%.

如果 H_0 正确,则李明在三分线处投球 2 次都没投中的概率应为 0.04,这是一个小概率事件,但小概率事件在一次随机试验中竟然发生了,因此有理由拒绝假设 H_0,即张亮同学的结论是正确的.

由此可见,假设检验的基本思想是带有某种概率性质的反证法,它包括两方面:

一是运用反证法的思想.为了检验一个假设 H_0 是否正确,首先假定该假设 H_0 正确,然后看由此产生什么结果.如果导致了不合理的现象的发生,就应拒绝假设 H_0,否则应接受假设 H_0.

二是运用**小概率原理**的思想.小概率原理是假设检验的基本原理,它的意义是:小概率事件在一次随机试验中几乎不发生.假设检验中所谓"不合理",就是小概率事件在一次随机试验中竟然发生,并非逻辑中的绝对矛盾.

概率小到什么程度才能算作"小概率事件",这就需要根据实际情况而定. 例如飞机失事的危险概率远远低于车祸的危险概率,但如果一个航空公司的事故率达 1% 时,相信没多少人选择该公司的航班了,而一个汽车公司的事故率哪怕为 10% ,还是有不少人乘坐该公司的汽车. 为此在假设检验中,必须先确定小概率的大小. 概率越小,否定原假设 H_0 就越有说服力,常记这个小概率的值为 $\alpha(0 < \alpha < 1)$,称为**检验的显著性水平**. 对不同的问题,检验的显著性水平 α 不一定相同,但一般应取为较小的值, 如 0.1, 0.05 或 0.01 等.

7.1.2 假设检验的两类错误

由于假设检验研究的对象是随机变量,对总体作出判断的依据是一个样本,因此假设检验不可能完全正确,可能出现错误,将错误分为以下两类:

第一类错误:假设 H_0 正确,而假设检验的结论是拒绝 H_0 ,即犯了"**弃真错误**". 犯第一类错误的原因是小概率事件也有可能发生,因此犯第一类错误的概率恰好就是"小概率事件"发生的概率 α ,即

$$P\{拒绝\ H_0 | H_0\ 为真\} = \alpha$$

第二类错误:假设 H_0 错误,而假设检验的结论是接受 H_0 ,即犯了"**存伪错误**". 犯第二类错误产生的原因是在一次抽样检验中,未发生不合理结果. 记 β 为犯第二类错误的概率,即

$$P\{接受\ H_0 | H_0\ 不真\} = \beta$$

例如,飞机在起飞前地勤工程师提出假设 H_0 :飞机存在故障. 则出现第一类错误是因为飞机存在故障而起飞,这显然存在事故隐患. 而出现第二类错误是因为飞机不存在故障但不起飞.

不论是犯哪类错误,当然希望犯错误的概率越小越好. 当样本容量 n 固定时, α,β 不能同时减小(若 α 减小,则 β 就变大;而 β 变小,则 α 又变大). 因此在实际应用中,一般原则是控制犯第一类错误的概率,即给定 α(一般取 $\alpha = 0.05, 0.01$),然后通过增大样本容量 n 来减小 β .

7.1.3 假设检验的基本步骤

定义 1 在假设检验问题中,把要检验的假设 H_0 称为**原假设(零假设或基本假设)**,把原假设 H_0 的对立面称为**备择假设或对立假设**,记为 H_1 .

例如,为了检验某乒乓球生产线是否正常,需要检验假设:

$$H_0 : \mu = \mu_0, H_1 : \mu \neq \mu_0, (\mu_0 = 40\ \text{mm}) \tag{7-1}$$

形如式(7-1)的备择假设 H_1 ,表示 μ 可能大于 μ_0 ,也可能小于 μ_0 ,称为**双侧(边)备择假设**. 形如式(7-1)式的假设检验称为**双侧(边)假设检验**.

在实际问题中,有时需要检验下列形式的假设:

$$H_0 : \mu \leqslant \mu_0, H_1 : \mu > \mu_0 \tag{7-2}$$

$$H_0 : \mu \geqslant \mu_0, H_1 : \mu < \mu_0 \tag{7-3}$$

形如式(7-2)的假设检验称为**右侧(边)检验**. 形如式(7-3)的假设检验称为**左侧(边)检验**. 右侧(边)检验和左侧(边)检验统称为**单侧(边)检验**.

注 为了规范,规定原假设中,只能出现" = "或"≤"或"≥"号,不能出现符号"≠,<,>",备择假设与原假设的规定刚好相反.

定义2 为检验 H_0,需构造检验统计量,抽取总体的一个样本,根据样本的信息判断假设是否成立.当检验统计量取某个区域 W 中的值时,拒绝原假设 H_0,则称区域 W 为**拒绝域**,拒绝域的边界点称为**临界点(值)**.

根据假设检验的基本思想,可归纳出假设检验的基本步骤如下:

(1)提出假设. 根据实际问题的要求,提出原假设 H_0 及备择假设 H_1;

(2)构造统计量. 选择检验统计量 U,并由原假设 H_0 导出 U 的概率分布;

(3)确定拒绝域. 由问题给出的显著性水平 α,依据直观分析先确定拒绝域的形式,确定临界值,从而确定拒绝域 W;

(4)计算检验值. 根据样本值计算出检验值 w;

(5)作出决策. 若 $w \in W$,则拒绝原假设 H_0,若 $w \notin W$,则接受原假设.

7.2　单正态总体均值与方差的假设检验

设总体服从正态分布 $X \sim N(\mu, \sigma^2)$,总体均值 μ 与方差 σ^2 的假设检验问题,主要有下列四种情形:

(1) σ^2 已知,检验 μ 的假设;

(2) σ^2 未知,检验 μ 的假设;

(3) μ 已知,检验 σ^2 的假设;

(4) μ 未知,检验 σ^2 的假设.

7.2.1　总体均值 μ 的假设检验

要检验总体均值 μ 的假设,方差 σ^2 是否已知,会影响到检验统计量的选择,故下面分两种情形进行讨论.

1) σ^2 已知,检验 μ 的假设

设 $X_1, X_2, \cdots, X_n$ 是取自总体 X 的一个样本,$\overline{X}$ 为样本均值,μ_0 为已知常数.

(1)检验假设 $H_0 : \mu = \mu_0, H_1 : \mu \neq \mu_0$.

当 H_0 为真时,选择检验统计量

$$U = \frac{\overline{X} - \mu_0}{\dfrac{\sigma}{\sqrt{n}}} \sim N(0,1)$$

相应的检验法称为 U **检验法**.

拒绝域形式为

$$|u| = \left| \frac{\overline{X} - \mu_0}{\frac{\sigma}{\sqrt{n}}} \right| > k \qquad (k \text{ 待定})$$

对于给定的显著性水平 α，查标准正态分布表得 $k = u_{\frac{\alpha}{2}}$，使

$$P\{|U| > u_{\frac{\alpha}{2}}\} = \alpha$$

由此即得拒绝域为

$$|u| = \left| \frac{\overline{X} - \mu_0}{\frac{\sigma}{\sqrt{n}}} \right| > u_{\frac{\alpha}{2}}$$

即

$$W = (-\infty, -u_{\frac{\alpha}{2}}) \cup (u_{\frac{\alpha}{2}}, +\infty)$$

如图 7-1 所示.

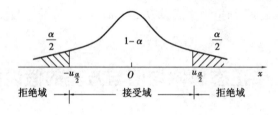

图 7-1

根据一次抽样后得到的样本观察值 $x_1, x_2, \cdots, x_n$ 计算出 U 的检验值 u，若 $|u| \geqslant u_{\frac{\alpha}{2}}$，则拒绝原假设 H_0，即认为总体均值与 μ_0 有显著差异；若 $|u| < u_{\frac{\alpha}{2}}$，则接受原假设 H_0，即认为总体均值与 μ_0 无显著差异.

类似地，有：

（2）右侧检验：检验假设 $H_0: \mu \leqslant \mu_0, H_1: \mu > \mu_0$. 可得拒绝域为

$$u = \frac{\overline{x} - \mu_0}{\frac{\sigma}{\sqrt{n}}} > u_\alpha$$

（3）左侧检验：检验假设 $H_0: \mu \geqslant \mu_0, H_1: \mu < \mu_0$. 可得拒绝域为

$$u = \frac{\overline{X} - \mu_0}{\frac{\sigma}{\sqrt{n}}} < -u_\alpha$$

例 7-1 某工厂生产的螺丝钉长度（单位：mm）$X \sim N(18, 0.25)$，现从一批螺丝钉中随机抽到 20 颗，测得其平均长度为 $\overline{x} = 17.98$，在显著性水平 $\alpha = 0.05$ 下考察该批螺丝钉是否符合标准（即螺丝钉长度均值为 18 mm）.

解 （1）提出假设 $H_0: \mu = 18, H_1: \mu \neq 18$；

（2）选择统计量 $U = \dfrac{\overline{X} - \mu_0}{\frac{\sigma}{\sqrt{n}}} \sim N(0,1)$；

（3）确定拒绝域. 由 $\alpha = 0.05$，查标准正态分布表得临界值 $k = u_{\alpha/2} = u_{0.025} = 1.96$，即拒绝域 $W = (-\infty, -1.96) \cup (1.96, +\infty)$；

（4）计算检验值. $u = \dfrac{\overline{x} - \mu_0}{\dfrac{\sigma}{\sqrt{n}}} = \dfrac{17.98 - 18}{\dfrac{0.5}{\sqrt{20}}} = -1.79$；

（5）作出决策. 因 $u \notin W$，故接受原假设. 即认为这批螺丝钉符合标准.

例7-2 某手机电池品牌的生产厂商声称其产品平均寿命大于 10 000 h. 现对这一品牌手机电池的 100 件产品进行测试，测得其平均寿命为 9 750 h，已知产品寿命服从正态分布，且标准差是 1 000 h. 试根据抽样数据在显著性水平 $\alpha = 0.01$ 下判断该制造商的产品是否与其所说的标准相符.

解 提出假设 $H_0 : \mu \geqslant 10\,000, H_1 : \mu < 10\,000$；

由 $\alpha = 0.01$，查标准正态分布表得 $k = u_\alpha = u_{0.01} = -2.33$，即拒绝域 $W = (-\infty, -2.33)$；

又 $u = \dfrac{\overline{x} - \mu_0}{\dfrac{\sigma}{\sqrt{n}}} = \dfrac{9\,750 - 10\,000}{\dfrac{1\,000}{\sqrt{100}}} = -2.5 \in W$

故拒绝原假设 H_0，即认为该生产厂商的声称不可信.

2) σ^2 未知，检验 μ 的假设

在方差 σ^2 未知的情形下，不能用统计量 $\dfrac{\overline{X} - \mu_0}{\dfrac{\sigma}{\sqrt{n}}}$，由于样本方差 S^2 是 σ^2 的无偏估计，因此用 S 代替 σ，即此时应构造检验统计量

$$T = \frac{\overline{X} - \mu_0}{\dfrac{S}{\sqrt{n}}} \sim t(n-1)$$

相应的检验法称为 T **检验法**. 类似于 U 检验法的讨论，对 μ 的三种检验假设，应用 T 检验法，可得到相应的三种拒绝域，见表7-1.

表7-1 T 检验法：方差 σ^2 未知，均值 μ 的假设检验

检验统计量及其分布 $T = \dfrac{\overline{X} - \mu_0}{\dfrac{S}{\sqrt{n}}} \sim t(n-1)$	
检验假设	拒绝域
$H_0 : \mu = \mu_0, H_1 : \mu \neq \mu_0$	$(-\infty, -t_{\frac{\alpha}{2}}(n-1)) \cup (t_{\frac{\alpha}{2}}(n-1), +\infty)$
$H_0 : \mu \leqslant \mu_0, H_1 : \mu > \mu_0$	$(t_\alpha(n-1), +\infty)$
$H_0 : \mu \geqslant \mu_0, H_1 : \mu < \mu_0$	$(-\infty, -t_\alpha(n-1))$

例7-3 现从某知名品牌的矿泉水中抽取 13 个批次，得到每毫升样品中含有的细菌群落总数（cfu/mL）的检测值为

49　51　52　49　52　53　55　48　60　50　54　50　53

设矿泉水细菌含量服从正态分布，标准要求是其总体均值不超过 50 cfu/ml. 根据检测的

数据在显著性水平 $\alpha = 0.05$ 下考察该品牌的矿泉水是否符合标准?

解 提出假设 $H_0:\mu \le 50, H_1:\mu > 50$;

由 $\alpha = 0.05$,查 t 分布表知 $t_{0.05}(12) = 1.78$,得拒绝域 $W = (1.78, +\infty)$;

由已知数据计算得到 $\bar{x} = 52, s = 3.19$,

计算检验值 $t = \dfrac{\bar{x} - \mu_0}{\dfrac{s}{\sqrt{n}}} = \dfrac{52 - 50}{\dfrac{3.19}{\sqrt{13}}} = 2.26 \in W$,

故拒绝原假设 H_0,即认为该品牌的矿泉水不符合标准.

7.2.2 总体方差 σ^2 的假设检验

若 μ 已知,$X_1, X_2, \cdots, X_n$ 是取自总体 X 的一个样本,$\bar{X}$ 为样本均值,σ_0 为已知常数,要检验 σ^2 的假设. 检验步骤为

(1)提出假设 $H_0: \sigma^2 = \sigma_0^2, H_1: \sigma^2 \ne \sigma_0^2$(其他两种假设相仿);

(2)选择统计量:$\chi^2 = \dfrac{1}{\sigma_0^2} \sum_{i=1}^{n} (X_i - \mu)^2 \sim \chi^2(n)$;

(3)确定拒绝域. 对给定的显著性水平 α,查 χ^2 分布表求出临界值 $\chi_{\frac{\alpha}{2}}^2(n)$ 与 $\chi_{1-\frac{\alpha}{2}}^2(n)$,使

$$P\left\{\chi^2 \le \chi_{1-\frac{\alpha}{2}}^2(n)\right\} = \frac{\alpha}{2}, P\left\{\chi^2 \ge \chi_{\frac{\alpha}{2}}^2(n)\right\} = \frac{\alpha}{2}$$

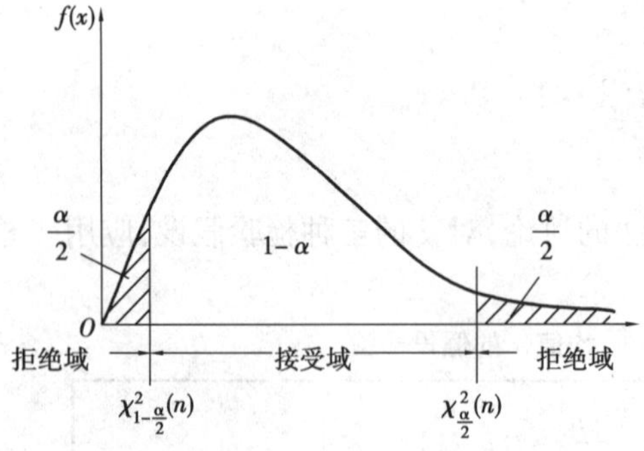

即拒绝域 $W = (0, \chi_{1-\frac{\alpha}{2}}^2(n)) \cup (\chi_{\frac{\alpha}{2}}^2(n), +\infty)$,如图 7-2 所示.

(4)计算检验值. 根据样本值计算统计量 χ^2 的观测值 χ_u^2;

(5)作出决策. 若 $\chi_u^2 \in W$,则拒绝原假设 H_0;若 $\chi_u^2 \notin W$,则接受 H_0.

这种检验法称为 χ^2 **检验法**.

χ^2 检验法对于单侧检验问题,类似地可得到相应结论.

若 μ 未知,要检验 σ^2 的假设,同样可以应用

图 7-2

χ^2 检验法,只不过这时选取的统计量为

$$\chi^2 = \frac{1}{\sigma_0^2} \sum_{i=1}^{n} (X_i - \bar{X})^2 = \frac{nS_n^2}{\sigma_0^2} = \frac{(n-1)S^2}{\sigma_0^2} \sim \chi^2(n-1)$$

相应的拒绝域也有所改变.

将 χ^2 检验法对总体方差 σ^2 的检验概括见表 7-2.

表 7-2 χ^2 检验法:总体方差 σ^2 的检验

μ 已知,选择的检验统计量及其分布 $\chi^2 = \dfrac{1}{\sigma_0^2} \sum_{i=1}^{n} (X_i - \mu)^2 \sim \chi^2(n)$	
检验假设	拒绝域
$H_0: \sigma^2 = \sigma_0^2, H_1: \sigma^2 \ne \sigma_0^2$	$(0, \chi_{1-\frac{\alpha}{2}}^2(n)) \cup (\chi_{\frac{\alpha}{2}}^2(n), +\infty)$

续表

μ 未知,选择的检验统计量及其分布 $\chi^2 = \dfrac{1}{\sigma_0^2}\sum\limits_{i=1}^{n}(X_i - \overline{X})^2 = \dfrac{(n-1)S^2}{\sigma_0^2} \sim \chi^2(n-1)$	
检验假设	拒绝域
$H_0:\sigma^2 \leqslant \sigma_0^2, H_1:\sigma^2 > \sigma_0^2$	$(\chi_\alpha^2(n), +\infty)$
$H_0:\sigma^2 \geqslant \sigma_0^2, H_1:\sigma^2 < \sigma_0^2$	$(0, \chi_{1-\alpha}^2(n))$
$H_0:\sigma^2 = \sigma_0^2, H_1:\sigma^2 \neq \sigma_0^2$	$(0, \chi_{1-\frac{\alpha}{2}}^2(n-1)) \cup (\chi_{\frac{\alpha}{2}}^2(n-1), +\infty)$
$H_0:\sigma^2 \leqslant \sigma_0^2, H_1:\sigma^2 > \sigma_0^2$	$(\chi_\alpha^2(n-1), +\infty)$
$H_0:\sigma^2 \geqslant \sigma_0^2, H_1:\sigma^2 < \sigma_0^2$	$(0, \chi_{1-\alpha}^2(n-1))$

例 7-4 某品牌猎箭的射程 X(单位:m) 应服从正态分布:$X \sim N(\mu, 1.9^2)$,现考察一批猎箭的精确度(即其偏差程度应控制在一定范围内),由一高水平的猎手对一目标进行射击,随机试验了 10 次,测得射程分别为

$$50 \quad 56 \quad 55 \quad 53 \quad 54 \quad 58 \quad 57 \quad 55 \quad 58 \quad 52$$

根据以下两种不同情形,在显著性水平 $\alpha = 0.05$ 下,考察这批猎箭是否符合精确度标准?

(1) 已知总体均值 $\mu = 55$;

(2) 总体均值 μ 未知.

解 提出假设 $H_0:\sigma^2 \leqslant 4, H_1:\sigma^2 > 4$.

(1) 已知总体均值 $\mu = 55$,选择统计量为

$$\chi^2 = \frac{1}{\sigma_0^2}\sum_{i=1}^{n}(X_i - \mu)^2 \sim \chi^2(n)$$

对给定的 $\alpha = 0.05$,查自由度 $n = 10$ 的 χ^2 分布表得:$\chi_\alpha^2(n) = \chi_{0.05}^2(10) = 18.3$,即拒绝域为 $W = (18.3, +\infty)$.

由已知数据计算

$$\chi^2 = \frac{1}{\sigma_0^2}\sum_{i=1}^{n}(x_i - \mu)^2 = \frac{1}{3.61}\sum_{i=1}^{10}(x_i - 55)^2 = 16.9 \notin W$$

因此,认为这批猎箭符合精确度标准.

(2) 若总体均值 μ 未知,则应选择统计量

$$\chi^2 = \frac{1}{\sigma_0^2}\sum_{i=1}^{n}(X_i - \overline{X})^2 = \frac{(n-1)S^2}{\sigma_0^2} \sim \chi^2(n-1)$$

对给定的 $\alpha = 0.05$,查自由度 $n = 9$ 的 χ^2 分布表得:$\chi_\alpha^2(n) = \chi_{0.05}^2(9) = 16.9$,即拒绝域为 $W = (16.9, +\infty)$.

由已知数据计算得

$$\chi^2 = \frac{1}{\sigma_0^2}\sum_{i=1}^{n}(x_i - \overline{x})^2 = \frac{1}{3.61}\sum_{i=1}^{10}(x_i - 54.8)^2 = 17.06 \in W$$

因此,总体均值 μ 未知情形下,认为这批猎箭不符合精确度标准.

7.3 两个正态总体的假设检验

与 7.2 节单正态总体的参数假设检验的基本思想相同,本节将考虑两个正态总体的假设检验问题. 与单正态总体的参数假设检验不同的是,并不是需要对每个参数进行假设检验,而是着重考虑两个总体之间的差异,即两个总体的均值或方差是否相等.

设 $\overline{X}$ 是第一个正态总体 $X \sim N(\mu_1, \sigma_1^2)$ 的容量为 m 的样本均值, $\overline{Y}$ 是第二个正态总体 $Y \sim N(\mu_2, \sigma_2^2)$ 的容量为 n 的样本均值,且 X 与 Y 相互独立.

7.3.1 两个正态总体均值差异的假设检验

1)方差 σ_1^2, σ_2^2 已知的情形

可用 U 检验法进行,检验步骤如下:

(1)提出假设 $H_0: \mu_1 = \mu_2$, $H_1: \mu_1 \neq \mu_2$;

(2)选择统计量: $U = \dfrac{\overline{X} - \overline{Y}}{\sqrt{\dfrac{\sigma_1^2}{m} + \dfrac{\sigma_2^2}{n}}} \sim N(0, 1)$;

(3)确定拒绝域. 对给定的显著性水平 α,查查标准正态分布表得临界值 $u_{\frac{\alpha}{2}}$,使

$$P\{|U| > u_{\frac{\alpha}{2}}\} = \alpha$$

即拒绝域 $W = (-\infty, -u_{\frac{\alpha}{2}}) \cup (u_{\frac{\alpha}{2}}, +\infty)$;

(4)计算检验值. 根据样本值计算统计量 U 的观察值 u;

(5)作出决策. 若 $|u| > u_{\frac{\alpha}{2}}$,即 $u \in W$,则拒绝原假设 H_0,即认为两个总体均值有显著差异;若 $|u| \leq u_{\frac{\alpha}{2}}$,即 $u \notin W$,则接受 H_0,即认为两个总体均值没有显著差异.

对于总体均值差异单侧检验问题,可得到相应结论,现一并概括为表 7-3.

表 7-3 U 检验法:两个正态总体方差已知,总体均值差异的假设检验

检验统计量及其分布 $U = \dfrac{\overline{X} - \overline{Y}}{\sqrt{\dfrac{\sigma_1^2}{m} + \dfrac{\sigma_2^2}{n}}} \sim N(0, 1)$	
检验假设	拒绝域
$H_0: \mu_1 = \mu_2$, $H_1: \mu_1 \neq \mu_2$	$(-\infty, -u_{\frac{\alpha}{2}}) \cup (u_{\frac{\alpha}{2}}, +\infty)$
$H_0: \mu_1 \leq \mu_2$, $H_1: \mu_1 > \mu_2$	$(u_\alpha, +\infty)$
$H_0: \mu_1 \geq \mu_2$, $H_1: \mu_1 < \mu_2$	$(-\infty, -u_\alpha)$

例 7-5 在姚明进入 NBA 联赛后,他和火箭队得分高手麦迪一直是人们议论的话题,设他们的得分分别服从正态分布 $N(\mu_1, 4^2)$ 和 $N(\mu_2, 5^2)$,姚明在 50 场比赛中的平均得分为 30

分,麦迪在 40 场比赛中的平均得分为 31.5 分,问在显著性水平 $\alpha = 0.05$ 下这两位神投手的平均得分是否有明显差异?

解 提出假设 $H_0: \mu_1 = \mu_2, H_1: \mu_1 \neq \mu_2$;

选择统计量: $U = \dfrac{\overline{X} - \overline{Y}}{\sqrt{\dfrac{\sigma_1^2}{m} + \dfrac{\sigma_2^2}{n}}} \sim N(0,1)$

对给定的 $\alpha = 0.05$,查标准正态分布表得临界值 $u_{\frac{\alpha}{2}} = u_{0.025} = 1.96$,即拒绝域为 $W = (-\infty, -1.96) \cup (1.96, +\infty)$;

由已知,$\overline{x} = 30, \overline{y} = 31.5, m = 50, n = 40, \sigma_1^2 = 16, \sigma_2^2 = 25$,得 U 的观察值为

$$u = \frac{30 - 31.5}{\sqrt{\dfrac{16}{50} + \dfrac{25}{40}}} = -1.80 \notin W$$

故应接受 H_0,即认为这两位得分手的平均得分没有明显差异.

2) 方差 σ_1^2, σ_2^2 未知,但 $\sigma_1^2 = \sigma_2^2 = \sigma^2$ 的情形

此时应用 T 检验法,选择的统计量为

$$T = \frac{\overline{X} - \overline{Y}}{S_w \sqrt{\dfrac{1}{m} + \dfrac{1}{n}}} \sim t(m + n - 2)$$

其中 $S_w = \sqrt{\dfrac{(m-1)S_X^2 + (n-1)S_Y^2}{m+n-2}}, S_X^2 = \dfrac{1}{m-1}\sum_{i=1}^{m}(X_i - \overline{X})^2, S_Y^2 = \dfrac{1}{n-1}\sum_{i=1}^{n}(Y_i - \overline{Y})^2$

类似于两个总体方差已知的情形,可用表 7-4 概括相应假设检验的结果.

表 7-4 T 检验法:两个正态总体方差未知,总体均值差异的假设检验

检验统计量及其分布 $T = \dfrac{\overline{X} - \overline{Y}}{S_w \sqrt{\dfrac{1}{m} + \dfrac{1}{n}}} \sim t(m+n-2)$	
检验假设	拒绝域
$H_0: \mu_1 = \mu_2, H_1: \mu_1 \neq \mu_2$	$(-\infty, -t_{\frac{\alpha}{2}}(m+n-2)) \cup (t_{\frac{\alpha}{2}}(m+n-2), +\infty)$
$H_0: \mu_1 \leqslant \mu_2, H_1: \mu_1 > \mu_2$	$(t_\alpha(m+n-2), +\infty)$
$H_0: \mu_1 \geqslant \mu_2, H_1: \mu_1 < \mu_2$	$(-\infty, -t_\alpha(m+n-2))$

例 7-6 假定某高中考生的生物和化学成绩服从正态分布,且两总体的方差相等,随机抽取 10 名学生的生物成绩和 15 名学生的化学成绩,得到如下数据:

生物:56 60 58 65 55 66 53 49 58 60

化学:63 60 59 67 54 68 56 52 59 62 60 62 60 58 60

在显著性水平 $\alpha = 0.05$ 下,生物和化学的平均成绩是否有明显差异?

解 提出假设 $H_0: \mu_1 = \mu_2, H_1: \mu_1 \neq \mu_2$

选择统计量：$T = \dfrac{\overline{X} - \overline{Y}}{S_w \sqrt{\dfrac{1}{m} + \dfrac{1}{n}}} \sim t(m + n - 2)$

对给定的 $\alpha = 0.05$，由 $m = 10$，$n = 15$，查 t 分布表，得临界值

$$t_{\frac{\alpha}{2}} = t_{\frac{\alpha}{2}}(m + n - 2) = t_{0.025}(23) = 2.07$$

即拒绝域为 $W = (-\infty, -2.07) \cup (2.07, +\infty)$

由已知样本观察值计算得到

$$\overline{x} = 58, \overline{y} = 60, s_x^2 = \frac{240}{9}, s_y^2 = \frac{252}{14}$$

$$s_w = \sqrt{\frac{(m-1)s_x^2 + (n-1)s_y^2}{m + n - 2}} = \sqrt{\frac{492}{23}} = 4.625$$

$$t = \frac{58 - 60}{4.625 \sqrt{\dfrac{1}{10} + \dfrac{1}{15}}} = -1.06 \notin W$$

故应接受 H_0，即生物和化学平均成绩没有明显差异.

注 从例 7-5 和例 7-6 可以看到，不能简单地以样本均值的差异而得出总体均值的具有明显差异的结论. 而事实上，即便样本均值存在一定的差异，根据数理统计原理，可得出总体均值并没有明显差异.

7.3.2 两个正态总体方差比较的假设检验

若 $\mu_1, \mu_2, \sigma_1^2, \sigma_2^2$ 均未知，要对方差 σ_1^2 与 σ_2^2 是否相等进行假设检验，则应选取统计量

$$F = \frac{\dfrac{1}{m-1} \sum\limits_{i=1}^{m} (X_i - \overline{X})^2}{\dfrac{1}{n-1} \sum\limits_{i=1}^{n} (Y_i - \overline{Y})^2} = \frac{S_X^2}{S_Y^2} \sim F(m-1, n-1)$$

相应的检验法称为 **F 检验法**. 可用表 7-5 概括这种假设检验的结果.

表 7-5　F 检验法：两个正态总体均值未知，方差比较的假设检验

检验统计量及其分布 $F = \dfrac{S_X^2}{S_Y^2} \sim F(m-1, n-1)$	
检验假设	拒绝域
$H_0 : \sigma_1^2 = \sigma_2^2, H_1 : \sigma_1^2 \neq \sigma_2^2$	$\left(0, F_{1-\frac{\alpha}{2}}(m-1, n-1)\right) \cup \left(F_{\frac{\alpha}{2}}(m-1, n-1), +\infty\right)$
$H_0 : \sigma_1^2 \leqslant \sigma_2^2, H_1 : \sigma_1^2 > \sigma_2^2$	$\left(F_{\alpha}(m-1, n-1), +\infty\right)$
$H_0 : \sigma_1^2 \geqslant \sigma_2^2, H_1 : \sigma_1^2 < \sigma_2^2$	$\left(0, F_{1-\alpha}(m-1, n-1)\right)$

例 7-7 根据例 7-6 的数据检验假设（$\alpha = 0.05$）

$$H_0 : \sigma_1^2 = \sigma_2^2, H_1 : \sigma_1^2 \neq \sigma_2^2.$$

解 对 $\alpha = 0.05$，由 $m = 10$，$n = 15$ 查附表 5 的 F 分布表，得临界值

$$F_{\frac{\alpha}{2}}(m-1, n-1) = F_{0.025}(9, 14) = 3.21$$

$$F_{1-\frac{\alpha}{2}}(m-1,n-1) = F_{0.975}(9,14) = \frac{1}{F_{0.025}(9,14)} = 0.31$$

即拒绝域为 $W = (0,0.31) \cup (3.21, +\infty)$;

又 $s_x^2 = \dfrac{240}{9} = 26.67$, $s_y^2 = \dfrac{252}{14} = 18$,

$$f = \frac{s_x^2}{s_y^2} = \frac{26.67}{18} = 1.48 \notin W$$

故应接受 H_0,即生物和化学成绩的方差没有明显差异.

 注 由例7-6可见例7-7以 $\sigma_1^2 = \sigma_2^2$ 作为前提条件是合理的. 但需要说明的是,在两个正态总体的方差未知,若要以 $\sigma_1^2 = \sigma_2^2$ 作为前提条件,对总体均值是否相等进行假设检验,应先用 F 检验法对方差进行检验,若 $\sigma_1^2 = \sigma_2^2$ 成立,再用 T 检验法对两总体均值进行检验.

 请读者思考:若 μ_1,μ_2 均已知,要对方差 σ_1^2 与 σ_2^2 是否相等进行假设检验,则应选取怎样的统计量? 该统计量服从的是什么样的 F 分布? 拒绝域是什么?

7.4 假设检验与区间估计的关系

 参数的假设检验与区间估计关系密切,由参数的假设检验可以导出参数的区间估计,同样,由参数的区间估计可以导出参数的假设检验. 现以正态总体均值 μ 的双侧检验为例加以说明.

 设总体服从正态分布 $X \sim N(\mu,\sigma^2)$,σ^2 已知,$X_1,X_2,\cdots,X_n$ 是取自总体 X 的一个样本,$\overline{X}$ 为样本均值,μ_0 为已知常数.

 (1)对于给定的显著性水平 α,要检验假设

$$H_0 : \mu = \mu_0, H_1 : \mu \neq \mu_0$$

选择的统计量为

$$U = \frac{\overline{X} - \mu_0}{\sigma/\sqrt{n}} \sim N(0,1)$$

拒绝域为 $W = (-\infty, -u_{\frac{\alpha}{2}}) \cup (u_{\frac{\alpha}{2}}, +\infty)$

 于是

$$P\left\{ \left| \frac{\overline{X} - \mu_0}{\sigma/\sqrt{n}} \right| < u_{\frac{\alpha}{2}} \right\} = 1 - \alpha$$

即

$$P\left\{ \overline{X} - \frac{\sigma}{\sqrt{n}} u_{\frac{\alpha}{2}} < \mu_0 < \overline{X} + \frac{\sigma}{\sqrt{n}} u_{\frac{\alpha}{2}} \right\} = 1 - \alpha$$

这与 μ 的置信度为 $1-\alpha$ 置信区间为

$$\left(\overline{X} - \frac{\sigma}{\sqrt{n}} u_{\frac{\alpha}{2}}, \overline{X} + \frac{\sigma}{\sqrt{n}} u_{\frac{\alpha}{2}} \right)$$

相一致.

 (2)若由 μ 的区间估计出发,μ 的置信度为 $1-\alpha$ 置信区间为

$$\left(\overline{X} - \frac{\sigma}{\sqrt{n}}u_{\frac{\alpha}{2}}, \overline{X} + \frac{\sigma}{\sqrt{n}}u_{\frac{\alpha}{2}}\right)$$

即

$$P\left\{\overline{X} - \frac{\sigma}{\sqrt{n}}u_{\frac{\alpha}{2}} < \mu < \overline{X} + \frac{\sigma}{\sqrt{n}}u_{\frac{\alpha}{2}}\right\} = 1 - \alpha$$

上式等价于

$$P\left\{\left|\frac{\overline{X} - \mu}{\frac{\sigma}{\sqrt{n}}}\right| < u_{\frac{\alpha}{2}}\right\} = 1 - \alpha$$

当原假设 $H_0 : \mu = \mu_0$ 为真时，有

$$P\left\{\left|\frac{\overline{X} - \mu_0}{\frac{\sigma}{\sqrt{n}}}\right| < u_{\frac{\alpha}{2}}\right\} = 1 - \alpha$$

故拒绝域为 $W = (-\infty, -u_{\frac{\alpha}{2}}) \cup (u_{\frac{\alpha}{2}}, +\infty)$. 即 $\mu_0 \in \left(\overline{X} - \frac{\sigma}{\sqrt{n}}u_{\frac{\alpha}{2}}, \overline{X} + \frac{\sigma}{\sqrt{n}}u_{\frac{\alpha}{2}}\right)$ 时，接受 H_0；$\mu_0 \notin \left(\overline{X} - \frac{\sigma}{\sqrt{n}}u_{\frac{\alpha}{2}}, \overline{X} + \frac{\sigma}{\sqrt{n}}u_{\frac{\alpha}{2}}\right)$ 时，拒绝 H_0.

虽然参数的假设检验与区间估计关系密切，但两者的区别也是明显的，主要体现在以下两点：

（1）出发点不同. 区间估计对未知参数的估计结果得出一个范围，并允许有误差 α；假设检验是对已知的假设进行检验，并可能出现错误（两类错误中的一类）.

（2）依据的原理不同. 区间估计是以大概率（置信度 $1 - \alpha$）得到置信区间；假设检验是根据小概率原理得到一个拒绝域.

7.5　应用实例——两次地震的间隔时间所服从的分布

地震预报是个世界性难题，一般研究地震预报问题需要用到时间序列分析方法. 而两次地震间的间隔时间服从什么分布是研究地震预报中的一个关键问题. 这个问题可以用对分布进行假设检验的方法加以解决.

数据表明，自 1965 年 1 月 1 日到 1971 年 2 月 9 日共计 2 231 天中，全世界记录到里氏 4 级和 4 级以上的地震共 162 次，统计数据见表 7-6.

表 7-6　相继两次地震间隔天数与频数统计表

天数	0～4	5～9	10～14	15～19	20～24	25～29	30～34	35～39	≥40
频数	50	31	26	17	10	8	6	6	8

根据以往经验，两次突发事件之间的时间间隔一般服从指数分布. 现对 $\alpha = 0.05$，检验相继两次地震间隔的天数 X 是否服从指数分布.

在此,需检验假设

H_0:X 的概率密度函数 $f(x) = \begin{cases} \dfrac{1}{\theta}e^{-\frac{x}{\theta}} & x > 0 \\ 0 & x \leqslant 0 \end{cases}$

H_1:X 不服从指数分布

由于 X 的分布密度中含有未知参数 θ,需要首先对其估计. 可知,θ 的矩估计及最大似然估计均为

$$\hat{\theta} = \bar{x} = \frac{2\,231}{162} = 13.77$$

将 X 的可能取值区间 $[0, +\infty)$ 按记录时间分为 r 个互不重叠的子区间

$$\Omega_i = [a_i, a_{i+1}), i = 1, 2, \cdots, 9$$

其中 a_{i+1} 取各组的时间间隔的中间值,即

$$a_2 = 4.5, a_3 = 9.5, \cdots, a_9 = 39.5, \overline{m} \ a_{10} = +\infty$$

由于 X 的分布函数的估计为

$$\hat{F}(x) = \begin{cases} 1 - e^{-\frac{x}{13.77}} & x \geqslant 0 \\ 0 & x < 0 \end{cases}$$

故

$$\hat{p}_i = P\{X \in \Omega_i\} = P\{a_i \leqslant X < a_{i+1}\}$$
$$= \hat{F}(a_{i+1}) - \hat{F}(a_i), i = 1, 2, \cdots, 9$$

其中 $F(+\infty) = 1$

检验统计量 $\chi^2 = \sum\limits_{i=1}^{k} \dfrac{(f_i - n\hat{p}_i)^2}{n\hat{p}_i}$ 的观测值,计算过程及结果见表 7-7.

表 7-7 χ^2 检验表的计算

A_i	f_i	$\hat{p}_i$	$n\hat{p}_i$	$f_i - n\hat{p}_i$	$\dfrac{(f_i - n\hat{p}_i)^2}{n\hat{p}_i}$
$[0, 4.5)$	50	0.278 8	45.166	4.834	0.517
$[4.5, 9.5)$	31	0.219 6	35.575	-4.475	0.588
$[9.5, 14.5)$	26	0.152 7	24.737	1.263	0.064
$[14.5, 19.5)$	17	0.106 2	17.204	-0.204	0.002
$[19.5, 24.5)$	10	0.073 9	11.972	-1.972	0.325
$[24.5, 29.5)$	8	0.051 4	8.327	-0.327	0.013
$[29.5, 34.5)$	6	0.035 8	5.800	0.200	0.007
$[34.5, 39.5)$	6	0.024 8	4.018	0.780	0.046
$[39.5, +\infty]$	8	0.056 8	9.202		
合计	162	1.000	162.001	-0.001	1.679

其中 $n\hat{p}_i$ 中 $4.018 < 5$,由于 $n\hat{p}_i < 5$,按规定将其与 9.202 组合并,从而将 $\dfrac{(f_i - n\hat{p}_i)^2}{n\hat{p}_i}$ 各项

相加得 $\chi^2 = 1.679$, , 由 $r = 8$, 对 $\alpha = 0.05$,

$$\chi_\alpha^2(r - l - 1) = \chi_{0.05}^2(8 - 1 - 1) = 12.592 > \chi^2 = 1.679,$$ 故接受 H_0, 即根据所记录的数据, 认为两次地震间的间隔时间服从参数为 13.77 的指数分布.

知道了两次地震间隔时间的分布, 对了解地震规律及预报都有十分重要的意义.

习题 7
(A)

1. 假设检验的基本思想是什么? 假设检验的基本步骤有哪些?

2. 假设检验所得出的结论是否绝对正确? 第一类错误和第二类错误有何不同?

3. 假设检验与区间估计有何联系与区别?

4. 某型号元件的尺寸(单位:cm)服从正态分布 $X \sim N(3.278, 0.002^2)$. 现引进新的生产线生产此类型元件, 从中随机取 9 个元件, 测量其尺寸, 算得均值 $\bar{x} = 3.2795$ cm, 在显著性水平 $\alpha = 0.05$ 之下, 问用新生产线生产的元件的尺寸均值与以往有无显著差异.

5. 某照明公司生产的节能灯寿命服从正态分布 $X \sim N(\mu, 200^2)$, 产品改进前的平均寿命为 1 725 h, 为提高产品质量, 公司采用了新工艺. 现从新工艺生产的节能灯中抽取 25 只, 测得平均寿命为 1 800 h. 问可否由此断定:新工艺确实使得产品质量得到显著提高? (取显著性水平 $\alpha = 0.05$).

6. 某网站声称每天平均访问量大于 50 000 次. 现随机抽查 120 天的记录, 算出每天平均访问量为 51 000 次, 样本标准差是 5 000 次. 已知每天访问量服从正态分布, 试根据抽查的记录在显著性水平 $\alpha = 0.05$ 下判断实际每天访问量与该网站所说的是否相符?

7. 设某集成块的长度服从标准差为 2.4 cm 的正态分布. 现从一批新生产的该集成块中随机选取 25 根, 测得样本标准差为 2.7 cm. 试以显著性水平 0.01 判断这批集成块长度的变异性与标准差 2.4 比较是否有明显变化?

8. 某工厂生产的铜丝的折断力(单位:N)服从正态分布 $N(\mu, 64)$. 今抽取 10 根铜丝, 进行折断力试验, 测得数据如下:

$$578 \quad 572 \quad 594 \quad 568 \quad 572 \quad 570 \quad 572 \quad 570 \quad 584 \quad 570$$

在显著性水平 $\alpha = 0.05$ 下, 是否可以认为这批铜丝的折断力的标准差显著变大?

9. 设甲、乙两厂生产同样的灯泡, 其寿命 X, Y 分别服从正态分布 $N(\mu_1, 96^2)$, $N(\mu_2, 84^2)$, 现从两厂生产的灯泡中各取 60 只, 测得甲厂灯泡的平均寿命为 1 500 h, 乙厂灯泡的平均寿命为 1 495 h, 问两厂生产的灯泡寿命有无显著差异($\alpha = 0.05$)?

10. 某钢铁公司采用两种不同方法冶炼的一种板材, 分别进行随机抽样, 测定这种板材的杂质含量, 得到如下数据(单位:万分率):

原方法:22.3　25.7　26.8　26.9　27.2　24.5　22.8　23.0　24.2　30.5
　　　　29.5　25.1　26.4

新方法:20.6　23.5　22.6　22.5　24.3　21.9　23.2　20.6　23.4

如果两种不同方法冶炼的板材杂质含量均服从正态分布, 且方差相同, 在显著性水平 $\alpha = 0.05$ 下, 问这两种方法冶炼的板材杂质的平均含量有无显著差异?

11. 根据 10 题的数据, 问方差相同的假设是否合理($\alpha = 0.05$)?

12. 若两个正态总体的均值 μ_1, μ_2 已知, 要对方差 σ_1^2 与 σ_2^2 是否相等进行假设检验, 则应选取怎样的统计量？该统计量服从的是什么样的 F 分布？拒绝域是什么？并考虑如下问题：

考查 1 班和 2 班的英语听力测试成绩(满分 40 分)的稳定性,分别抽查 6 位同学,成绩如下：

1 班：22　25　26　29　23　28

2 班：23　28　27　30　35　21

设两个班成绩分别服从正态分布 $N(25,\sigma_1^2)$ 和 $N(27,\sigma_2^2)$,在显著性水平 $\alpha=0.05$ 下,检验两个班的英语听力测试成绩的稳定性是否相同？($H_0:\ \sigma_1^2=\sigma_2^2$)

（B）

1. 设管理系学生第一学期的数学考试成绩服从正态分布,随机抽取 36 名学生的成绩,得到平均成绩为 71.5 分,标准差为 15 分. 显著性水平 $\alpha=0.05$ 下,是否可以认为管理系全体学生数学平均成绩达到 75 分？

2. 设 $X_1,X_2,\cdots,X_n$ 是取自正态总体 $X\sim N(\mu,\sigma^2)$ 的一个样本,μ 与 σ^2 均未知. $\overline{X}$ 为样本均值,又有统计量 $H^2=\sum_{i=1}^{n}(X_i-\overline{X})^2$,若要用 T 检验法检验假设 $H_0:\mu=0$,则应选取怎样的统计量？

3. 设 $x_1,x_2,\cdots,x_n$ 是取自正态总体 $X\sim N(\mu,9)$ 的样本,在显著性水平 $\alpha=0.05$ 下,检验假设"总体均值等于 75"的拒绝域为：$W=\{\overline{x}<74.02\}\cup\{\overline{x}>75.98\}$,则样本容量 n 为(　　).

(A)25　　　　　　(B)36　　　　　　(C)64　　　　　　(D)81

4. 已知正态总体 $X\sim N(\mu_1,\sigma_1^2)$ 和 $Y\sim N(\mu_2,\sigma_2^2)$ 相互独立,其中 4 个分布参数都未知,设 $\overline{X}$ 和 $\overline{Y}$ 分别是 X 与 Y 的容量为 m 和 n 的样本均值,样本方差分别为 S_X^2 和 S_Y^2,则检验假设 $H_0:\mu_1\leqslant\mu_2$ 使用 T 检验法的前提条件是(　　).

(A)$\sigma_1^2\leqslant\sigma_2^2$　　　　　　　　　　(B)$S_X^2\leqslant S_Y^2$

(C)$\sigma_1^2=\sigma_2^2$　　　　　　　　　　(D)$S_X^2=S_Y^2$

5. 已知 $x_1,x_2,\cdots,x_{10}$ 是取自正态总体 $X\sim N(\mu,1)$ 的 10 个观测值,检验假设 $H_0:\mu=0$,$H_1:\mu\neq0$.

(1)如果显著性水平 $\alpha=0.05$,且拒绝域 $W=\{|\overline{X}|\geqslant k\}$,求 k 的值.

(2)若已知 $\overline{X}=1$,是否可以据此样本推断 $\mu=0$($\alpha=0.05$)？

(3)若拒绝域 $W=\{|\overline{X}|\geqslant0.8\}$,求显著性水平 α.

第 8 章

回归分析与方差分析

在前两章中介绍了统计推断的基本问题——参数估计和假设检验问题. 这一章将利用参数估计和假设检验的理论来研究一个有着广泛实际应用的线性统计模型. 这个模型有许多分支, 例如回归分析、方差分析等. 本章介绍一元线性回归分析和单因素方差分析. 作为单因素方差分析的应用实例, 在本章最后一节从奥运会游泳比赛 200 m 个人混合泳的数据中, 分析蝶泳、仰泳、蛙泳、自由泳四种不同泳姿对于促进总成绩提高所起的作用.

8.1 一元线性回归

现实世界普遍存在着变量之间的关系, 变量之间的关系一般可分为确定性与非确定性两种. 确定性关系可用函数关系来表达, 即当自变量取确定值时, 因变量的值随之确定, 例如已知正方形的边长, 就能确定正方形的面积. 而非确定性关系也就是数理统计要研究的**相关关系**, 它研究的是随机变量之间或随机变量与普通变量之间的关系. 例如:

(1) 孩子的身高与父母的身高之间的关系. 一般来说, 父母长得高一些, 儿子也会长得高一些, 但那些身高相同的父母, 他们孩子的身高往往并不相同.

(2) 人的血压与年龄之间的关系. 一般情况是, 年龄越大的人血压越高, 而同年龄人的血压也并不一定相同.

在这些例子中, 自变量 x 取某一确定值时, 因变量 y 的值并不唯一确定, 但大量统计资料表明, 两者之间存在着规律性的联系, 这种变量间的关系就是相关关系.

可见, 相关关系和函数关系虽然不同, 但它们并无严格界限. 相关关系尽管不确定, 但在一定条件下, 从统计意义上来看, 它们之间又可能存在着某种确定的函数关系. 回归分析就是要为相关关系建立数学表达式 (通常称为经验公式), 并利用它来进行预测和控制. 它是处理相关关系的有力工具.

8.1.1 一元线性回归模型

设随机变量 Y (因变量) 与变量 X (自变量) 之间存在着某种相关关系. 这里, X 是可以控制或是可以测量的变量, 例如父母身高、年龄等, 常常干脆把它看成是普通变量, 而不是随机变量;而 Y 是与 X 有关的随机变量,例如孩子的身高、血压等.

既然 Y 是随机变量,那么对于 X 的每一个确定值,Y 有它的分布. 若 Y 的数学期望 μ 存在的话,则其取值随 Y 的取值而定,即 Y 的数学期望是 X 的函数,不妨记为 $\mu = \mu(X)$. 称 $\mu = \mu(X)$ 为 Y 关于 X 的**回归函数**,简称为 Y 关于 X 的**回归**.

显然,$\mu = \mu(X)$ 的大小在一定程度上反映在 X 处随机变量 Y 的观察值的大小,因此,希望能通过统计资料估计 $\mu = \mu(X)$.

设对于 X 的一组不全相同的值 $x_1, x_2, \cdots, x_n$ 作独立试验,得到相应的 Y 观察值 $y_1, y_2, \cdots, y_n$,则 n 对数据

$$(x_1, y_1), (x_2, y_2), \cdots, (x_n, y_n) \tag{8-1}$$

就是一个样本容量为 n 的样本.下面通过样本来估计回归函数 $\mu = \mu(X)$.

例 8-1 在作陶粒混凝土强度实验中,考查每立方米混凝土的水泥用量 x（kg）对 28 天后的混凝土抗压强度 $y(\text{kg}/\text{cm}^2)$ 的影响,测得的如下数据:

水泥用量 x	150	160	170	180	190	200
抗压强度 y	56.9	58.3	61.6	64.6	68.1	73
水泥用量 x	210	220	230	240	250	260
抗压强度 y	74.1	77.4	80.2	82.5	86.4	89.7

试估计 y 关于 x 的回归函数.

分析 首先在直角坐标系中描出上述数据相应的点,得到图 8-1:

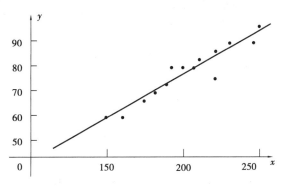

图 8-1

这种图称为**散点图**. 散点图可以帮助我们粗略地看出 $\mu = \mu(x)$ 的形式. 由图 8-1 可以看出,数据点大致落在一条直线附近,表明本例的 $\mu(x)$ 具有线性函数 $a + bx$ 的形式.

假设对于 X 的每一个值有

$$Y \sim N(a + bX, \sigma^2) \tag{8-2}$$

其中 a, b 及 σ^2 是不依赖于 X 的参数. 这相当于

$$\begin{cases} y = a + bx + \varepsilon \\ \varepsilon \sim N(0, \sigma^2) \end{cases} \tag{8-3}$$

式(8-3)称为**一元线性回归模型**. 其中 ε 是随机误差.

如果由样本得到模型中 a, b 的估计 $\hat{a}, \hat{b}$,那么对于给定的 x,取 $\hat{y} = \hat{a} + \hat{b}x$ 作为 $\mu(x) = $

$a + bx$ 的估计. 称方程

$$\hat{y} = \hat{a} + \hat{b}x \tag{8-4}$$

为 y 关于 x 的**一元线性回归方程**或**回归方程**, 其系数 $\hat{b}$ 称为**回归系数**, 其图形称为**回归直线**. 于是, 对 y 关于 x 的回归函数的估计就转化为求一元线性回归方程了.

8.1.2   回归系数 a, b 的估计

用式(8-1)样本值 $(x_1, y_1), (x_2, y_2), \cdots, (x_n, y_n)$ 来估计模型(8-3)中的参数 a, b.

由式(8-2), $Y_i \sim N(a + bX_i, \sigma^2)$, $i = 1, 2, \cdots, n$, 且由 $Y_1, Y_2, \cdots, Y_n$ 的独立性, 知其联合分布密度为

$$L = \prod_{i=1}^{n} \frac{1}{\sigma \sqrt{2\pi}} \exp\left[-\frac{1}{2\sigma^2}(y_i - a - bx_i)^2 \right]$$

$$= \left(\frac{1}{\sigma \sqrt{2\pi}} \right)^n \exp\left[-\frac{1}{2\sigma^2} \sum_{i=1}^{n}(y_i - a - bx_i)^2 \right]$$

这是样本的似然函数. 现用最大似然估计法来估计参数 a, b. 显然要 L 取最大值, 只需函数

$$Q(a, b) = \sum_{i=1}^{n}(y_i - a - bx_i)^2 \tag{8-5}$$

取最小值. 求 Q 分别关于 a, b 的偏导数, 并令它们等于零

$$\begin{cases} \dfrac{\partial Q}{\partial a} = -2 \sum_{i=1}^{n}(y_i - a - bx_i) = 0 \\ \dfrac{\partial Q}{\partial b} = -2 \sum_{i=1}^{n}(y_i - a - bx_i)x_i = 0 \end{cases}$$

得方程组

$$\begin{cases} a + \bar{x}b = \bar{y} \\ n\bar{x}a + \sum_{i=1}^{n} x_i^2 b = \sum_{i=1}^{n} x_i y_i \end{cases} \tag{8-6}$$

这里 $\bar{x} = \dfrac{1}{n} \sum_{i=1}^{n} x_i$, $\bar{y} = \dfrac{1}{n} \sum_{i=1}^{n} y_i$, 方程组(8-6) 称为**正规方程组**.

解方程组(8-6)得 b, a 的最大似然估计为

$$\begin{cases} \hat{b} = \dfrac{\sum x_i y_i - n\bar{x}\bar{y}}{\sum x_i^2 - n\bar{x}^2} \\ \hat{a} = \bar{y} - \hat{b}\bar{x} \end{cases} \tag{8-7}$$

其中 $\sum$ 即为 $\sum_{i=1}^{n}$ (下同), 于是所求的一元线性回归方程为

$$\hat{y} = \hat{a} + \hat{b}x$$

将 $\hat{a} = \bar{y} - \hat{b}\bar{x}$ 代入回归方程, 得

$$\hat{y} - \bar{y} = \hat{b}(x - \bar{x})$$

这表明,对于样本值$(x_1,y_1),(x_2,y_2),\cdots,(x_n,y_n)$,回归直线通过散点图的几何中心$(\bar{x},\bar{y})$.

记

$$
\begin{cases}
L_{xx} = \sum(x_i - \bar{x})^2 = \sum x_i^2 - n\bar{x}^2 = (n-1)S_x^2 \\
L_{yy} = \sum(y_i - \bar{y})^2 = \sum y_i^2 - n\bar{y}^2 = (n-1)S_y^2 \\
L_{xy} = \sum(x_i - \bar{x})(y_i - \bar{y}) = \sum x_iy_i - n\bar{x}\bar{y}
\end{cases}
\tag{8-8}
$$

称L_{xx}为x的**离差平方和**,L_{yy}为y的**离差平方和**,L_{xy}为x,y的**离差乘积和**.式(8-8)中的S_x^2,S_y^2分别是X,Y的样本方差.

则a,b的估计可写成

$$
\begin{cases}
\hat{b} = \dfrac{L_{xy}}{L_{xx}} \\
\hat{a} = \bar{y} - \hat{b}\bar{x}
\end{cases}
\tag{8-9}
$$

例 8-2(续例8-1) 求例8-1中y关于x的回归方程.

解 经计算,得

$$\bar{x} = 205, S_x = 36.056, L_{xx} = (n-1)S_x^2 = 11 \times 36.056^2 = 14\ 300$$

$$\bar{y} = 72.6, L_{xy} = \sum x_iy_i - n\bar{x}\bar{y} = 182\ 943 - 12 \times 205 \times 72.6 = 4\ 347$$

代入式(8-9)得

$$\hat{b} = \frac{L_{xy}}{L_{xx}} = \frac{4\ 347}{14\ 300} = 0.304$$

$$\hat{a} = \bar{y} - \hat{b}\bar{x} = 72.6 - 0.304 \times 205 = 10.28$$

故所求的回归方程为

$$\hat{y} = \hat{a} + \hat{b}x = 10.28 + 0.304x$$

8.1.3 线性回归显著性检验

前述的讨论是在假设Y关于X的回归具有线性关系的前提条件下进行的.但实际上,是否具有线性关系并未经过检验.若线性关系式(8-3)成立,则b不应为零.于是线性回归的显著性检验可以化为检验假设:

$$H_0: b = 0, \qquad H_1: b \neq 0$$

引入统计量

$$t = \frac{(\hat{b} - b)}{\hat{\sigma}}\sqrt{L_{xx}} \tag{8-10}$$

其中$\hat{b}$是未知参数b的估计,$\hat{\sigma}^2$是线性模型(8-3)中方差的估计.可以证明

$$\hat{\sigma}^2 = \frac{Q_e}{n-2}$$

这里

$$Q_e = \sum(y_i - \hat{y}_i)^2 = \sum(y_i - \hat{a} - \hat{b}x_i)^2$$

称为**残差平方和**. 将 Q_e 分解为: $Q_e = L_{yy} - \hat{b} L_{xy}$.

于是

$$\hat{\sigma} = \sqrt{\frac{L_{yy} - \hat{b} L_{xy}}{n - 2}}$$

可以证明, 当 $H_0 : b = 0$ 为真时, 统计量

$$t = \frac{\hat{b} \sqrt{L_{xx}}}{\hat{\sigma}} \sim t(n - 2)$$

因此, 显著性水平 α 之下, 检验假设的拒绝域为

$$|t| = \left| \frac{\hat{b} \sqrt{L_{xx}}}{\hat{\sigma}} \right| \geq t_{\frac{\alpha}{2}}(n - 2)$$

当假设 $H_0 : b = 0$ 被拒绝时, 可以认为线性回归效果是显著的; 反之, 则认为线性回归效果不显著.

线性回归效果不显著的原因可能是: (1) y 与 x 不是线性关系而是其他关系; (2) y 与 x 不存在关系; (3) 影响 y 取值的因素除 x 外还有其他因素. 这时不能用线性回归方程来表示它们的关系, 需进一步分析原因.

例 8-3(续例 8-2) 在显著性水平 $\alpha = 0.05$ 下检验例 8-2 中线性回归效果是否显著?

解 要检验假设

$$H_0 : b = 0, \qquad H_0 : b \neq 0$$

已知 $n = 12, \alpha = 0.05$. 查表 $t_{\frac{\alpha}{2}}(n - 2) = t_{0.025}(10) = 2.228\,1$

在例 8-2 中已求得

$$L_{xx} = 14\,300, L_{xy} = 4\,347, S_y = 10.97$$

$$L_{yy} = (n - 1) S_y^2 = 11 \times 10.97^2 = 1\,323.8, \hat{b} = 0.304$$

计算

$$\hat{\sigma} = \sqrt{\frac{L_{yy} - \hat{b} L_{xy}}{n - 2}} = \sqrt{\frac{1\,323.8 - 0.304 \times 4\,347}{12 - 2}} = 0.482\,9$$

于是

$$|t| = \left| \frac{\hat{b} \sqrt{L_{xx}}}{\hat{\sigma}} \right| = \frac{0.304 \sqrt{14\,300}}{0.482\,9} = 75.28 > 2.228\,1$$

故在显著性水平 $\alpha = 0.05$ 下拒绝假设 $H_0 : b = 0$, 即认为线性回归效果是显著的.

8.1.4 预测

求出一元线性回归方程, 经检验确认方程的线性回归效果显著之后, 在实际应用中就可以利用方程解决预测与控制问题了. 所谓预测就是当给定变量 x 的一个确定值 x_0 时, 对随机变量 y 的对应取值 y_0 作点估计或区间估计.

既然线性回归方程能够反映 y 与 x 之间的关系, 那么当给定 x_0 后, 自然会想到用

$$\hat{y}_0 = \hat{a} + \hat{b} x_0$$

来估计 y_0. $\hat{y_0}$ 就是当给定 x_0 后 y_0 的预测值,即对 y_0 的点估计.

可以证明

$$\frac{y_0 - \hat{y_0}}{\hat{\sigma} \sqrt{1 + \dfrac{1}{n} + \dfrac{(x_0 - \bar{x})^2}{L_{xx}}}} \sim t(n - 2)$$

于是 y_0 的置信度为 $1 - \alpha$ 的置信区间为

$$(\hat{y_0} - \delta_n(x_0), \hat{y_0} + \delta_n(x_0)) \tag{8-11}$$

其中

$$\delta_n(x_0) = t_{\frac{\alpha}{2}}(n - 2)\hat{\sigma}\sqrt{1 + \frac{1}{n} + \frac{(x_0 - \bar{x})^2}{L_{xx}}}$$

这个置信区间称为 y_0 的置信度为 $1 - \alpha$ 的预测区间.

由上式可以看出,对于给定的样本值及置信度,$\delta_n(x_0)$ 依 x_0 而变,x_0 越靠近 $\bar{x}$,$\delta_n(x_0)$ 就越小,预测区间的宽度就越窄,预测就越精密;反之,预测就越粗.

例 8-4(续例 8-3)　求水泥用量 $x_0 = 225$ kg 时抗压强度 y_0 的置信度为 0.95 的预测区间.

解　由例 8-2 知

$$\hat{y} = 10.28 + 0.304x$$

当 $x_0 = 225$ 时

$$\hat{y_0} = 10.28 + 0.304 \times 225 = 78.68$$

由例 8-3 知

$$\hat{\sigma} = 0.4829, \bar{x} = 205, L_{xx} = 14\,300$$

由 $\alpha = 0.05, t_{\frac{\alpha}{2}}(n - 2) = t_{0.025}(10) = 2.2281$

计算

$$\delta_n(x_0) = t_{\frac{\alpha}{2}}(n - 2)\hat{\sigma}\sqrt{1 + \frac{1}{n} + \frac{(x_0 - x)^2}{L_{xx}}}$$

$$= 2.2281 \times 0.4829 \times \sqrt{1 + \frac{1}{12} + \frac{(225 - 205)^2}{14\,300}}$$

$$= 1.134$$

于是 y_0 的置信度为 0.95 的预测区间为

$$(78.68 \pm 1.134) = (77.54, 79.81)$$

一般在实际问题中,样本容量 n 很大. 当 n 很大,且 x_0 很接近 $\bar{x}$ 时,

$$\sqrt{1 + \frac{1}{n} + \frac{(x_0 - x)^2}{L_{xx}}} \approx 1$$

而 $t_{\frac{\alpha}{2}}(n - 2) \approx u_{\frac{\alpha}{2}}$,$u_{\frac{\alpha}{2}}$ 是标准正态分布上 $\dfrac{\alpha}{2}$ 分位点,于是由式(8-11)推得,y_0 的置信度为 $1 - \alpha$ 的预测区间近似地等于

$$(\hat{y_0} - \hat{\sigma} \cdot u_{\frac{\alpha}{2}}, \hat{y_0} + \hat{\sigma} \cdot u_{\frac{\alpha}{2}}) \tag{8-12}$$

若取 $1-\alpha=0.95$, $u_{\frac{\alpha}{2}}=1.96$, 则 y_0 的置信度为 0.95 的预测区间近似为

$$(\hat{y_0}-1.96\hat{\sigma},\hat{y_0}+1.96\hat{\sigma})$$

同样, y_0 的置信度为 0.99 的预测区间近似为

$$(\hat{y_0}-2.58\hat{\sigma},\hat{y_0}+2.58\hat{\sigma})$$

注 一般只有 x_0 落在已有的 x 数据范围之内, 进行预测才有意义.

8.1.5 控制

控制是预测的反问题. 所谓控制就是利用回归方程 $\hat{y}=\hat{a}+\hat{b}x$ 控制自变量 x 的取值范围, 以便使 y 在指定的区间 (y_1,y_2) 内取值, 也即求出相应的 x_1,x_2, 使当 $x_1<x<x_2$ 时, 以至少 $1-\alpha$ 的置信度使 x 所对应的观察值 y 落在 (y_1,y_2) 内. 现讨论在 n 很大时的近似计算法.

由式(8-12), 令

$$\begin{cases} y_1=\hat{y_1}-\hat{\sigma}\cdot u_{\frac{\alpha}{2}}=\hat{a}+\hat{b}x_1-\hat{\sigma}\cdot u_{\frac{\alpha}{2}} \\ y_2=\hat{y_2}+\hat{\sigma}\cdot u_{\frac{\alpha}{2}}=\hat{a}+\hat{b}x_2+\hat{\sigma}\cdot u_{\frac{\alpha}{2}} \end{cases}$$

分别解出 x_1 和 x_2 来作为控制 x 的上、下限

$$\begin{cases} x_1=\dfrac{y_1-\hat{a}+\hat{\sigma}\cdot u_{\frac{\alpha}{2}}}{\hat{b}} \\ \\ x_2=\dfrac{y_2-\hat{a}-\hat{\sigma}\cdot u_{\frac{\alpha}{2}}}{\hat{b}}. \end{cases} \tag{8-13}$$

若 $\hat{b}>0$, 则控制区间为 (x_1,x_2); 若 $\hat{b}<0$, 则控制区间为 (x_2,x_1). 为了实现控制, 区间 (y_1,y_2) 的长度 y_2-y_1 必须满足条件

$$y_2-y_1>2\hat{\sigma}\cdot u_{\frac{\alpha}{2}}$$

例 8-5(续例 8-4) 若要使抗压强度限制在区间 $[75,80]$ 内, 在置信度为 0.95 下, 问水泥用量应控制在什么范围内?

解 由前面结果知

$\hat{a}=10.28$, $\hat{b}=0.304$, $\hat{\sigma}=0.4829$, $u_{\frac{\alpha}{2}}=1.96$,

代入式(8-13)得

$$\begin{cases} x_1=\dfrac{75-10.28+0.4829\times1.96}{0.304}\approx216 \\ \\ x_2=\dfrac{80-10.28-0.4829\times1.96}{0.304}\approx226 \end{cases}$$

故水泥用量应控制在 $216\sim226$ kg.

以上讨论了一元线性回归问题, 但在实际中常常会遇到更为复杂的回归问题. 一方面, 因为两个变量之间的相关关系往往不是线性的, 这时, 多数情况可以通过合适的变量变换, 把非线性回归问题化为线性回归问题; 另一方面, 因为影响因变量的因素不是一个而是多

个,这类问题是多元回归问题.

8.2 单因素方差分析

在第 7 章 7.3 节中,研究了两个正态总体均值的比较问题. 在实际应用中常常要比较多个正态总体的均值问题. **方差分析法**是解决这类问题的一种有效方法.

8.2.1 基本概念

如果在一个试验中,只有一个因素在变化,其他因素保持不变,则称这种试验为**单因素试验**. 如果在一个试验中,有多于一个因素在变化,则称这种试验为**多因素试验**. 试验中,因素所处的状态称为该因素的水平. 这里,因素一般指的是可控因素.

例 8-6 某研究所为提高雷达上某电子元件的寿命,用四种来源不同的原料各试制生产了一批元件,从每批元件中各抽取若干只做寿命试验,获得数据如下:

1	2	3	4
16 000	15 800	14 600	15 100
16 100	16 400	15 500	15 200
16 500	16 400	16 000	15 300
16 800	17 000	16 200	15 700
17 000	17 500	16 400	16 000
17 000		16 600	16 800
18 000		17 400	
		18 200	

假设元件寿命服从正态分布. 问试验结果是否说明各批元件的寿命有明显差异?

分析 试验指标是元件寿命,元件的原料是试验因素,只有一个因素,而元件原料有 4 种,因此因素水平有 4 个. 在因素的每一个水平下进行了多次试验,其结果数据可看作来自同一个总体,即表中 4 列数据来自 4 个不同总体. 由于试验条件尽可能一致,因此可以认为 4 个总体的方差相同. 于是,是否有显著差异的问题就等价于推断 4 个方差相同的正态总体其均值是否相等的问题.

一般地,在单因素试验中,试验因素 A 有 s 个水平 $A_1, A_2, \cdots, A_s$,在水平 $A_j (j = 1, 2, \cdots, s)$ 下进行 $n_j (n_j \geqslant 2)$ 次独立试验,得到如下结果:

水平	A_1	A_2	$\cdots$	A_s
观察值	x_{11}	x_{12}	$\cdots$	x_{1s}
	x_{21}	x_{22}	$\cdots$	x_{2s}
	$\cdots$	$\cdots$	$\cdots$	$\cdots$
	$x_{n_1 1}$	$x_{n_2 2}$	$\cdots$	$x_{n_s s}$
均值	$\bar{x}_{\cdot 1}$	$\bar{x}_{\cdot 2}$	$\cdots$	$\bar{x}_{\cdot s}$

假定在水平 $A_j(j=1,2,\cdots,s)$ 下的样本值 $x_{1j},x_{2j},\cdots,x_{nj}$ 是来自正态总体 $X_j \sim N(\mu_j,\sigma^2)$,参数 μ_j,σ^2 未知,且各水平 A_j 下的样本之间相互独立.

记 $x_{ij}-\mu_j=\varepsilon_{ij}$,则 ε_{ij} 可看成随机误差,于是

$$\begin{cases} x_{ij} = \mu_j + \varepsilon_{ij}, & i=1,2,\cdots,n_j;\ j=1,2,\cdots,s \\ \varepsilon_{ij} \sim N(0,\sigma^2), & \text{且各 } \varepsilon_{ij} \text{ 相互独立} \end{cases} \tag{8-14}$$

其中 μ_j 和 σ^2 是未知参数.

式(8-14)称为**单因素方差分析的数学模型**. 对模型检验假设:

$$H_0: \mu_1 = \mu_2 = \cdots = \mu_s, \qquad H_1: \mu_1,\mu_2,\cdots,\mu_s \text{ 不全相等}.$$

引入记号

$$\mu = \frac{1}{n} \sum_{j=1}^{s} n_j \mu_j$$

其中 $n = \sum_{j=1}^{s} n_j$,称 μ 为**总平均**. 再引入记号

$$\delta_j = \mu_j - \mu, \quad j=1,2,\cdots,s$$

称 δ_j 为水平 A_j 的**效应**,它表示在水平 A_j 下的总体均值与总平均的差异. 显然

$$n_1\delta_1 + n_2\delta_2 + \cdots + n_j\delta_j = 0$$

这样式(8-14)可化为

$$\begin{cases} x_{ij} = \mu + \delta_j + \varepsilon_{ij} & i=1,2,\cdots,n_j;\ j=1,2,\cdots,s \\ \varepsilon_{ij} \sim N(0,\sigma^2) & \text{各 } \varepsilon_{ij} \text{ 独立} \end{cases} \tag{8-15}$$

于是原假设等价于

$$H_0: \delta_1 = \delta_2 = \cdots = \delta_s = 0, \quad H_1: \delta_1,\delta_2,\cdots,\delta_s \text{ 不全为零}.$$

这是因为当且仅当 $\mu_1=\mu_2=\cdots=\mu_s$ 时,$\mu_j=\mu$,即 $\delta_j=0, j=1,2,\cdots,s$.

需要通过方差分析判断:接受 H_0 还是拒绝 H_0. 如果拒绝 H_0,就说明各水平之间有显著差异.

8.2.2 检验问题的分析

记

$$S_T = \sum_{j=1}^{s} \sum_{i=1}^{n_j} (x_{ij} - \bar{x})^2$$

其中

$$\overline{x} = \frac{1}{n} \sum_{j=1}^{s} \sum_{i=1}^{n_j} x_{ij}$$

是全部数据的总均值. 易见, S_T 反映全部试验数据之间的差异, 称为**总(离差)平方和**.

又记

$$S_E = \sum_{j=1}^{s} \sum_{i=1}^{n_j} \left(x_{ij} - \overline{x}_{\cdot j} \right)^2$$

$$S_A = \sum_{j=1}^{s} \sum_{i=1}^{n_j} \left(\overline{x}_{\cdot j} - \overline{x} \right)^2 = \sum_{j=1}^{s} n_j \left(\overline{x}_{\cdot j} - \overline{x} \right)^2$$

其中

$$\overline{x}_{\cdot j} = \frac{1}{n_j} \sum_{i=1}^{n_j} x_{ij}$$

是水平 A_j 下的样本均值, 称为**组均值**. 易见, S_E 表示各水平 A_j 下样本观察值与样本均值之间差异的平方和, 它由随机误差引起, 称它为**组内(离差)平方和**(或**误差平方和**); S_A 表示各 A_j 水平下的样本值与总均值之间差异的平方和, 它主要由 A_j 水平以及随机误差引起, 称它为**组间(离差)平方和**(或**效应平方和**).

总离差平方和可分解为

$$\begin{aligned} S_T &= \sum_{j} \sum_{i} \left[\left(x_{ij} - \overline{x}_{\cdot j} \right) + \left(\overline{x}_{\cdot j} - \overline{x} \right) \right]^2 \\ &= \sum_{j} \sum_{i} \left(x_{ij} - \overline{x}_{\cdot j} \right)^2 + 2 \sum_{j} \sum_{i} \left(x_{ij} - \overline{x}_{\cdot j} \right) \left(\overline{x}_{\cdot j} - \overline{x} \right) + \sum_{j} \sum_{i} \left(\overline{x}_{\cdot j} - \overline{x} \right)^2 \\ &= S_E + S_A, \end{aligned}$$

这是因为上式中交叉项

$$\begin{aligned} 2 \sum_{j} \sum_{i} \left(x_{ij} - \overline{x}_{\cdot j} \right) \left(\overline{x}_{\cdot j} - \overline{x} \right) &= 2 \sum_{j} \left(\overline{x}_{\cdot j} - \overline{x} \right) \left[\sum_{i} \left(x_{ij} - \overline{x}_{\cdot j} \right) \right] \\ &= 2 \sum_{j} \left(\overline{x}_{\cdot j} - \overline{x} \right) \left(\sum_{i=1}^{n_j} x_{ij} - n_j \overline{x}_{\cdot j} \right) = 0 \end{aligned}$$

注意到 S_E 中第 j 项 $\sum_{i} \left(x_{ij} - \overline{x}_{\cdot j} \right)^2$ 是总体 $N(\mu_j, \sigma^2)$ 的样本方差的 $n_j - 1$ 倍, 于是由

第 5 章 5.2 节定理 3 知: $\sum_{i=1}^{n_j} \left(x_{ij} - \overline{x}_{\cdot j} \right)^2 / \sigma^2 \sim \chi^2(n_j - 1)$

而

$$S_E = \sum_{i=1}^{n_1} \left(x_{ij} - \overline{x}_{\cdot 1} \right)^2 + \cdots + \sum_{i=1}^{n_s} \left(x_{ij} - \overline{x}_{\cdot s} \right)^2$$

且由各 x_{ij} 独立和 S_E 中各平方和独立, 故由 χ^2 分布的可加性知

$$S_E / \sigma^2 \sim \chi^2 \left(\sum_{j=1}^{s} (n_j - 1) \right) = \chi^2(n - s)$$

当假设 H_0 为真时, 可认为所有样本 x_{ij} 来自同一个总体 $N(\mu, \sigma^2)$, 那么 S_T 是全部数据的样本方差 S^2 的 $n - 1$ 倍, 所以有: $S_T / \sigma^2 \sim \chi^2(n - 1)$.

同时, 注意到 $S_T = S_E + S_A$, 而且可以证明, χ^2 分布可加性的逆定理成立, 因此有

$$S_A / \sigma^2 \sim \chi^2((n - 1) - (n - s)) = \chi^2(s - 1)$$

8.2.3 检验问题的拒绝域

由上述分析知, $E\left(\dfrac{S_E}{n-s}\right)=\sigma^2$, 而且当 H_0 为真时, $E\left(\dfrac{S_A}{s-1}\right)=\sigma^2$. 由此导出检验问题的统计量

$$F=\frac{\dfrac{S_A/\sigma^2}{s-1}}{\dfrac{S_E/\sigma^2}{n-s}}=\frac{\dfrac{S_A}{s-1}}{\dfrac{S_E}{n-s}}$$

当 H_0 为真时, $F\sim F(s-1,n-s)$.

综上所述, $F=\dfrac{\dfrac{S_A}{s-1}}{\dfrac{S_E}{n-s}}$ 中的分子与分母独立, 当 H_0 为真时, 分子与分母的期望均为 σ^2, 当 H_0 不真时, 分母的期望仍为 σ^2, 而分子的取值有偏大的趋势. 因此, 如果 F 明显偏离 1 时, 则有理由拒绝 H_0, 否则没有理由拒绝 H_0. 故对于给定的显著性水平 α, 检验问题的拒绝域为

$$F=\frac{\dfrac{S_A}{s-1}}{\dfrac{S_E}{n-s}}>F_\alpha(s-1,n-s)$$

按上述方法计算出的主要结果常列成下表的形式, 称为**方差分析表**.

方差来源	平方和	自由度	均　方	F 值	F_α
组　间	S_A	$s-1$	$\overline{S}_A=S_A/(s-1)$	$\dfrac{\overline{S}_A}{\overline{S}_E}$	$F_\alpha(s-1,n-s)$
组　内	S_E	$n-s$	$\overline{S}_E=S_E/(n-s)$		
总　和	S_T	$n-1$			

8.2.4 方差分析的步骤与计算

方差分析的基本步骤可归结如下:

(1) 输入全部数据 $x_{ij},i=1,2,\cdots,n_j;j=1,2,\cdots,s$, 求出样本均值

$$\overline{x}=\frac{1}{n}\sum_i\sum_j x_{ij}$$

及样本方差的 $(n-1)$ 倍

$$S_T=\sum_j\sum_i(x_{ij}-\overline{x})^2;$$

(2) 输入 $A_j(j=1,2,\cdots,s)$ 水平下的数据 $x_{1j},x_{2j},\cdots,x_{nj}$, 求出

$$\overline{x}_{\cdot j}=\frac{1}{n_j}\sum_{i=1}^{n_j}x_{ij};$$

（3）计算

$$S_A = \sum_j n_j (\overline{x}_{\cdot j} - \overline{x})^2;$$

（4）计算

$$S_E = S_T - S_A;$$

（5）计算

$$F = \frac{S_A/(s-1)}{S_E/(n-s)};$$

（6）根据 α, n, s 查出分位点 $F_\alpha(s-1, n-s)$；

（7）列出方差分析表作出判断.

例 8-7（续例 8-6） 试在 $\alpha = 0.05$ 下检验各批电子元件寿命是否有显著差异.

解 提出假设

$H_0: \mu_1 = \mu_2 = \mu_3 = \mu_4$，　　$H_1: \mu_1, \mu_2, \mu_3, \mu_4$ 不全相等.

现在已知, $n_1 = 7, n_2 = 5, n_3 = 8, n_4 = 6$,

$$n = \sum_j n_j = 26, \qquad s = 4, \qquad \alpha = 0.05$$

经计算得

$$\overline{x}_{\cdot 1} = 16\,771.43, \quad \overline{x}_{\cdot 2} = 16\,620, \quad \overline{x}_{\cdot 3} = 16\,362.5, \quad \overline{x}_{\cdot 4} = 15\,683.33$$

$$\overline{x} = 16\,365.38$$

$$S_A = 4\,269\,482.3, \quad S_T = 19\,278\,846.2$$

$$S_E = S_T - S_A = 15\,009\,364.0$$

$$F = \frac{S_A/(s-1)}{S_E/(n-s)} = 2.086$$

查表知 $F_\alpha(s-1, n-s) = F_{0.05}(3, 22) = 3.05$

得方差分析表如下：

方差来源	平方和	自由度	均　方	F 值	$F_\alpha(s-1, n-s)$
组　　间	4 269 482.3	3	1 423 160.8	2.09	3.05
组　　内	15 009 364.0	22	682 243.8		
总　　和	19 278 846.3	25			

因 $F = 2.09 < F_\alpha(3, 22) = 3.05$，故在水平 0.05 下不能拒绝 H_0，即测试结果不足以说明这几种材料生产的电子元件寿命有明显差异.

注 由于所有数据同加（减）一个数，各离差平方和均不变，而且所有数据同乘（除）以一个不为零的数，F 值不变. 因此可先将原始数据化简，然后再进行方差分析，其结果不变.

另解 将本例中数据化简，即经

$$y_{ij} = (x_{ij} - 14\,000) \times 0.01$$

化简后得到新数据如下：

	1	2	3	4
	20	18	6	11
	21	24	15	12
	25	24	20	13
	28	30	22	17
	30	35	24	20
	30		26	28
	40		34	
			42	

经计算得

$\bar{y}_{.1} = 27.714, \bar{y}_{.2} = 26.2, \bar{y}_{.3} = 23.625, \bar{y}_{.4} = 16.833, \bar{y} = 23.654, S_A = 426.948, S_T = 1\ 927.885, S_E = S_T - S_A = 1\ 500.936, F = 2.09.$

可见结果相同,因此,在进行方差分析时,可利用数据简化来化简计算过程.

8.3 应用实例——200 m 个人混合泳不同泳姿的作用分析

奥运会游泳比赛是世界上水平最高、金牌数最多、夺取优胜名次难度最大的赛事. 在第 29 届北京奥运会上,游泳 7 大项 34 个小项比赛中就有 30 个小项被先后打破纪录,美国"飞鱼"菲尔普斯一人夺取 8 金的惊人表现令游泳比赛成为这届奥运赛场一大亮点.

200 m 个人混合泳按蝶泳、仰泳、蛙泳、自由泳(以下简称:蝶、仰、蛙、自)的顺序比赛,运动员不仅需要具备强大实力,而且比赛中体力的合理分配也是决定胜负的关键. 表 8-1 为第 29 届奥运男子 200 m 个人混合泳决赛中的 8 名运动员各分段成绩(A_1 表示 50 m,A_2 表示 100 m,A_3 表示 150 m,A_4 表示 200 m),按决赛排名顺序为菲尔普斯(美国)、拉斯洛·切赫(匈牙利)、瑞安·洛赫特(美国)、蒂亚戈·佩雷拉(巴西)、高桑健(日本)、詹姆斯·戈达德(英国)、基思·比弗斯(加拿大)、利亚姆·坦科克(英国). 试分析不同泳姿对于促进总成绩的提高所起的作用相同吗?

表 8-1   运动员各分段成绩时间数据一览表   (单位:m)

	A_1	A_2	A_3	A_4	全程总成绩
1. 菲尔普斯	24.59	28.81	33.50	27.33	1:54.23
2. 拉斯洛·切赫	24.95	28.50	34.56	28.51	1:56.52
3. 瑞安·洛赫特	25.12	29.21	34.16	28.04	1:56.53
4. 蒂亚戈·佩雷拉	25.22	29.25	33.84	29.83	1:58.14
5. 高桑健	25.63	30.67	33.82	28.10	1:58.22
6. 詹姆斯·戈达德	25.58	29.39	35.34	28.93	1:59.24
7. 基思·比弗斯	25.88	30.08	34.47	29.00	1:59.43
8. 利亚姆·坦科克	25.33	30.17	35.07	30.19	2:00.76

现对 A_1,A_2,A_3,A_4 四列数据进行单因素方差分析,先分别对四列数据求和,计算样本均值和样本方差,得到表8-2

表8-2 四列数据计算

组	观测数	求和	平均	方差
A_1	8	202.3	25.287 5	0.169 821
A_2	8	236.08	29.51	0.541 171
A_3	8	274.76	34.345	0.408 057
A_4	8	229.93	28.741 25	0.904 984

进行单因素方差分析,得到表8-3:

表8-3 方差分析

方差来源	平方和	自由度	均 方	F 值	$F_\alpha(s-1,n-s)$
组间	334.332 8	3	111.444 3	220.241 9	2.946 685
组内	14.168 24	28	0.506 008		
总和	348.501 1	31			

由于 $F = 220.241\ 9 > F_{0.05}(3,28) = 2.946\ 685$,因此认为不同阶段或者说不同泳姿对于促进总成绩的提高所起的作用是显著不同的. 当然,要确定哪个阶段或者哪种泳姿对促进总成绩提高所起的作用是最明显的,还需进一步进行分析.

习题 8

1. 从某校学生中随机抽取 10 名,测得其身高 x、体重 y 数据如下:

x/m	1.71	1.63	1.84	1.90	1.75	1.78	1.80	1.64	1.68	1.87
y/kg	65	63	70	75	64	69	65	58	64	73

绘制散点图,并求出 y 关于 x 的线性回归方程.

2. 某公司近 10 年内的年利润如下:

年份 t	1	2	3	4	5	6	7	8	9	10
利润 y /百万元	1.89	2.19	2.06	2.31	2.26	2.39	2.61	2.56	2.82	2.96

求该公司年利润 y 关于年份 t 的线性回归方程.

3. 1993—2002 年人均国民收入 x(元)和居民人均消费 y(元)的统计数据如下:

x	2 916.3	3 894.0	4 746.9	5 462.1	5 916.4	6 169.2	6 406.1	6 963.2	7 500.6	8 061.6
y	1 331	1 746	2 236	2 641	2 837	2 972	3 138	3 397	3 609	3 791

求 y 关于 x 的线性回归方程.

4. 合成纤维的强度与其拉伸倍数 x 有关,测得试验数据如下:

x_i	2.0	2.5	2.7	3.5	4.0	4.5	5.2	6.3	7.1	8.0	9.0	10.0
y_i	1.3	2.5	2.5	2.7	3.5	4.2	5.0	6.4	6.3	7.0	8.0	8.1

(1)求 y 关于 x 的线性回归方程;

(2)纤维强度 y 与拉伸倍数之间的线性关系是否显著? ($\alpha = 0.05$)

(3)若线性回归效果显著,则利用回归方程求出当拉伸倍数 $x = 6$ 时,纤维强度 y 的置信度为 0.95 的预测区间.

5. 某厂生产一种毯子,1—8 月份产量与生产费用的统计资料如下:

产量/千条	12	8	11.5	13	15	14	8.5	10.5
费用/万元	11.6	8.5	11.4	12.2	13.8	13.2	8.9	10.5

试求生产费用关于产量的线性回归方程,并进行线性回归显著性检验. ($\alpha = 0.05$)

6. 考查硫酸铜在水中的溶解度 y 与温度 x 的关系时,作了 9 次试验,其数据如下:

温度 x	0	10	20	30	40	50	60	70	80
溶解度 y	14.0	17.5	21.2	26.1	29.2	33.3	40.0	48.0	54.8

(1)求 y 关于 x 的回归方程;

(2)检验回归效果是否显著. ($\alpha = 0.10$)

(3)设 $x_0 = 25$,求 y 的预测值和预测区间($\alpha = 0.10$).

7. 将下面方差分析表中括号处填写完整,并进行显著性检验($\alpha = 0.05$).

方差来源	平方和	自由度	均　方	F 值	$F_\alpha(s-1, n-s)$
组　间	100	4	(　)		
组　内	(　)	15	(　)	(　)	
总　和	308	(　)			

8. 有三台机床 Ⅰ,Ⅱ,Ⅲ制造同一种产品,下表为每部机床各生产 5 天的日产量. 试判断三台机床的日平均产量有无显著差异($\alpha = 0.01$).

机床号	日产件数				
Ⅰ	41	48	41	49	57
Ⅱ	65	57	41	72	64
Ⅲ	45	51	51	48	48

9. 某农科所试验四种不同的农药,看它们在杀虫率(单位:%)方面有无明显的不同. 其

试验结果如下：

农药号	I	II	III	IV
杀	87.2	56.2	55.0	75.2
虫	85.0	62.4	48.2	72.3
率	80.2			81.3

问：这四种农药在杀虫率方面是否存在显著差异（$\alpha = 0.05$）？

10. 某农场为了比较四种不同的肥料（A_1, A_2, A_3, A_4）对农作物收获量的影响，作了下面的试验：选肥沃度较均匀的地块，将地平均分成 16 块，通过试验，某农作物的收获量如下表：

A_1	A_2	A_3	A_4
98	60	79	90
96	69	64	70
91	50	81	79
66	35	70	88

问：各种肥料对农作物的收获量是否有显著的影响（$\alpha = 0.05$）？

11. 白鼠在接种三种不同菌型伤寒杆菌后的存活天数如下表：

菌 型	存 活 天 数								
I	2	4	3	2	4	7	7	2	5
II	5	6	8	5	10	7	12	6	6
III	7	11	6	6	7	9	5	10	6

问：三种菌型对小白鼠的存活天数有无显著差别（$\alpha = 0.05$）？

第 9 章

数学实验与数学模型

　　概率论与数理统计是一门应用性很强的数学学科,在实际运用时经常会遇到比较繁杂的计算,由于数学软件具有强大的计算功能,能迅速有效地得到有关运算的结果,本章将结合概率论与数理统计教学介绍数学软件 Mathematica 中有关运算的实现方法,并利用 Mathematica 来解决一些概率统计中的数学模型.

9.1　Mathematica 介绍

　　Mathematica 软件有多种版本,这里介绍的是 Mathematica 5.0.

9.1.1　启动和退出

　　Mathematica 是美国 Wolfram 研究公司生产的一种数学分析型的软件,假设在 Windows 环境下已安装好 Mathematica 5.0.如输入"1 + 1",然后按下"Shift + Enter"键,这时系统开始计算并输出计算结果,并给输入和输出附上次序标识 In[1] 和 Out[1],注意 In[1] 是计算后才出现的;再输入第二个表达式,要求系统将一个二项式"$x^5 + y^5$"展开,按"Shift + Enter"输出计算结果后,系统分别将其标识为 In[2] 和 Out[2],如图 9-1 所示.

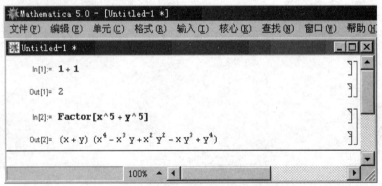

图 9-1

在 Mathematica 界面下,可以用这种交互方式完成各种运算,如函数作图,求极限、解方程等. 在 Mathematica 系统中定义了许多功能强大的函数,直接调用这些函数可以取得事半功倍的效果. 这些函数分为两类:一类是数学意义上的函数,如:绝对值函数 Abs[x],正弦函数 Sin[x],余弦函数 Cos[x],以 e 为底的对数函数 Log[x],以 a 为底的对数函数 Log[a,x] 等;另一类是命令意义上的函数,如作函数图形的函数 Plot[f[x],{ x,xmin,xmax }],解方程函数 Solve[eqn,x],求导函数 D[f[x],x]等.

注 (1)Mathematica 严格区分大小写,一般地,函数的首写字母必须大写,有时一个函数名是由几个单词构成,则每个单词的首写字母也必须大写,如:FindMinimum[f[x],{ x, x0 }]等.

(2)在 Mathematica 中,函数名和自变量之间的分隔符是用方括号"[ ]",而不是一般数学书上用的圆括号"( )".

(3)如果输入了不合语法规则的表达式,系统会显示出错信息,并且不给出计算结果. 一个表达式只有准确无误,方能得出正确结果.

9.1.2 数、变量和函数

Mathematica 提供了多种输入数学表达式的方法. 除了用键盘输入外, 还可以使用工具栏或者快捷方式键入运算符、矩阵或数学表达式.

Mathematic 提供了两种格式的数学表达式. 形如 $x/(2+3x)+y*(x-w)$ 的称为**一维格式**;形如 $\frac{x}{2+3x}+\frac{y}{x-w}$ 的称为**二维格式**. 可以使用快捷方式输入二维格式,也可用基本输入工具栏输入二维格式.

Mathematica 提供了用以输入各种特殊符号的工具栏. 基本输入工具栏包含了常用的特殊字符,只要单击这些字符按钮即可输入. 若要输入其他的特殊字符或运算符号,必须使用从"文件"菜单中激活"控制面板""Complete Characters"工具栏, 单击符号后即可输入.

Mathematica 中可以用表达式自定义变量. 变量名用字母开头的字母数字串表示,但名中不能有空格或标点符号.

在 Mathematica 中还有一种数据结构,称为**表**,它可以将一些有关联的元素组成一个整体,既可对整体进行操作,也可对单个元素进行操作.

表在形式上是用花括号括起来的若干个元素,元素之间用逗号分隔.

最简单的建立表的方法就是将表的元素列出来,例如 $a=\{1,2\}$,给出了一个由 1,2 两个数组成的数表. $aa=\{\{1,2,3\},\{2,3,4\}\}$建立了一个二重数表,即表的每一个元素又是一个表. 它可以表示一个 2×3 的矩阵. 要取出它的第二个子表,可键入 aa[[2]],要取出第二个子表的第三个元素,可键入 aa [[2,3]].

在 Mathematica 中还可以自定义函数. 例如要定义一个名为 f 的一个自变量的函数 $f(x)=x^2+2x$,可键入

$$f[x\_]:=x\hat{}2+2x,$$

以后就可以调用这个函数. 对于分段函数,可以用带条件的指令来定义. 常用的几个表示条件的基本指令为 If[test,then,else]表示如果 test 正确,则按 then 计算,否则按 else 计算.

Which[$test_1$,$value_1$,$test_2$,$\cdots$]表示依次检验 $test_k$,哪一个成立,则按对应的 $value_k$ 赋值.

例如,

$f[x\_] := If[x < 0, 0, Exp[-x]]$

利用了指令 If 定义了分段函数

$$f(x) = \begin{cases} 0 & \text{若 } x < 0 \\ e^{-x} & \text{若 } x \geq 0 \end{cases}$$

指令 $h[x\_] := Which[x < 0, x^2, x > 5, x^3, True, 0]$

定义了分段函数

$$h(x) = \begin{cases} x^2 & \text{若 } x < 0 \\ x^3 & \text{若 } x > 5. \\ 0 & \text{其他} \end{cases}$$

9.1.3 求导与求积分

指令 $D[f, x]$ 表示求函数 f 关于 x 的导数. 如 $D[x^n, \{x, 3\}]$ 表示求 x^n 的 3 阶导数, $D[x^2 + y^2, x]$ 表示求 $x^2 + y^2$ 关于 x 的偏导数, $Dt[x^2 + y^2, x]$ 表示求 $x^2 + y^2$ 的全导数.

指令 $Integrate[f, x]$ 表示求不定积分 $\int f(x) dx$,它给出 $f(x)$ 的一个原函数;

指令 $Integrate[f, \{x, xmin, xmax\}]$ 表示求定积分 $\int_a^b f(x) dx$;

指令 $Integrate[f, \{x, a, b\}, \{y, c, d\}]$ 表示求二重积分 $\int_a^b dx \int_c^d f dy$.

9.1.4 一些常用操作

(1) $Clear[f, g, \cdots]$ 表示清除 $f, g, \cdots$ 的定义与值.

(2) ; ——在输入行的指令后面加上";"则不显示该指令的结果.

(3) % ——上一个结果的代号;

%% ——前两个结果的代号;

% n ——输出行 $Out[n]$ 上的结果的代号;

(4) $Expand[expr]$ ——将表达式 expr 展开;

$Factor[expr]$ ——将表达式 expr 分解因式;

$Simplify[expr]$ ——将表达式 expr 化简.

9.1.5 基本画图指令

利用 Mathematica 可以进行二维作图与三维作图,基本指令如下:

指令 $Plot[f, \{x, xmin, xmax\}]$ 表示 f 是 x 的函数,画出 f 在区间 $[xmin, xmax]$ 上的图像. 例如,键入 $Plot[Sin[x], \{x, 0, 2Pi\}]$

则绘出图 9-2

利用指令

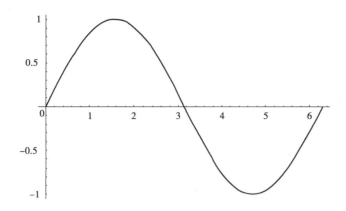

图 9-2

$$\text{Plot}\big[\,\{f_1,f_2,\cdots\}\,,\{x,xmin,xmax\}\,\big]$$

可以将几个函数的图形画在一起,例如

$$\text{Plot}\big[\,\{\text{Sin}[\,x\,],\text{Sin}[\,2x\,],\text{Sin}[\,3x\,]\}\,,\{x,0,2\text{Pi}\}\,\big]$$

将 Sinx, Sin2x 与 Sin3x 的图形画在一张图上,如图 9-3 所示.

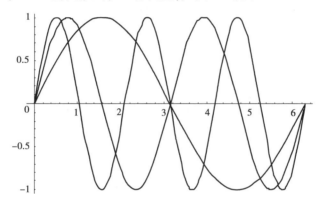

图 9-3

指令 ListPoint 可以画一组数据点,例如,

$$t = \text{Table}\big[\,i^{\wedge}2,\{i,10\}\,\big]$$

$$\text{ListPlot}\big[\,t,\text{Prolog} - >\text{AbsolutePointSize}[\,3\,]\,\big]$$

则得到 $\{1,4,9,16,25,36,49,64,81,100\}$,并画出了坐标为 $(i,i^2),i=1,2,\cdots,10$ 的 10 个点,如图 9-4 所示.

指令 ListPlot[t,PlotJoined – > True] 将图 9-4 的各点用一条光滑的曲线连接起来,如图 9-5 所示.

键入指令 $\qquad tt = \text{Table}\big[\,\{i^{\wedge}2,i^{\wedge}3 + i\}\,,\{i,10\}\,\big]$

$$\text{ListPlot}\big[\,tt,\text{Prolog} - >\text{AbsolutePointSize}[\,3\,]\,\big]$$

得到 $\{\{1,2\},\{4,10\},\{9,30\},\{16,68\},\{25,130\},\{36,222\},\{49,350\},\{64,520\}$, $\{81,738\},\{100,1010\}\}$,并画出了表 tt 定义的 10 个点,如图 9-6 所示.

利用指令 Plot3D 可以进行三维作图. 键入

$$g = \text{Plot3D}\big[\,(1/(2\text{Pi}))\text{Exp}[\,-(x^{\wedge}2 + y^{\wedge}2)\,],\{x,-3,3\},\{y,-3,3\}\,\big]$$

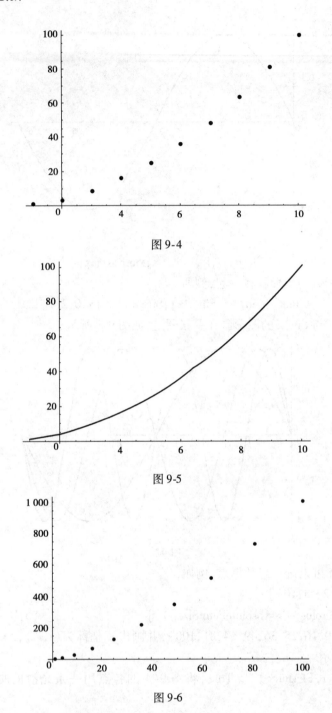

图 9-4

图 9-5

图 9-6

指令

$$g = \text{Plot3D}\left[\,(1/(2\text{Pi}))\,\text{Exp}\left[\,-(x^2 + y^2)\,\right]\,,\{x, -2, 2\}, \{y, -2, 2\},\right.$$
$$\left.\text{PlotRange} \rightarrow \{0, 0.17\}, \text{PlotPoints} \rightarrow 30\,\right]$$

画出如图 9-7 所示的图形.

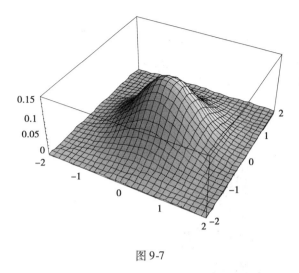

图 9-7

9.2 Mathematica 中的概率统计应用

在 Mathematica 中有概率统计软件包,里面覆盖了大量的概率统计问题,现简单介绍如何利用 Mathematica 求解概率统计的基本问题.

进入 Mathematica 目录下的 AddOns\StandardPackages\Statistics 文件夹,就可以看到许多 *.m 型的文件,它们是常用的各种概率统计软件包,例如 ConfidenceIntervals.m 是求置信区间的软件包;HypothesisTests.m 是进行假设检验所用的软件包;ContinuousDistributions.m 与 DiscreteDistributions.m 中包含了常用的连续型与离散型随机变量的分布函数,概率分布或概率密度函数以及它们的数字特征.要了解每个软件包的内容可直接打开这些软件包,即可看到每个软件包所包含的内容了.只要键入指令

　　< < statisti\ *.m 或 < < Statistics′软件包全名′

即可调出软件包 *.m,进行相关的各种运算.下面我们通过例题说明这些软件包的使用.

例 9-1　利用 Mathematica 绘出二项分布 $b(n,p)$ 的概率分布与分布函数的图形,通过观察图形,进一步理解二项分布的概率分布与分布函数的性质.

设 $n=20, p=0.2$,键入

```
    < < Statistics′
  < < Graphics′Graphics′
n = 20; p = 0.2; dist = BinomialDistribution[n,p];
t = Table[{PDF[dist, x + 1], x}, {x, 0, 20}];
g1 = BarChart[t, PlotRange - > All];
g2 = Plot[Evaluate[CDF[dist, x]], {x, 0, 20}, PlotStyle - > {Thickness[0.008],
    RGBColor[0, 0, 1]}];
t = Table[{x, PDF[dist, x]}, {x, 0, 20}];
gg1 = ListPlot[t, PlotStyle -> PointSize[0.03], DisplayFunction -> Identity];
```

$gg2 = \text{ListPlot}\big[\,t\,,\text{PlotJoined} -> \text{True}\,,\text{DisplayFunction} -> \text{Identity}\,\big]\,;$

$p1 = \text{Show}\big[\,gg1\,,gg2\,,g1\,,\text{DisplayFunction} -> \$ \ \text{DisplayFunction}\,,\text{PlotRange} -> \text{All}\,\big]\,;$

执行该命令可以得到二项分布概率分布图形(图 9-8)与分布函数图形(图 9-9). 其中命令中 PDF 为概率密度函数,CDF 为分布函数.

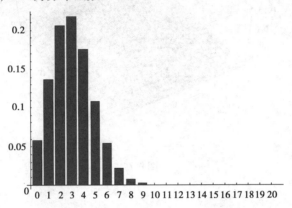

图 9-8

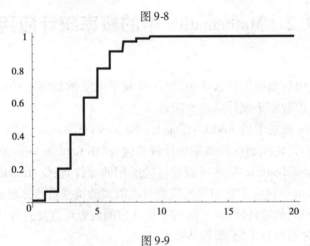

图 9-9

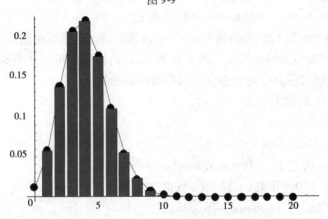

图 9-10

从图 9-10 可见, 概率 $P\{X=k\}$ 随着 k 的增加,先是随之增加,直到 $k=4$ 达到最大值, 随后单调减少. 而从图 9-9 可见, 分布函数 $F(x)$ 的值实际上是 $X \leqslant x$ 的累积概率值.

通过改变 n 与 p 的值,读者可以利用上述程序观察二项分布的概率分布与分布函数随

着 n 与 p 而变化的各种情况，从而进一步加深对二项分布及其性质的理解.

例 9-2（正态分布） 利用 Mathematica 绘出正态分布 $N(\mu,\sigma^2)$ 的概率密度曲线以及分布函数曲线，通过观察图形，进一步理解正态分布的概率分布与分布函数的性质.

（1）固定 $\sigma=1$，取 $\mu=-2,\mu=0,\mu=2$，观察参数 μ 对图形的影响，键入

```
<<Statistics'
<<Graphics'Graphics'
dist = NormalDistribution[0,1];
dist1 = NormalDistribution[-2,1];
dist2 = NormalDistribution[2,1];
Plot[{PDF[dist1,x],PDF[dist2,x],PDF[dist,x]},{x,-6,6},
    PlotStyle->{Thickness[0.008],RGBColor[0,0,1]},PlotRange->All];
Plot[{CDF[dist1,x],CDF[dist2,x],CDF[dist,x]},{x,-6,6},
    PlotStyle->{Thickness[0.008],RGBColor[1,0,0]}];
```

则分别输出相应参数的正态分布的概率密度曲线（图 9-11）及分布函数曲线（图 9-12）.

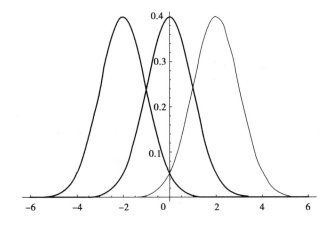

图 9-11

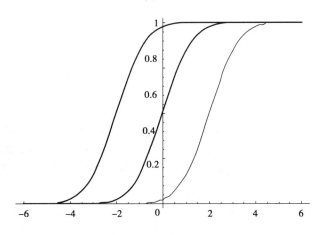

图 9-12

（2）固定 $\mu=0$，取 $\sigma=0.5,1,1.5$，观察参数 σ 对图形的影响，键入

dist = NormalDistribution[0,0.5^2];

dist1 = NormalDistribution[0,1];

dist2 = NormalDistribution[0,1.5^2];

Plot[{PDF[dist1,x],PDF[dist2,x],PDF[dist,x]},{x,−6,6},

   PlotStyle − >{Thickness[0.008],RGBColor[0,0,1]},PlotRange − >All];

Plot[{CDF[dist1,x],CDF[dist2,x],CDF[dist,x]},{x,−6,6},

   PlotStyle − >{Thickness[0.008],RGBColor[1,0,0]},PlotRange − >All];

则分别输出相应参数的正态分布的概率密度曲线(图 9-13)及分布函数曲线(图 9-14).

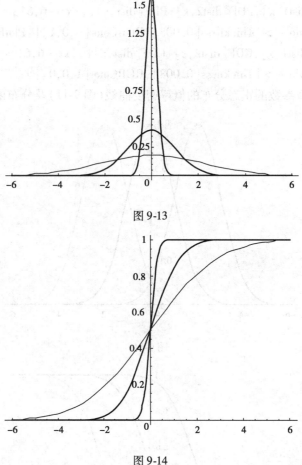

图 9-13

图 9-14

从图 9-13 与图 9-14 可见:固定 μ,σ 越小,在 0 附近的概率密度图形就变得越尖,分布函数在 0 的附近增值越快;σ 越大,概率密度图形就越平坦,分布函数在 0 附近的增值也越慢,故 σ 决定了概率密度图形中峰的陡峭程度;另外,不管 σ 如何变化,分布函数在 0 点的值总是 0.5,这是因为概率密度图形关于 $x = 0$ 对称.

通过改变 μ 与 σ 的值,读者可以利用上述程序观察正态分布的概率分布与分布函数随着 μ 与 σ 而变化的各种情况,从而进一步加深对正态分布及其性质的理解.

例 9-3 某车间生产滚珠,从长期实践中知道,滚珠直径可以认为服从正态分布.从某天产品中任取 6 个测得直径如下(单位:mm):

$$15.6 \quad 16.3 \quad 15.9 \quad 15.8 \quad 16.2 \quad 16.1$$

若已知直径的方差是 0.06,试求总体均值 μ 的置信度为 0.95 的置信区间与置信度为 0.90 的置信区间.

键入

    $<<$ Statistics\ConfidenceIntervals. m

    data1 = {15.6,16.3,15.9,15.8,16.2,16.1};

    MeanCI[data1,KnownVariance $->0.06$]   (* 置信度采取缺省值 *)

执行后可以得到   {15.7873,16.1793}

即均值 μ 的置信度为 0.95 的置信区间是(15.7873,16.1793).

为求出置信度为 0.90 的置信区间,键入

    MeanCI[data1,ConfidenceLevel $->0.90$,KnownVariance $->0.06$]

则输出

    {15.8188,16.1478}

即均值 μ 的置信度为 0.90 的置信区间是(15.818 8,16.147 8).比较两个不同置信度所对应的置信区间可以看出置信度越大所作出的置信区间越大.

例 9-4 从一批袋装食品中抽取 16 袋,质量的平均值为 $\overline{x} =503.75$ g,样本标准差为 $s =6.202\ 2$.假设袋装质量近似服从正态分布,求总体均值 μ 的置信区间($\alpha = 0.05$).

这里,样本均值为 503.75,样本均值的标准差的估计为 $\dfrac{s}{\sqrt{n}} = 6.200\ 2/4$,自由度为 15, $\alpha =0.05$,因此关于置信度的选项可省略.

键入

    StudentTCI[503.75,6.2002/Sqrt[16],15]

则输出置信区间为

    {500.446,507.054}

例 9-5 比较 A,B 两种灯泡的寿命,从 A 种取 80 只作为样本,计算出样本均值 $\overline{x} =2\ 000$,样本标准差 $s_1 =80$. 从 B 种取 100 只作为样本,计算出样本均值 $\overline{y} =1\ 900$,样本标准差 $s_2 =100$.假设灯泡寿命服从正态分布,方差相同且相互独立,求均值差 $\mu_1 -\mu_2$ 的置信区间($\alpha =0.05$).

根据命令 StudentTCI 的使用格式,第一项为两个正态总体的均值差;第二项为两个正态总体的均值差的标准差的估计,由方差相等的假定,通常取为 $S_w \sqrt{\dfrac{1}{n_1} +\dfrac{1}{n_2}}$,其中

$S_w =\sqrt{\dfrac{(n_1 -1)S_1^2 +(n_2 -1)S_2^2}{n_1 +n_2 -2}}$;第三项为自由度 $df = n_1 +n_2 -2$;第四项为关于置信度的选项.正确输入第二个和第三个对象是计算的关键.

键入

    sp = Sqrt[(79 * 80^2 + 99 * 100^2)/(80 + 100 -2)];

    StudentTCI[2000 - 1900,sp * Sqrt[1/80 + 1/100],80 + 100 - 2]

则输出

    {72.8669,127.133}

即所求均值差的置信区间为(72.8669,127.133).

例 9-6 有一大批袋装糖果,现从中随机地取出 16 袋,称得质量(单位:g)如下

$$506 \quad 508 \quad 499 \quad 503 \quad 504 \quad 510 \quad 497 \quad 512$$
$$514 \quad 505 \quad 493 \quad 496 \quad 506 \quad 502 \quad 509 \quad 496$$

设袋装糖果的质量近似地服从正态分布,试求置信度分别为 0.95 与 0.90 的总体方差 σ^2 的置信区间.

键入

> data7 = {5 06.0,508,499,503,504,510,497,512,514,505,
>
> 493,496,506, 502,509,496};
>
> VarianceCI[data7]

则输出

> {20.9907,92.1411}

即总体方差 σ^2 的置信度为 0.95 的置信区间是(20.9907,92.1411).

又键入

> VarianceCI[data7,ConfidenceLevel − >0.90]

则可以得到 σ^2 的置信度为 0.90 的置信区间(23.0839,79.4663).

例 9-7 设两个工厂生产的灯泡寿命近似服从正态分布 $N(\mu_1,\sigma_1^2)$ 和 $N(\mu_2,\sigma_2^2)$. 样本分别为

工厂甲:1 600　1 610　1 650　1 680　1 700　1 720　1 800

工厂乙:1 460　1 550　1 600　1 620　1 640　1 660　1 740　1 820

设两样本相互独立,且 $\mu_1,\mu_2,\sigma_1^2,\sigma_2^2$ 均未知,求置信度分别为 0.95 与 0.90 的方差比 σ_1^2/σ_2^2 的置信区间.

键入

> list1 = {1600,1610,1650,1680,1700,1720,1800};
>
> list2 = {1460,1550,1600,1620,1640,1660,1740,1820};
>
> VarianceRatioCI[list1,list2]

则输出

> {0.076522,2.23083}

这是置信度为 0.95 时方差比的置信区间.

为了求置信度为 0.90 时的置信区间,键入

> VarianceRatioCI[list1,list2,ConfidenceLevel − >0.90]

则输出结果为

> {0.101316,1.64769}.

例 9-8 某车间生产钢丝,用 X 表示钢丝的折断力,由经验判断 $X \sim N(\mu,\sigma^2)$,其中 $\mu = 570,\sigma^2 = 8^2$,今换了一批材料,从性能上看,估计折断力的方差 σ^2 不会有什么变化(即仍有 $\sigma^2 = 8^2$),但不知折断力的均值 μ 和原先有无差别. 现抽得样本,测得其折断力为

$$578 \quad 572 \quad 570 \quad 568 \quad 572 \quad 570 \quad 570 \quad 572 \quad 596 \quad 584$$

取 $\alpha = 0.05$,试检验折断力均值有无变化?

根据题意,要对均值作双侧假设检验

$$H_0:\mu = 570, \qquad H_1:\mu \neq 570$$

键入

> < <Statistics\HypothesisTests. m

执行后,再键入

> data1 = {578,572,570,568,572,570,570,572,596,584};
>
> MeanTest[data1,570,SignificanceLevel − >0.05,
>
> KnownVariance − >64,TwoSided − > True,FullReport − > True]
>
> (∗检验均值,显著性水平 α =0.05,方差已知∗)

则输出结果

{FullReport − >

Mean	TestStat	Distribution
575.2	2.05548	NormalDistribution[ ]

TwoSidedPValue − >0.0398326,

Reject null hypothesis at significance level − >0.05}

即结果给出检验报告:样本均值 $\bar{x}$ =575.2,所用的检验统计量为 u 统计量(正态分布),检验统计量的观测值为 2.05548,双侧检验的 P 值为 0.039 832 6,在显著性水平 α =0.05 下,拒绝原假设,即认为折断力的均值发生了变化.

P 值的定义是:在原假设成立的条件下,检验统计量取其观察值及比观察值更极端的值(沿着对立假设方向)的概率. P 值也称作"观察"到的显著性水平. P 值越小,反对原假设的证据越强. 通常若 P 低于5%,称此结果为统计显著;若 P 低于1%,称此结果为高度显著.

例 9-9 某市在参加中考的学生中随机抽得 15 名男生、12 名女生的物理考试成绩如下:

男生: 49 48 47 53 51 43 39 57 56 46 42 44 55 44 40

女生: 46 40 47 51 43 36 43 38 48 54 48 34

从这 27 名学生的成绩能说明该市男女生的物理考试成绩不相上下吗?(显著性水平 α = 0.05).

根据题意,要对均值差作单边假设检验:

$$H_0: \mu_1 = \mu_2, \qquad H_1: \mu_1 \neq \mu_2$$

键入

> data2 = {49.0,48,47,53,51,43,39,57,56,46,42,44,55,44,40};
>
> data3 = {46,40,47,51,43,36,43,38,48,54,48,34};
>
> MeanDifferenceTest[data2,data3,0,SignificanceLevel − >0.05,
>
> TwoSided − > True,FullReport − > True,EqualVariances − > True,FullReport − > True]
>
> (∗指定显著性水平 α =0.05,且方差相等∗)

则输出

{FullReport − >

MeanDiff	TestStat	Distribution
3.6	1.56528	tudentTDistribution[25],

OneSidedPValue − >0.13009,

Fail to reject null hypothesis at significance level − >0.05}

即检验报告给出:两个正态总体的均值差为 3.6,检验统计量为自由度 25 的 t 分布(t

检验),检验统计量的观察值为 1.565 28,单边检验的 P 值为 0.130 09,从而没有充分理由否认原假设,即认为男女生的物理考试成绩不相上下.

9.3 概率统计的数学模型

9.3.1 简单的概率模型

1)复合系统工作的可靠性问题的数学模型

设某种机器的工作系统由 N 个部件组成,各部件之间是串联的.为了提高系统的可靠性,在每个部件上都装有主要元件的备用件及自动投入装置,备用件越多,整个系统正常工作的可靠性就越大.但是,备用件过多势必导致整个系统的成本相应增大.因此,配置的最优化问题便被提出来了:在某些限制性条件之下,如何确定各部件的备用件数量,使整个系统的工作可靠性最大?

这是一个整体系统的可靠性问题.假设第 i 个部件上装有 x_i 个备用件($i = 1, 2, \cdots, N$),此时该部件正常工作的概率为 $p(x_i)$,那么整个系统正常工作的可靠度便可用

$$p = \prod_{i=1}^{N} p(x_i)$$

来表示.

又设第 i 个部件上的每个备用件的费用为 c_i,质量为 w_i,并要求总费用不超过 c,总质量不超过 w,则问题的数学模型便写成为

$$\max p = \prod_{i=1}^{N} p(x_i)$$

$$s.t. \begin{cases} \sum_{i=1}^{N} c_i x_i \leqslant c \\ \sum_{i=1}^{N} w_i x_i \leqslant w \\ x_i \in N, i = 1, 2, \cdots, N \end{cases}$$

易见,问题的目标函数为非线性的,决策变量又取整数,故称为非线性整数规划问题.

2)传染病流行估计的数学模型

假定人群中有病人(或更确切地说是带菌者),也有健康人(即可能感染者),任何两人之间的接触是随机的,当健康人与病人接触时健康人是否被感染也是随机的.问题在于一旦掌握了随机规律,那么如何去估计平均每天有多少健康人被感染,这种估计的准确性有多大?

假设 1:设人群只分病人和健康人两类,病人数和健康人数分别记为 i 和 s,总数 n 不变,即

$$i + s = n \tag{9-1}$$

假设2：人群中任何两人的接触是相互独立的,具有相同概率 p,每人每天平均与 m 人接触;

假设3：当健康人与一病人接触时,健康人被感染的概率为 λ.

由假设2知道一个健康人每天接触的人数服从二项分布,且平均值是 m,则

$$m = (n-1)p$$

于是

$$p = \frac{m}{n-1} \tag{9-2}$$

又设一健康人被一名指定病人接触并感染的概率为 p_1,则由假设3及式(9-2)得

$$p_1 = \lambda p = \frac{\lambda m}{n-1} \tag{9-3}$$

那么一健康人每天被感染的概率 p_2 为

$$p_2 = 1 - (1-p_1)^i = 1 - \left(1 - \frac{\lambda m}{n-1}\right)^i \tag{9-4}$$

由于健康人被感染的人数也服从二项分布,其平均值 μ 为

$$\mu = sp_2 = (n-i)p_2 \tag{9-5}$$

标准差 σ 为

$$\sigma = \sqrt{sp_2(1-p_2)} = \sqrt{p_2(1-p_2)(n-i)} \tag{9-6}$$

注意,通常 $n \gg m,, n \gg 1$, 取式(9-4)右端展开式的前两项,有

$$p_2 \approx 1 - \left(1 - \frac{\lambda mi}{n} + \cdots\right) \approx \frac{\lambda mi}{n} \tag{9-7}$$

最后得到

$$\mu = \frac{\lambda mi(n-i)}{n} \tag{9-8}$$

$$\frac{\sigma}{\mu} = \sqrt{\frac{1-p_2}{(n-i)p_2}} = \sqrt{\frac{n - \lambda mi}{\lambda mi(n-i)}} \tag{9-9}$$

式(9-8)给出了健康人每天平均被感染的人数 μ 与 n,i,m,λ 的关系,式(9-9) σ/μ 可看作对平均值 μ 的相对误差的度量.

9.3.2 排队论模型

排队是人们在日常生活中经常遇到的现象,如顾客到银行办理业务,病人到医院看病,人们上下汽车,故障机器停机待修等常常都要排队. 排队的人或事物统称为顾客,为顾客服务的人或事物称为服务机构(服务员或服务台等). 顾客排队要求服务的过程或现象称为排队系统或服务系统. 由于顾客到来的时刻与进行服务的时间一般来说都是随机的,因此服务系统又称随机服务系统. 由于排队模型较为复杂,这里仅对其中最简单的模型——M/M/1 排队模型给予说明. 先简单介绍这个模型的有关概念和结论.

M/M/1 是指这个排队系统中的顾客是按参数为 λ 的泊松分布规律到达系统,服务时间服从参数为 λ 的指数分布,服务机构为单服务台. 由此指出其几个重要的指标值如下：

顾客平均到达率为 $\lambda = \dfrac{1}{c}$,c 为平均到达间隔,平均服务率 $\mu = \dfrac{1}{d}$,d 为平均服务时间;顾

客等待时间 Y 服从参数为 $\mu - \lambda$ 的指数分布，即

$$P(y > t) = \mathrm{e}^{-(\mu-\lambda)t} = \mathrm{e}^{-(\frac{1}{d}-\frac{1}{c})t} \tag{9-10}$$

设每位顾客的收费为 p，成本为 q，且对于等待时间为 Y 的顾客设店方获得的利润为 $Q(Y)$，则在平均服务率为 u 的情况下有

$$Q(Y) = \begin{cases} p - q & Y \leqslant u \\ -q & Y > u \end{cases} \tag{9-11}$$

利润 Q 的期望值为

$$E(Q) = (p - q)P(Y \leqslant u) - qP(Y > u) \tag{9-12}$$

用式(9-10)代入得

$$E(Q) = p - q - p\mathrm{e}^{-(\frac{1}{d}-\frac{1}{c})u} \tag{9-13}$$

因为顾客到达的平均间隔为 c，所以单位时间利润的期望值为

$$J(u) = \frac{1}{c}E(Q) = \frac{1}{c}\left[p - q - p\mathrm{e}^{-(\frac{1}{d}-\frac{1}{c})u} \right] \tag{9-14}$$

建模的目的是确定平均服务率 u 使利润 $J(u)$ 最大.

当然概率统计模型还有很多类型，比如决策模型、多元线性回归、最佳订票问题、存储模型等，有兴趣的读者可以参考一些数学建模方面的书籍.

附录

概率论与数理统计附表

附表1　泊松分布数值表

$$P\{X=k\}=\frac{\lambda^{k}}{k!}\mathrm{e}^{-\lambda}$$

$\dfrac{\lambda}{k}$	0.1	0.2	0.3	0.4	0.5	0.6	0.7	0.8	0.9	1.0	1.5	2.0	2.5	3.0
0	0.904 8	0.818 7	0.740 8	0.670 3	0.606 5	0.548 8	0.496 6	0.449 3	0.406 6	0.367 9	0.223 1	0.135 3	0.082 1	0.049 8
1	0.090 5	0.163 7	0.222 3	0.268 1	0.303 3	0.329 3	0.347 6	0.359 5	0.365 9	0.367 9	0.334 7	0.270 7	0.205 2	0.149 4
2	0.004 5	0.016 4	0.033 3	0.053 6	0.075 8	0.098 8	0.121 6	0.143 8	0.164 7	0.183 9	0.251 0	0.270 7	0.256 5	0.224 0
3	0.000 2	0.001 1	0.003 3	0.007 2	0.012 6	0.019 8	0.028 4	0.038 3	0.049 4	0.061 3	0.125 5	0.180 5	0.213 8	0.224 0
4		0.000 1	0.000 3	0.000 7	0.001 6	0.003 0	0.005 0	0.007 7	0.011 1	0.015 3	0.047 1	0.090 2	0.133 6	0.168 1
5				0.000 1	0.000 2	0.000 3	0.000 7	0.001 2	0.002 0	0.003 1	0.014 1	0.036 1	0.066 8	0.100 8
6						0.000 1	0.000 2	0.000 3	0.000 5	0.003 5	0.012 0	0.027 8	0.050 4
7								0.000 1	0.000 8	0.003 4	0.009 9	0.021 6
8									0.000 2	0.000 9	0.003 1	0.008 1
9										0.000 2	0.000 9	0.002 7
10											0.000 2	0.000 8
11											0.000 1	0.000 2
12												0.000 1

$\dfrac{\lambda}{k}$	3.5	4.0	4.5	5	6	7	8	9	10	11	12	13	14	15
0	0.030 2	0.018 3	0.011 1	0.006 7	0.002 5	0.000 9	0.000 3	0.000 1						
1	0.105 7	0.073 3	0.050 0	0.033 7	0.014 9	0.006 4	0.002 7	0.001 1	0.000 4	0.000 2	0.000 1			
2	0.185 0	0.146 5	0.112 5	0.084 2	0.044 6	0.022 3	0.010 7	0.005 0	0.002 3	0.001 0	0.000 4	0.000 2	0.000 1	
3	0.215 8	0.195 4	0.168 7	0.140 4	0.089 2	0.052 1	0.028 6	0.015 0	0.007 6	0.003 7	0.001 8	0.000 8	0.000 4	0.000 2
4	0.188 8	0.195 4	0.189 8	0.175 5	0.133 9	0.091 2	0.057 3	0.033 7	0.018 9	0.010 2	0.005 3	0.002 7	0.001 3	0.000 6
5	0.132 2	0.156 3	0.170 8	0.175 5	0.160 6	0.127 7	0.091 6	0.060 7	0.037 8	0.022 4	0.012 7	0.007 1	0.003 7	0.001 9
6	0.077 1	0.104 2	0.128 1	0.146 2	0.160 6	0.149 0	0.122 1	0.091 1	0.063 1	0.041 1	0.025 5	0.015 1	0.008 7	0.004 8
7	0.038 5	0.059 5	0.082 4	0.104 4	0.137 7	0.149 0	0.139 6	0.117 1	0.090 1	0.064 6	0.043 7	0.028 1	0.017 4	0.010 4
8	0.016 9	0.029 8	0.046 3	0.065 3	0.103 3	0.130 4	0.139 6	0.131 8	0.112 6	0.088 8	0.065 5	0.045 7	0.030 4	0.019 5
9	0.006 5	0.013 2	0.023 2	0.036 3	0.068 8	0.101 4	0.124 1	0.131 8	0.125 1	0.108 5	0.087 4	0.066 0	0.047 3	0.032 4
10	0.002 3	0.005 3	0.010 4	0.018 1	0.041 3	0.071 0	0.099 3	0.118 6	0.125 1	0.119 4	0.104 8	0.085 9	0.066 3	0.048 6
11	0.000 7	0.001 9	0.004 3	0.008 2	0.022 5	0.045 2	0.072 2	0.097 0	0.113 7	0.119 4	0.114 4	0.101 5	0.084 3	0.066 3
12	0.000 2	0.000 6	0.001 5	0.003 4	0.011 3	0.026 4	0.048 1	0.072 8	0.094 8	0.109 4	0.114 4	0.109 9	0.098 4	0.082 8
13	0.000 1	0.000 2	0.000 6	0.001 3	0.005 2	0.014 2	0.029 6	0.050 4	0.072 9	0.092 6	0.105 6	0.109 9	0.106 0	0.095 6
14		0.000 1	0.000 2	0.000 5	0.002 3	0.007 1	0.016 9	0.032 4	0.052 1	0.072 8	0.090 5	0.102 1	0.106 1	0.102 5
15			0.000 1	0.000 2	0.000 9	0.003 3	0.009 0	0.019 4	0.034 7	0.053 3	0.072 4	0.088 5	0.098 9	0.102 5
16				0.000 1	0.000 3	0.001 5	0.004 5	0.010 9	0.021 7	0.036 7	0.054 3	0.071 9	0.086 5	0.096 0
17					0.000 1	0.000 6	0.002 1	0.005 8	0.012 8	0.023 7	0.038 3	0.055 1	0.071 3	0.084 7
18						0.000 2	0.000 9	0.002 9	0.007 1	0.014 5	0.025 5	0.039 7	0.055 4	0.070 6
19						0.000 1	0.000 4	0.001 4	0.003 7	0.008 4	0.016 1	0.027 2	0.040 8	0.055 7
20							0.000 2	0.000 6	0.001 9	0.004 6	0.009 7	0.017 7	0.028 6	0.041 8
21							0.0001	0.000 3	0.000 9	0.002 4	0.005 5	0.010 9	0.019 1	0.029 9
22								0.000 1	0.000 4	0.001 3	0.003 0	0.006 5	0.012 2	0.020 4
23									0.000 2	0.000 6	0.001 6	0.003 6	0.007 4	0.013 3
24									0.000 1	0.000 3	0.000 8	0.002 0	0.004 3	0.008 3
25										0.000 1	0.000 4	0.001 1	0.002 4	0.005 0
26											0.000 2	0.000 5	0.001 3	0.002 9
27											0.000 1	0.000 2	0.000 7	0.001 7
28												0.000 1	0.000 3	0.000 9
29													0.000 2	0.000 4
30													0.000 1	0.000 2
31														0.000 1

$\lambda = 20$						$\lambda = 30$					
k	p	k	p	k	p	k	p	k	p	k	p
5	0.000 1	20	0.088 9	35	0.0007	10		25	0.051 1	40	0.013 9
6	0.000 2	21	0.084 6	36	0.0004	11		26	0.059 0	41	0.010 2
7	0.000 6	22	0.076 9	37	0.0002	12	0.000 1	27	0.065 5	42	0.007 3
8	0.001 3	23	0.066 9	38	0.0001	13	0.000 2	28	0.070 2	43	0.005 1
9	0.002 9	24	0.055 7	39	0.0001	14	0.000 5	29	0.072 7	44	0.003 5
10	0.005 8	25	0.044 6			15	0.001 0	30	0.072 7	45	0.002 3
11	0.010 6	26	0.034 3			16	0.001 9	31	0.070 3	46	0.001 5
12	0.017 6	27	0.025 4			17	0.003 4	32	0.065 9	47	0.001 0
13	0.027 1	28	0.018 3			18	0.005 7	33	0.059 9	48	0.000 6
14	0.038 2	29	0.012 5			19	0.008 9	34	0.052 9	49	0.000 4
15	0.051 7	30	0.008 3			20	0.013 4	35	0.045 3	50	0.000 2
16	0.064 6	31	0.005 4			21	0.019 2	36	0.037 8	51	0.000 1
17	0.076 0	32	0.003 4			22	0.026 1	37	0.030 6	52	0.000 1
18	0.084 4	33	0.002 1			23	0.034 1	38	0.024 2		
19	0.088 9	34	0.001 2			24	0.042 6	39	0.018 6		

$\lambda = 40$						$\lambda = 50$					
k	p	k	p	k	p	k	p	k	p	k	p
15		35	0.048 5	55	0.004 3	25		45	0.045 8	65	0.006 3
16		36	0.053 9	56	0.003 1	26	0.000 1	46	0.049 8	66	0.004 8
17		37	0.058 3	57	0.002 2	27	0.000 1	47	0.053 0	67	0.003 6
18	0.000 1	38	0.061 4	58	0.001 5	28	0.000 2	48	0.055 2	68	0.002 6
19	0.000 1	39	0.062 9	59	0.001 0	29	0.000 4	49	0.056 4	69	0.001 9
20	0.000 2	40	0.062 9	60	0.000 7	30	0.000 7	50	0.056 4	70	0.001 4
21	0.000 4	41	0.061 4	61	0.000 5	31	0.001 1	51	0.055 2	71	0.001 0
22	0.000 7	42	0.058 5	62	0.000 3	32	0.001 7	52	0.053 1	72	0.000 7
23	0.001 2	43	0.054 4	63	0.000 2	33	0.002 6	53	0.050 1	73	0.000 5
24	0.001 9	44	0.049 5	64	0.000 1	34	0.003 8	54	0.046 4	74	0.000 3
25	0.003 1	45	0.044 0	65	0.000 1	35	0.005 4	55	0.042 2	75	0.000 2
26	0.004 7	46	0.038 2			36	0.007 5	56	0.037 7	76	0.000 1
27	0.007 0	47	0.032 5			37	0.010 2	57	0.033 0	77	0.000 1
28	0.010 0	48	0.027 1			38	0.013 4	58	0.028 5	78	0.000 1
29	0.013 9	49	0.022 1			39	0.017 2	59	0.024 1		
30	0.018 5	50	0.017 7			40	0.021 5	60	0.020 1		
31	0.023 8	51	0.013 9			41	0.026 2	61	0.016 5		
32	0.029 8	52	0.010 7			42	0.031 2	62	0.013 3		
33	0.036 1	53	0.008 1			43	0.036 3	63	0.010 6		
34	0.042 5	54	0.006 0			44	0.041 2	64	0.008 2		

附表2 标准正态分布表

$$\Phi(x) = \frac{1}{\sqrt{2\pi}}\int_{-\infty}^{x} e^{-\frac{t^2}{2}}dt$$

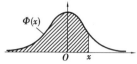

x	0.00	0.01	0.02	0.03	0.04	0.05	0.06	0.07	0.08	0.09
0.0	0.500 0	0.504 0	0.508 0	0.512 0	0.516 0	0.519 9	0.523 9	0.527 9	0.531 9	0.535 9
0.1	0.539 8	0.543 8	0.547 8	0.551 7	0.555 7	0.559 6	0.563 6	0.567 5	0.571 4	0.575 3
0.2	0.579 3	0.583 2	0.587 1	0.591 0	0.594 8	0.598 7	0.602 6	0.606 4	0.610 3	0.614 1
0.3	0.617 9	0.621 7	0.625 5	0.629 3	0.633 1	0.636 8	0.640 4	0.644 3	0.648 0	0.651 7
0.4	0.655 4	0.659 1	0.662 8	0.666 4	0.670 0	0.673 6	0.677 2	0.680 8	0.684 4	0.687 9
0.5	0.691 5	0.695 0	0.698 5	0.701 9	0.705 4	0.708 8	0.712 3	0.715 7	0.719 0	0.722 4
0.6	0.725 7	0.729 1	0.732 4	0.735 7	0.738 9	0.742 2	0.745 4	0.748 6	0.751 7	0.754 9
0.7	0.758 0	0.761 1	0.764 2	0.767 3	0.770 3	0.773 4	0.776 4	0.779 4	0.782 3	0.785 2
0.8	0.788 1	0.791 0	0.793 9	0.796 7	0.799 5	0.802 3	0.805 1	0.807 8	0.810 6	0.813 3
0.9	0.815 9	0.818 6	0.821 2	0.823 8	0.826 4	0.828 9	0.835 5	0.834 0	0.836 5	0.838 9
1.0	0.841 3	0.843 8	0.846 1	0.848 5	0.850 8	0.853 1	0.855 4	0.857 7	0.859 9	0.862 1
1.1	0.864 3	0.866 5	0.868 6	0.870 8	0.872 9	0.874 9	0.877 0	0.879 0	0.881 0	0.883 0
1.2	0.884 9	0.886 9	0.888 8	0.890 7	0.892 5	0.894 4	0.896 2	0.898 0	0.899 7	0.901 5
1.3	0.903 2	0.904 9	0.906 6	0.908 2	0.909 9	0.911 5	0.913 1	0.914 7	0.916 2	0.917 7
1.4	0.919 2	0.920 7	0.922 2	0.923 6	0.925 1	0.926 5	0.927 9	0.929 2	0.930 6	0.931 9
1.5	0.933 2	0.934 5	0.935 7	0.937 0	0.938 2	0.939 4	0.940 6	0.941 8	0.943 0	0.944 1
1.6	0.945 2	0.946 3	0.947 4	0.948 4	0.949 5	0.950 5	0.951 5	0.952 5	0.953 5	0.953 5
1.7	0.955 4	0.956 4	0.957 3	0.958 2	0.959 1	0.959 9	0.960 8	0.961 6	0.962 5	0.963 3
1.8	0.964 1	0.964 8	0.965 6	0.966 4	0.967 2	0.967 8	0.968 6	0.969 3	0.970 0	0.970 6
1.9	0.971 3	0.971 9	0.972 6	0.973 2	0.973 8	0.974 4	0.975 0	0.975 6	0.976 2	0.976 7
2.0	0.977 2	0.977 8	0.978 3	0.978 8	0.979 3	0.979 8	0.980 3	0.980 8	0.981 2	0.981 7
2.1	0.982 1	0.982 6	0.983 0	0.983 4	0.983 8	0.984 2	0.984 6	0.985 0	0.985 4	0.985 7
2.2	0.986 1	0.986 4	0.986 8	0.987 1	0.987 4	0.987 8	0.988 1	0.988 4	0.988 7	0.989 0
2.3	0.989 3	0.989 6	0.989 8	0.990 1	0.990 4	0.990 6	0.990 9	0.991 1	0.991 3	0.991 6
2.4	0.991 8	0.992 0	0.992 2	0.992 5	0.992 7	0.992 9	0.993 1	0.993 2	0.993 4	0.993 6
2.5	0.993 8	0.994 0	0.994 1	0.994 3	0.994 5	0.994 6	0.994 8	0.994 9	0.995 1	0.995 2
2.6	0.995 3	0.995 5	0.995 6	0.995 7	0.995 9	0.996 0	0.996 1	0.996 2	0.996 3	0.996 4
2.7	0.996 5	0.996 6	0.996 7	0.996 8	0.996 9	0.997 0	0.997 1	0.997 2	0.997 3	0.997 4
2.8	0.997 4	0.997 5	0.997 6	0.997 7	0.997 7	0.997 8	0.997 9	0.997 9	0.998 0	0.998 1
2.9	0.998 1	0.998 2	0.998 2	0.998 3	0.998 4	0.998 4	0.998 5	0.998 5	0.998 6	0.998 6
x	0.0	0.1	0.2	0.3	0.4	0.5	0.6	0.7	0.8	0.9
3	0.998 7	0.999 0	0.999 3	0.999 5	0.999 7	0.999 8	0.999 8	0.999 9	0.999 9	1.000 0

附表3 χ^2分布表

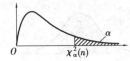

$$P\{\chi^2(n) > \chi^2_\alpha(n)\} = \alpha$$

n	α = 0.995	0.99	0.975	0.95	0.90	0.75
1	—	—	0.001	0.004	0.016	0.102
2	0.010	0.020	0.051	0.103	0.211	0.575
3	0.072	0.115	0.216	0.352	0.584	1.213
4	0.207	0.297	0.484	0.711	1.064	1.923
5	0.412	0.554	0.831	1.145	1.610	2.675
6	0.676	0.872	1.237	1.635	2.204	3.455
7	0.989	1.239	1.690	2.167	2.833	4.255
8	1.344	1.646	2.180	2.733	3.490	5.071
9	1.735	2.088	2.700	3.325	4.168	5.899
10	2.156	2.558	3.247	3.940	4.865	6.737
11	2.603	3.053	3.816	4.575	5.578	7.584
12	3.074	3.571	4.404	5.226	6.304	8.438
13	3.565	4.107	5.009	5.892	7.042	9.299
14	4.075	4.660	5.629	6.571	7.790	10.165
15	4.601	5.229	6.262	7.261	8.547	11.037
16	5.142	5.812	6.908	7.962	9.312	11.912
17	5.697	6.408	7.564	8.672	10.085	12.792
18	6.265	7.015	8.231	9.390	10.865	13.675
19	6.844	7.633	8.907	10.117	11.651	14.562
20	7.434	8.260	9.591	10.851	12.443	15.452
21	8.034	8.897	10.283	11.591	13.240	16.344
22	8.643	9.542	10.982	12.338	14.042	17.240
23	9.260	10.196	11.689	13.091	14.848	18.137
24	9.886	10.856	12.401	13.848	15.659	19.037
25	10.520	11.524	13.120	14.611	16.473	19.939
26	11.160	12.198	13.844	15.379	17.292	20.843
27	11.808	12.879	14.573	16.151	18.114	21.749
28	12.461	13.565	15.308	16.928	18.939	22.657
29	13.121	14.257	16.047	17.708	19.768	23.567
30	13.787	14.954	16.791	18.493	20.599	24.478
31	14.458	15.655	17.539	19.281	21.434	25.390
32	15.134	16.362	18.291	20.072	22.271	26.304
33	15.815	17.074	19.047	20.807	23.110	27.219
34	16.501	17.789	19.806	21.664	23.952	28.136
35	17.192	18.509	20.569	22.465	24.797	29.054
36	17.887	19.233	21.336	23.269	25.613	29.973
37	18.586	19.960	22.106	24.075	26.492	30.893
38	19.289	20.691	22.878	24.884	27.343	31.815
39	19.996	21.426	23.645	25.695	28.196	32.737
40	20.707	22.164	24.433	26.509	29.051	33.660
41	21.421	22.906	25.215	27.326	29.907	34.585
42	22.138	23.650	25.999	28.144	30.765	35.510
43	22.859	24.398	26.785	28.965	31.625	36.430
44	23.584	25.143	27.575	29.787	32.487	37.363
45	24.311	25.902	28.366	30.612	33.350	38.291

n	$\alpha = 0.25$	0.10	0.05	0.025	0.01	0.005
1	1.323	2.706	3.841	5.024	6.635	7.879
2	2.773	4.605	5.991	7.378	9.210	10.597
3	4.108	6.251	7.815	9.348	11.345	12.838
4	5.385	7.779	9.488	11.143	13.277	14.860
5	6.626	9.236	11.071	12.833	15.086	16.750
6	7.841	10.645	12.592	14.449	16.812	18.548
7	9.037	12.017	14.067	16.013	18.475	20.278
8	10.219	13.362	15.507	17.535	20.090	21.955
9	11.389	14.684	16.919	19.023	21.666	23.589
10	12.549	15.987	18.307	20.483	23.209	25.188
11	13.701	17.275	19.675	21.920	24.725	26.757
12	14.845	18.549	21.026	23.337	26.217	28.299
13	15.984	19.812	22.362	24.736	27.688	29.819
14	17.117	21.064	23.685	25.119	29.141	31.319
15	18.245	22.307	24.996	27.488	30.578	32.801
16	19.369	23.542	26.296	28.845	32.000	34.267
17	20.489	24.769	27.587	30.191	33.409	35.718
18	21.605	25.989	28.869	31.526	34.805	37.156
19	22.718	27.204	30.144	32.852	36.191	38.582
20	23.828	28.412	31.410	34.170	37.566	39.997
21	24.935	29.615	32.671	35.479	38.932	41.401
22	26.039	30.813	33.924	36.781	40.289	42.796
23	27.141	32.007	35.172	38.076	41.638	44.181
24	28.241	33.196	36.415	39.364	42.980	45.559
25	29.339	34.382	37.652	40.646	44.314	46.928
26	30.435	35.563	38.885	41.923	45.642	48.290
27	31.528	36.741	40.113	43.194	46.963	49.645
28	32.620	37.916	41.337	44.461	48.278	50.993
29	33.711	39.087	42.557	45.722	49.588	52.336
30	34.800	40.256	43.773	46.979	50.892	53.672
31	35.887	41.422	44.985	48.232	52.191	55.003
32	36.973	42.585	46.194	49.480	53.486	56.328
33	38.053	43.745	47.400	50.725	54.776	57.648
34	39.141	44.903	48.602	51.966	56.061	58.964
35	40.223	46.059	49.802	53.203	57.342	60.275
36	41.304	47.212	50.998	54.437	58.619	61.581
37	42.383	48.363	52.192	55.668	59.892	62.883
38	43.462	49.513	53.384	56.896	61.162	64.181
39	44.539	50.660	54.572	58.120	62.428	65.476
40	45.616	51.805	55.758	59.342	63.691	66.766
41	46.692	52.949	53.942	60.561	64.950	68.053
42	47.766	54.090	58.124	61.777	66.206	69.336
43	48.840	55.230	59.304	62.990	67.459	70.606
44	49.913	56.369	60.481	64.201	68.710	71.893
45	50.985	57.505	61.656	65.410	69.957	73.166

附表4 t分布表

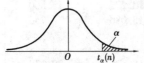

$$P\{t(n) > t_\alpha(n)\} = \alpha$$

n	α = 0.25	0.10	0.05	0.025	0.01	0.005
1	1.000 0	3.077 7	6.313 8	12.706 2	31.820 7	63.657 4
2	0.816 5	1.885 6	2.920 0	4.302 7	6.964 6	9.924 8
3	0.764 9	1.637 7	2.353 4	3.182 4	4.540 7	5.840 9
4	0.740 7	1.533 2	2.131 8	2.776 4	3.746 9	4.604 1
5	0.726 7	1.475 9	2.015 0	2.570 6	3.364 9	4.032 2
6	0.717 6	1.439 8	1.943 2	0.446 9	3.142 7	3.707 4
7	0.711 1	1.414 9	1.894 6	2.364 6	2.998 0	3.499 5
8	0.706 4	1.396 8	1.859 5	2.306 0	2.896 5	3.355 4
9	0.702 7	1.383 0	1.833 1	2.262 2	2.821 4	3.249 8
10	0.699 8	1.372 2	1.812 5	2.228 1	2.763 8	3.169 3
11	0.697 4	1.363 4	1.795 9	2.210 1	2.718 1	3.105 8
12	0.695 5	1.356 2	1.782 3	2.178 8	2.681 0	3.054 5
13	0.693 8	1.350 2	1.770 9	2.160 4	2.650 3	3.012 3
14	0.692 4	1.345 0	1.761 3	2.144 8	2.622 5	2.976 8
15	0.691 2	1.340 6	1.753 1	2.131 5	2.602 5	2.946 7
16	0.690 1	1.336 8	1.745 9	2.119 9	2.583 5	2.920 8
17	0.689 2	1.333 4	1.739 6	2.109 8	2.566 9	2.898 2
18	0.688 4	1.330 4	1.734 1	2.100 9	2.552 4	2.878 4
19	0.687 6	1.327 7	1.729 1	2.093 0	2.539 5	2.860 9
20	0.687 0	1.325 3	1.724 7	2.086 0	2.528 0	2.845 3
21	0.686 4	1.323 2	1.720 7	2.079 6	2.517 7	2.831 4
22	0.685 8	1.321 2	1.717 1	2.073 9	2.508 3	2.818 8
23	0.685 3	1.319 5	1.713 9	2.068 7	2.499 9	2.807 3
24	0.684 8	1.317 8	1.710 9	2.063 9	2.492 2	2.796 9
25	0.684 4	1.316 3	1.708 1	2.059 5	2.485 1	2.787 4
26	0.684 0	1.315 0	1.705 8	2.055 5	2.478 6	2.778 7
27	0.683 7	1.313 7	1.703 3	2.051 8	2.472 7	2.770 7
28	0.683 4	1.312 5	1.701 1	2.048 4	2.467 1	2.763 3
29	0.683 0	1.311 4	1.699 1	2.045 2	2.462 0	2.756 4
30	0.682 8	1.310 4	1.697 3	2.042 3	2.457 3	2.750 0
31	0.682 5	1.309 5	1.695 5	2.039 5	2.452 8	2.744 0
32	0.682 2	1.308 6	1.693 9	2.036 9	2.448 7	2.738 5
33	0.682 0	1.307 7	1.692 4	2.034 5	2.444 8	2.733 3
34	0.681 8	1.307 0	1.690 9	2.032 2	2.441 1	2.728 4
35	0.681 6	0.306 2	1.689 6	2.030 1	2.437 7	2.723 8
36	0.681 4	1.305 5	1.688 3	2.028 1	2.434 5	2.719 5
37	0.681 2	1.304 9	1.687 1	2.026 2	2.431 4	2.715 4
38	0.681 0	1.304 2	1.686 0	2.024 4	2.428 6	2.711 6
39	0.680 8	1.303 6	1.684 9	2.022 7	2.425 8	2.707 9
40	0.680 7	1.303 1	1.683 9	2.021 1	2.423 3	2.704 5
41	0.680 5	1.302 5	1.682 9	2.019 5	2.420 8	2.701 2
42	0.680 4	1.302 0	1.682 0	2.018 1	2.418 5	2.698 1
43	0.680 2	1.301 6	1.681 1	2.016 7	2.416 3	2.695 1
44	0.680 1	1.301 1	1.680 2	2.015 4	2.414 1	2.692 3
45	0.680 0	1.300 6	1.679 4	2.014 1	2.412 1	2.680 6

附表5　F分布表

$$P\{F(m,n) > F_\alpha(m,n)\} = \alpha$$

$\alpha = 0.10$

m\n	1	2	3	4	5	6	7	8	9	10	12	15	20	24	30	40	60	120	∞
1	39.86	49.50	53.59	55.83	57.24	58.20	58.91	59.44	59.86	60.19	60.71	61.22	61.74	62.00	62.26	62.53	62.79	63.06	63.33
2	8.53	9.00	9.16	9.24	9.29	9.33	9.35	9.37	9.38	9.39	9.41	9.42	9.44	9.45	9.46	9.47	9.47	9.48	9.49
3	5.54	5.46	5.39	5.34	5.31	5.28	5.27	5.25	5.24	5.23	5.22	5.20	5.18	5.18	5.17	5.16	5.15	5.14	5.13
4	4.54	4.32	4.19	4.11	4.05	4.01	3.98	3.95	3.94	3.92	3.90	3.87	3.84	3.83	3.82	3.80	3.79	3.78	4.76
5	4.06	3.78	3.62	3.52	3.45	3.40	3.37	3.34	3.32	3.30	3.27	3.24	3.21	3.19	3.17	3.16	3.14	3.12	3.10
6	3.78	3.46	3.29	3.18	3.11	3.05	3.01	2.98	2.96	2.94	2.90	2.87	2.84	2.82	2.80	2.78	2.76	2.74	2.72
7	3.59	3.26	3.07	2.96	2.88	2.83	2.78	2.75	2.72	2.70	2.67	2.63	2.59	2.58	2.56	2.54	2.51	2.49	2.47
8	3.46	3.11	2.92	2.81	2.73	2.67	2.62	2.59	2.56	2.54	2.50	2.46	2.42	2.40	2.38	2.36	2.34	2.32	2.29
9	3.36	3.01	2.81	2.69	2.61	2.55	2.51	2.47	2.44	2.42	2.38	2.34	2.30	2.28	2.25	2.23	2.21	2.18	2.16
10	3.29	2.92	2.73	2.61	2.52	2.46	2.41	2.38	2.35	2.32	2.28	2.24	2.20	2.18	2.16	2.13	2.11	2.08	2.06
11	3.23	2.86	2.66	2.54	2.45	2.39	2.34	2.30	2.27	2.25	2.21	2.17	2.12	2.10	2.08	2.05	2.03	2.00	1.97
12	3.18	2.81	2.61	2.48	2.39	2.33	2.28	2.24	2.21	2.19	2.15	2.10	2.06	2.04	2.01	1.99	1.96	1.93	1.90
13	3.14	2.76	2.56	2.43	2.35	2.28	2.23	2.20	2.16	2.14	2.10	2.05	2.01	1.98	1.96	1.93	1.90	1.88	1.85
14	3.10	2.73	2.52	2.39	2.31	2.24	2.19	2.15	2.12	2.10	2.05	2.01	1.96	1.94	1.91	1.89	1.86	1.86	1.80
15	3.07	2.70	2.49	2.36	2.27	2.21	2.16	2.12	2.09	2.06	2.02	1.97	1.92	1.90	1.87	1.85	1.82	1.79	1.76
16	3.05	2.67	2.46	2.33	2.24	2.18	2.13	2.09	2.06	2.03	1.99	1.94	1.89	1.87	1.84	1.81	1.78	1.78	1.72
17	3.03	2.64	2.44	2.31	2.22	2.15	2.10	2.06	2.03	2.00	1.96	1.91	1.86	1.84	1.81	1.78	1.75	1.72	1.69
18	3.01	2.62	2.42	2.29	2.20	2.13	2.08	2.04	2.00	1.98	1.93	1.89	1.84	1.81	1.78	1.75	1.72	1.69	1.66
19	2.99	2.61	2.40	2.27	2.18	2.11	2.06	2.02	1.98	1.96	1.91	1.86	1.81	1.79	1.76	1.73	1.70	1.67	1.63
20	2.97	2.59	2.38	2.25	2.16	2.09	2.04	2.00	1.96	1.94	1.89	1.84	1.79	1.77	1.74	1.71	1.68	1.64	1.61
21	2.96	2.57	2.36	2.23	2.14	2.08	2.02	1.98	1.95	1.92	1.87	1.83	1.78	1.75	1.72	1.69	1.66	1.62	1.59
22	2.95	2.56	2.35	2.22	2.13	2.06	2.01	1.97	1.93	1.90	1.86	1.81	1.78	1.73	1.70	1.67	1.64	1.60	1.57
23	2.94	2.55	2.34	2.21	2.11	2.05	1.99	1.95	1.92	1.89	1.84	1.80	1.74	1.72	1.69	1.66	1.62	1.59	1.55
24	2.93	2.54	2.33	2.19	2.10	2.04	1.98	1.94	1.91	1.88	1.83	1.78	1.73	1.70	1.67	1.64	1.61	1.57	1.53
25	2.92	2.53	2.32	2.18	2.09	2.02	1.97	1.93	1.89	1.87	1.82	1.77	1.72	1.69	1.66	1.63	1.59	1.56	1.52
26	2.91	2.52	2.31	2.17	2.08	2.01	1.96	1.92	1.88	1.86	1.81	1.76	1.71	1.68	1.65	1.61	1.58	1.54	1.50
27	2.90	2.51	2.30	2.17	2.07	2.00	1.95	1.91	1.87	1.85	1.80	1.75	1.70	1.67	1.64	1.60	1.57	1.53	1.49
28	2.89	2.50	2.29	2.16	2.06	2.00	1.94	1.90	1.87	1.84	1.79	1.74	1.69	1.66	1.63	1.59	1.56	1.52	1.48
29	2.89	2.50	2.28	2.15	2.06	1.99	1.93	1.89	1.86	1.83	1.78	1.73	1.68	1.65	1.62	1.58	1.55	1.51	1.47
30	2.88	2.49	2.28	2.14	2.05	1.98	1.93	1.88	1.85	1.82	1.77	1.72	1.67	1.64	1.61	1.57	1.54	1.50	1.46
40	2.84	2.44	2.23	2.09	2.00	1.93	1.87	1.83	1.79	1.76	1.71	1.66	1.61	1.57	1.54	1.51	1.47	1.42	1.38
60	2.79	2.39	2.18	2.04	1.95	1.87	1.82	1.77	1.74	1.71	1.66	1.60	1.54	1.51	1.48	1.44	1.40	1.35	1.29
120	2.75	2.35	2.13	1.99	1.90	1.82	1.77	1.72	1.68	1.65	1.60	1.55	1.48	1.45	1.41	1.37	1.32	1.26	1.19
∞	2.71	2.30	2.08	1.94	1.85	1.77	1.72	1.67	1.63	1.60	1.55	1.49	1.42	1.38	1.34	1.30	1.24	1.17	1.00

$$\alpha = 0.05$$

$\frac{m}{n}$	1	2	3	4	5	6	7	8	9	10	12	15	20	24	30	40	60	120	∞
1	161.4	199.5	215.7	224.6	230.2	234.0	236.8	238.9	240.5	241.9	243.9	245.9	248.0	249.1	250.1	251.1	252.2	253.3	254.3
2	18.51	19.00	19.16	19.25	19.30	19.33	19.35	19.37	19.38	19.40	19.41	19.43	19.45	19.45	19.46	19.47	19.48	19.49	19.50
3	10.13	9.55	9.28	9.12	9.01	8.94	8.89	8.85	8.81	8.79	8.74	8.70	8.66	8.64	8.62	8.59	8.57	8.55	8.53
4	7.71	6.94	6.59	6.39	6.26	6.16	6.09	6.04	6.00	5.96	5.91	5.86	5.80	5.77	5.75	5.72	5.69	5.66	5.53
5	6.61	5.79	5.41	5.19	5.05	4.95	4.88	4.82	4.77	4.74	4.68	4.62	4.56	4.53	4.50	4.46	4.43	4.40	4.36
6	5.99	5.14	4.76	4.53	4.39	4.28	4.21	4.15	4.10	4.06	4.00	3.94	3.87	3.74	3.81	3.77	3.74	3.70	3.67
7	5.59	4.74	4.35	4.12	3.97	3.87	3.79	3.73	3.68	3.64	3.57	3.51	3.44	3.41	3.38	3.34	3.30	3.27	3.23
8	5.32	4.46	4.07	3.84	3.69	3.58	3.50	3.44	3.39	3.35	3.28	3.22	3.15	3.12	3.08	3.04	3.01	2.97	2.93
9	5.12	4.26	3.86	3.63	3.48	3.37	3.29	3.23	3.18	3.14	3.07	3.01	2.94	2.90	2.86	2.83	2.79	2.75	2.71
10	4.96	4.10	3.71	3.48	3.33	3.22	3.14	3.07	3.02	2.98	2.91	2.85	2.77	2.74	2.70	2.66	2.62	2.58	2.54
11	4.84	3.98	3.59	3.36	3.20	3.09	3.01	2.95	2.90	2.85	2.79	2.72	2.65	2.61	2.57	2.53	2.49	2.45	2.40
12	4.75	3.89	3.49	3.26	3.11	3.00	2.91	2.85	2.80	2.75	2.69	2.62	2.54	2.51	2.47	2.43	2.38	2.34	2.30
13	4.67	3.81	3.41	3.18	3.03	2.92	2.83	2.77	2.71	2.67	2.60	2.53	2.46	2.42	2.38	2.34	2.30	2.25	2.21
14	4.60	3.74	3.34	3.11	2.96	2.85	2.76	2.70	2.65	2.60	2.53	2.46	2.39	2.35	2.31	2.27	2.22	2.18	2.13
15	4.54	3.68	3.29	3.06	2.90	2.79	2.71	2.64	2.59	2.54	2.48	2.40	2.33	2.29	2.25	2.20	2.16	2.11	2.07
16	4.49	3.63	3.24	3.01	2.85	2.74	2.66	2.59	2.54	2.49	2.42	2.35	2.28	2.24	2.19	2.15	2.11	2.06	2.01
17	4.45	3.59	3.20	2.96	2.81	2.70	2.61	2.55	2.49	2.45	2.38	2.31	2.23	2.19	2.15	2.10	2.06	2.01	1.96
18	4.41	3.55	3.16	2.93	2.77	2.66	2.58	2.51	2.46	2.41	2.34	2.27	2.19	2.15	2.11	2.06	2.02	1.97	1.92
19	4.38	3.52	3.13	2.90	2.74	2.63	2.54	2.48	2.42	2.38	2.31	2.23	2.16	2.11	2.07	2.03	1.98	1.93	1.88
20	4.35	3.49	3.10	2.87	2.71	2.60	2.51	2.45	2.39	2.35	2.28	2.20	2.12	2.08	2.04	1.99	1.95	1.90	1.84
21	4.32	3.47	3.07	2.84	2.68	2.57	2.49	2.42	2.37	2.32	2.25	2.18	2.10	2.05	2.01	1.96	1.92	1.87	1.81
22	4.30	3.44	3.05	2.82	2.66	2.55	2.46	2.40	2.34	2.30	2.23	2.15	2.07	2.03	1.98	1.94	1.89	1.84	1.78
23	4.28	3.42	3.03	2.80	2.64	2.53	2.44	2.37	2.32	2.27	2.20	2.13	2.05	2.01	1.96	1.91	1.88	1.81	1.76
24	4.26	3.40	3.01	2.78	2.62	2.51	2.42	2.36	2.30	2.25	2.18	2.11	2.03	1.98	1.94	1.89	1.84	1.79	1.73
25	4.24	3.39	2.99	2.76	2.60	2.49	2.40	2.34	2.28	2.24	2.16	2.09	2.01	1.96	1.92	1.87	1.82	1.77	1.71
26	4.23	3.37	2.98	2.74	2.59	2.47	2.39	2.32	2.27	2.22	2.15	2.07	1.99	1.95	1.90	1.85	1.80	1.75	1.69
27	4.21	3.35	2.96	2.73	2.57	2.46	2.37	2.31	2.25	2.20	2.13	2.06	1.97	1.93	1.88	1.84	1.79	1.73	1.67
28	4.20	3.34	2.95	2.71	2.56	2.45	2.36	2.29	2.24	2.19	2.12	2.04	1.96	1.91	1.87	1.82	1.77	1.71	1.65
29	4.18	3.33	2.93	2.70	2.55	2.43	2.35	2.28	2.22	2.18	2.10	2.03	1.94	1.90	1.85	1.81	1.75	1.70	1.64
30	4.17	3.32	2.92	2.69	2.53	2.42	2.33	2.27	2.21	2.16	2.09	2.01	1.93	1.89	1.84	1.79	1.74	1.68	1.62
40	4.08	3.23	2.84	2.61	2.45	2.34	2.25	2.18	2.12	2.08	2.00	1.92	1.84	1.79	1.74	1.69	1.64	1.58	1.51
60	4.00	3.15	2.76	2.53	2.37	2.25	2.17	2.10	2.04	1.99	1.92	1.84	1.75	1.70	1.65	1.59	1.53	1.47	1.39
120	3.92	3.07	2.68	2.45	2.29	2.17	2.09	2.02	1.96	1.91	1.83	1.75	1.66	1.61	1.55	1.50	1.43	1.35	1.25
∞	3.84	3.00	2.60	2.37	2.21	2.10	2.01	1.94	1.88	1.83	1.75	1.67	1.57	1.52	1.46	1.39	1.32	1.22	1.00

$\alpha = 0.025$

m\n	1	2	3	4	5	6	7	8	9	10	12	15	20	24	30	40	60	120	∞
1	647.8	799.5	864.2	899.6	921.8	937.1	948.2	956.7	963.3	368.6	976.7	984.9	993.1	997.2	1 001	1 006	1 010	1 014	1 018
2	38.51	39.00	39.17	39.25	39.30	39.33	39.36	39.37	39.39	39.40	39.41	39.43	39.45	39.46	39.46	39.47	39.48	39.49	39.50
3	17.44	16.04	15.44	15.10	14.88	14.73	14.62	14.54	14.47	14.42	14.34	14.25	14.17	14.12	14.08	14.04	13.99	13.95	13.90
4	12.22	10.65	9.98	9.60	9.36	9.20	9.07	8.98	8.90	8.84	8.75	8.66	8.56	8.51	8.48	8.41	8.36	8.31	8.26
5	10.01	8.43	7.76	7.39	7.15	6.98	6.85	6.76	6.68	6.62	6.52	6.43	6.33	6.28	6.23	6.18	6.12	6.07	6.02
6	8.81	7.26	6.60	6.23	5.99	5.82	5.70	5.60	5.52	5.46	5.37	5.27	5.17	5.12	5.07	5.01	4.96	4.90	4.85
7	8.07	6.54	5.89	5.52	5.29	5.12	4.99	4.90	4.82	4.76	4.67	4.57	4.47	4.42	4.36	4.31	4.25	4.20	4.14
8	7.57	6.06	5.42	5.05	4.82	4.65	4.53	4.43	4.36	4.30	4.20	4.10	4.00	3.95	3.89	3.84	3.78	3.73	3.67
9	7.21	5.71	5.08	4.72	4.48	4.23	4.20	4.10	4.03	3.96	3.87	3.77	3.67	3.61	3.56	3.51	3.45	3.39	3.33
10	6.94	5.46	4.83	4.47	4.24	4.07	3.95	3.85	3.78	3.72	3.62	3.52	3.42	3.37	3.31	3.26	3.20	3.14	3.08
11	6.72	5.26	4.63	4.28	4.04	3.88	3.76	3.66	3.59	3.53	3.43	3.33	3.23	3.17	3.12	3.06	3.00	2.94	2.88
12	6.55	5.10	4.47	4.12	3.89	3.73	3.61	3.51	3.44	3.37	3.28	3.18	3.07	3.02	2.96	2.91	2.85	2.76	2.72
13	6.41	4.97	4.35	4.00	3.77	3.60	3.48	3.39	3.31	3.25	3.15	3.05	2.95	2.89	2.84	2.78	2.72	2.66	2.60
14	6.30	4.86	4.24	3.89	3.66	3.50	3.38	3.29	3.21	3.15	3.05	2.95	2.84	2.79	2.73	2.67	2.61	2.55	2.49
15	6.20	4.77	4.15	3.80	3.58	3.41	3.29	3.20	3.12	3.05	2.96	2.86	2.76	2.70	2.64	2.59	2.52	2.46	2.40
16	6.12	4.69	4.08	3.73	3.50	3.34	3.22	3.12	3.05	2.99	2.89	2.79	2.68	2.63	2.57	2.51	2.45	2.38	2.32
17	6.04	4.62	4.01	3.66	3.44	3.28	3.16	3.06	2.98	2.92	2.82	2.72	2.62	2.56	2.50	2.44	2.38	2.32	2.25
18	5.98	4.56	3.95	3.61	3.38	3.22	3.10	3.01	2.93	2.87	2.77	2.67	2.56	2.50	2.44	2.38	2.32	2.26	2.19
19	5.92	4.51	3.90	3.56	3.33	3.17	3.05	2.96	2.88	2.82	2.72	2.62	2.51	2.45	2.39	2.33	2.27	2.20	2.13
20	5.87	4.46	3.86	3.51	3.29	3.13	3.01	2.91	2.84	2.77	2.68	2.57	2.46	2.41	2.35	2.29	2.22	2.16	2.09
21	5.83	4.42	3.82	3.48	3.25	3.09	2.97	2.87	2.80	2.73	2.64	2.53	2.42	2.37	2.31	2.25	2.18	2.11	2.04
22	5.79	4.38	3.78	3.44	3.22	3.05	2.93	2.84	2.76	2.70	2.60	2.50	2.39	2.33	2.27	2.21	2.14	2.08	2.00
23	5.75	4.35	3.75	3.41	3.18	3.02	2.90	2.81	2.73	2.67	2.57	2.47	2.36	2.30	2.24	2.18	2.11	2.04	1.97
24	5.72	4.32	3.72	3.38	3.15	2.99	2.87	2.78	2.70	2.64	2.54	2.44	2.33	2.27	2.21	2.15	2.08	2.01	1.94
25	5.69	4.29	3.69	3.35	3.13	2.97	2.85	2.75	2.68	2.61	2.51	2.41	2.30	2.24	2.18	2.12	2.05	1.98	1.91
26	5.66	4.27	3.67	3.33	3.10	2.94	2.82	2.73	2.65	2.59	2.49	2.39	2.28	2.22	2.16	2.09	2.03	1.95	1.88
27	5.63	4.24	3.65	3.31	3.08	2.92	2.80	2.71	2.63	2.57	2.47	2.36	2.25	2.19	2.13	2.07	2.00	1.93	1.85
28	5.61	4.22	3.63	3.29	3.06	2.90	2.78	2.69	2.61	2.55	2.45	2.34	2.23	2.17	2.11	2.05	1.98	1.91	1.83
29	5.59	4.20	3.61	3.27	3.04	2.88	2.76	2.67	2.59	2.53	2.43	2.32	2.21	2.15	2.09	2.03	1.96	1.89	1.81
30	5.57	4.18	3.59	3.25	3.03	2.87	2.75	2.65	2.57	2.51	2.41	2.31	2.20	2.14	2.07	2.01	1.94	1.87	1.79
40	5.42	4.05	3.46	3.13	2.90	2.74	2.62	2.53	2.45	2.39	2.29	2.18	2.07	2.01	1.94	1.88	1.80	1.72	1.64
60	5.29	3.93	3.34	3.01	2.79	2.63	2.51	2.41	2.33	2.27	2.17	2.06	1.94	1.88	1.82	1.74	1.67	1.58	1.48
120	5.15	3.80	3.23	2.89	2.67	2.52	2.39	2.30	2.22	2.16	2.05	1.94	1.82	1.76	1.69	1.61	1.53	1.43	1.31
∞	5.02	3.69	3.12	2.79	2.57	2.41	2.29	2.19	2.11	2.05	1.94	1.83	1.71	1.64	1.57	1.48	1.39	1.27	1.00

$$\alpha = 0.01$$

m\n	1	2	3	4	5	6	7	8	9	10	12	15	20	24	30	40	60	120	∞
1	4 052	4 999.5	5 403	5 625	5 746	5 859	5 928	5 982	6 022	6 056	6 106	6 157	6 209	6 235	6 261	6 287	6 313	6 339	6 366
2	98.50	99.00	99.17	99.25	99.30	99.33	99.36	99.37	99.39	99.40	99.42	99.43	99.45	99.46	99.47	99.47	99.48	99.49	99.50
3	34.12	30.82	29.46	28.71	28.24	27.91	27.67	27.49	27.35	27.23	27.05	26.87	26.69	26.60	26.50	26.41	26.32	26.22	26.13
4	21.20	18.00	16.69	15.98	15.52	15.21	14.98	14.80	14.66	14.55	14.37	14.20	14.02	13.93	13.84	13.75	13.65	13.56	13.46
5	16.26	13.27	12.06	11.39	10.97	10.67	10.46	10.29	10.16	10.05	9.89	9.72	9.55	9.47	9.38	9.29	9.20	9.11	9.02
6	13.75	10.92	9.78	9.15	8.75	8.47	8.26	8.10	7.98	7.87	7.72	7.56	7.40	7.31	7.23	7.14	7.06	6.97	6.88
7	12.25	9.55	8.45	7.85	7.46	7.19	6.99	6.84	6.72	6.62	6.47	6.31	6.16	6.07	5.99	5.91	5.82	5.74	5.65
8	11.26	8.65	7.59	7.01	6.63	6.37	6.18	6.03	5.91	5.81	5.67	5.52	5.36	5.28	5.20	5.12	5.03	4.95	4.86
9	10.56	8.02	6.99	6.42	6.06	5.80	5.61	5.47	5.35	5.26	5.11	4.96	4.81	4.73	4.65	4.57	4.48	4.40	4.31
10	10.04	7.56	6.55	5.99	5.64	5.39	5.20	5.06	4.94	4.85	4.71	4.56	4.41	4.33	4.25	4.17	4.08	4.00	3.91
11	9.65	7.21	6.22	5.67	5.32	5.07	4.89	4.74	4.63	4.54	4.40	4.25	4.10	4.02	3.94	3.86	3.78	3.69	3.60
12	9.33	6.93	5.95	5.41	5.05	4.82	4.64	4.50	4.39	4.30	4.16	4.01	3.86	3.78	3.70	3.62	3.54	3.45	3.36
13	9.07	6.70	5.74	5.21	4.86	4.62	4.44	4.30	4.19	4.10	3.96	3.82	3.66	3.59	3.51	3.43	3.34	3.25	3.17
14	8.86	6.51	5.56	5.04	4.69	4.46	4.28	4.14	4.03	3.94	3.80	3.66	3.51	3.43	3.35	3.27	3.18	3.09	3.00
15	8.68	6.36	5.42	4.89	4.56	4.32	4.14	4.00	3.89	3.80	3.67	3.52	3.37	3.29	3.21	3.13	3.05	2.98	2.87
16	8.53	6.23	5.29	4.77	4.44	4.20	4.03	3.89	3.78	3.69	3.55	3.41	3.26	3.18	3.10	3.02	2.93	2.84	2.75
17	8.40	6.11	5.18	4.67	4.34	4.10	3.93	3.79	3.68	3.59	3.46	3.31	3.16	3.08	3.00	2.92	2.83	2.75	2.65
18	8.29	6.01	5.09	4.58	4.25	4.01	3.84	3.71	3.60	3.51	3.37	3.23	3.08	3.00	2.92	2.84	2.76	2.66	2.57
19	8.18	5.93	5.01	4.50	4.17	3.94	3.77	3.63	3.52	3.43	3.30	3.15	3.00	2.92	2.84	2.75	2.67	2.58	2.49
20	8.10	5.85	4.94	4.43	4.10	3.87	3.70	3.56	3.46	3.37	3.23	3.09	2.94	2.86	2.78	2.69	2.61	2.52	2.42
21	8.02	5.78	4.87	4.37	4.04	3.81	3.64	3.51	3.40	3.31	3.17	3.03	2.88	2.80	2.72	2.64	2.55	2.46	2.36
22	7.95	5.72	4.82	4.31	3.99	3.76	3.59	3.45	3.35	3.26	3.12	2.98	2.83	2.75	2.67	2.58	2.50	2.40	2.31
23	7.88	5.66	4.76	4.26	3.94	3.71	3.54	3.41	3.30	3.21	3.07	2.93	2.78	2.70	2.62	2.54	2.45	2.35	2.26
24	7.82	5.61	4.72	4.22	3.90	3.67	3.50	3.36	3.26	3.17	3.03	2.89	2.74	2.66	2.58	2.49	2.40	2.31	2.21
25	7.77	5.57	4.68	4.18	3.85	3.63	3.46	3.32	3.22	3.13	2.99	2.85	2.70	2.62	2.54	2.45	2.36	2.27	2.17
26	7.72	5.53	4.64	4.14	3.82	3.59	3.42	3.29	3.18	3.09	2.96	2.81	2.66	2.58	2.50	2.42	2.33	2.23	2.13
27	7.68	5.49	4.80	4.11	3.78	3.56	3.39	3.26	3.15	3.06	2.93	2.78	2.63	2.55	2.47	2.38	2.29	2.20	2.10
28	7.64	5.45	4.57	4.07	3.75	3.53	3.36	3.23	3.12	3.03	2.90	2.75	2.60	2.52	2.44	2.35	2.26	2.17	2.06
29	7.60	5.42	4.54	4.04	3.73	3.50	3.33	3.20	3.09	3.00	2.87	2.73	2.57	2.49	2.41	2.33	2.23	2.14	2.03
30	7.56	5.39	4.51	4.02	3.70	3.47	3.30	3.17	3.07	2.98	2.84	2.70	2.55	2.47	2.39	2.30	2.21	2.11	2.01
40	7.31	5.18	4.31	3.83	3.51	3.29	3.12	2.99	2.89	2.80	2.66	2.52	2.37	2.29	2.20	2.11	2.02	1.82	1.80
60	7.08	4.98	4.13	3.65	3.34	3.12	2.95	2.82	2.72	2.63	2.50	2.35	2.20	2.12	2.03	1.94	1.84	1.73	1.60
120	6.85	4.79	3.95	3.48	3.17	2.96	2.79	2.66	2.56	2.47	2.34	2.19	2.03	1.95	1.86	1.76	1.66	1.53	1.38
∞	6.63	4.61	3.78	3.32	3.02	2.80	2.64	2.51	2.41	2.32	2.18	2.04	1.88	1.79	1.70	1.59	1.47	1.32	1.00

$\alpha = 0.005$

n\\m	1	2	3	4	5	6	7	8	9	10	12	15	20	24	30	40	60	120	∞
1	16 211	20 000	21 615	22 500	23 056	23 437	23 715	23 925	24 091	24 224	24 426	24 630	24 836	24 940	25 044	25 148	25 253	25 359	25 465
2	198.5	199.0	199.2	199.2	199.3	199.3	199.4	199.4	199.4	199.4	199.4	199.4	199.4	199.5	199.5	199.5	199.5	199.5	199.5
3	55.55	49.80	47.47	46.19	45.39	44.84	44.43	44.13	43.88	43.69	43.39	43.08	42.78	42.62	42.47	42.31	42.15	41.99	41.83
4	31.33	26.28	24.26	23.15	22.46	21.97	21.62	21.35	21.14	20.97	20.70	20.44	20.17	20.03	19.89	19.75	19.61	19.47	19.32
5	22.78	18.31	16.53	15.56	14.94	14.51	14.20	13.96	13.77	13.62	13.38	13.15	12.90	12.78	12.66	12.53	12.40	12.27	12.14
6	18.63	14.54	12.92	12.03	11.46	11.07	10.79	10.57	10.39	10.25	10.03	9.81	9.59	9.47	9.36	9.24	9.12	9.00	8.88
7	16.24	12.40	10.88	10.05	9.52	9.16	8.89	8.68	8.51	8.38	8.18	7.97	7.75	7.65	7.53	7.42	7.31	7.19	7.08
8	14.69	11.04	9.60	8.81	8.30	7.95	7.69	7.50	7.34	7.21	7.01	6.81	6.61	6.50	6.40	6.29	6.18	6.06	5.95
9	13.61	10.11	8.72	7.96	7.47	7.13	6.88	6.69	6.54	6.42	6.23	6.03	5.83	5.73	5.62	5.52	5.41	5.30	5.19
10	12.83	9.43	8.08	7.34	6.87	6.54	6.30	6.12	5.97	5.85	5.66	5.47	5.27	5.17	5.07	4.97	4.86	4.75	4.64
11	12.23	8.91	7.60	6.88	6.42	6.10	5.86	5.68	5.54	5.42	5.24	5.05	4.86	4.76	4.65	4.55	4.44	4.34	4.23
12	11.75	8.51	7.23	6.52	6.07	5.76	5.52	5.35	5.20	5.09	4.91	4.72	4.53	4.43	4.33	4.23	4.12	4.01	3.90
13	11.37	8.19	6.93	6.23	5.79	5.48	5.25	5.08	4.94	4.82	4.64	4.46	4.27	4.17	4.07	3.97	3.87	3.76	3.65
14	11.06	7.92	6.68	6.00	5.56	5.26	5.03	4.86	4.72	4.60	4.43	4.25	4.06	3.96	3.86	3.76	3.66	3.55	3.44
15	10.80	7.70	6.48	5.80	5.37	5.07	4.85	4.67	4.54	4.42	4.25	4.07	3.88	3.79	3.69	3.58	3.48	3.37	3.26
16	10.58	7.51	6.30	5.64	5.21	4.91	4.69	4.52	4.38	4.27	4.10	3.92	3.73	3.64	3.54	3.44	3.33	3.22	3.11
17	10.38	7.35	6.16	5.50	5.07	4.78	4.56	4.39	4.25	4.14	3.97	3.79	3.61	3.51	3.41	3.31	3.21	3.10	2.98
18	10.22	7.21	6.03	5.37	4.96	4.66	4.44	4.28	4.14	4.03	3.86	3.68	3.50	3.40	3.30	3.20	3.10	2.99	2.87
19	10.07	7.09	5.92	5.27	4.85	4.56	4.34	4.18	4.04	3.93	3.76	3.59	3.40	3.31	3.21	3.11	3.00	2.89	2.78
20	9.94	6.99	5.82	5.17	4.76	4.47	4.26	4.09	3.96	3.85	3.68	3.50	3.32	3.22	3.12	3.02	2.92	2.81	2.69
21	9.83	6.89	5.73	5.09	4.68	4.39	4.18	4.01	3.88	3.77	3.60	3.43	3.24	3.15	3.05	2.95	2.84	2.73	2.61
22	9.73	6.81	5.65	5.02	4.61	4.32	4.11	3.94	3.81	3.70	3.54	3.36	3.18	3.08	2.98	2.88	2.77	2.68	2.55
23	9.63	6.73	5.58	4.95	4.54	4.26	4.05	3.88	3.75	3.64	3.47	3.30	3.12	3.02	2.92	2.82	2.71	2.60	2.48
24	9.55	6.66	5.52	4.89	4.49	4.20	3.99	3.83	3.69	3.59	3.42	3.25	3.06	2.97	2.87	2.77	2.66	2.55	2.43
25	9.48	6.60	5.46	4.84	4.43	4.15	3.94	3.78	3.64	3.54	3.37	3.20	3.01	2.92	2.82	2.72	2.61	2.50	2.38
26	9.41	6.54	5.41	4.79	4.38	4.10	3.89	3.73	3.60	3.49	3.33	3.15	2.97	2.87	2.77	2.67	2.56	2.45	2.33
27	9.34	6.49	5.36	4.74	4.34	4.06	3.85	3.69	3.56	3.45	3.28	3.11	2.93	2.83	2.73	2.63	2.52	2.41	2.29
28	9.28	6.44	5.32	4.70	4.30	4.02	3.81	3.65	3.52	3.41	3.25	3.07	2.89	2.79	2.69	2.59	2.48	2.37	2.25
29	9.23	6.40	5.28	4.66	4.26	3.98	3.77	3.61	3.48	3.38	3.21	3.04	2.86	2.76	2.66	2.56	2.45	2.33	2.21
30	9.18	6.35	5.24	4.62	4.23	3.95	3.74	3.58	3.45	3.34	3.18	3.01	2.82	2.73	2.63	2.52	2.42	2.30	2.18
40	8.83	6.07	4.98	4.37	3.99	3.71	3.51	3.35	3.22	3.12	2.95	2.78	2.60	2.50	2.40	2.30	2.18	2.05	1.93
60	8.49	5.79	4.73	4.14	3.76	3.49	3.29	3.13	3.01	2.90	2.74	2.57	2.39	2.29	2.19	2.08	1.95	1.83	1.69
120	8.18	5.54	4.50	3.92	3.55	3.28	3.09	2.93	2.81	2.71	2.54	2.37	2.19	2.09	1.98	1.87	1.75	1.61	1.43
∞	7.88	5.30	4.28	3.72	3.35	3.09	2.90	2.74	2.62	2.52	2.36	2.19	2.00	1.90	1.79	1.67	1.53	1.36	1.00

习题答案

习题 1

（A）

1. (1) $\Omega = \{(正,正),(正,反),(反,正),(反,反)\}$; $A = \{(正,正),(反,反)\}$;

(2) $\Omega = \{0,1,2,3,\cdots\}$; $A = \{0,1,2,3\}$;

(3) $\Omega = \{x \mid x \geqslant 0\}$; $A = \{x \mid 3\,000 \leqslant x \leqslant 3\,500\}$.

2. (1) ABC ; (2) $\overline{A}\,\overline{B}\,\overline{C}$; (3) $\overline{ABC}$; (4) $A\,\overline{B}\,\overline{C}$; (5) $A\,\overline{B}\,\overline{C} + \overline{A}B\,\overline{C} + \overline{A}\,\overline{B}C$;

(6) $A + B + C$; (7) $AB + AC + BC$; (8) $\overline{AB + AC + BC}$ 或 $\overline{A}\,\overline{B} + \overline{A}\,\overline{C} + \overline{B}\,\overline{C}$.

3. (1) $A + B = \{(1,1),(2,2)(3,3)(4,4),(5,5),(6,6),(4,6),(6,4)\}$; (2) $ABC = \varnothing$;

(3) $A - C = \{(1,1),(2,2),(3,3),(5,5),(6,6)\}$;

(4) $C - A = \{(4,5),(4,6),(5,4),(6,4)\}$; (5) $B\,\overline{C} = \{(5,5)\}$.

4. (1) 0.4 ; (2) 0.3 ; (3) 0.2.

5. $\dfrac{13}{28}$.

6. 4/7.

7. 40/243.

8. (1) 0.277 8 ; (2) 0.555 6 ; (3) 0.069 4 ; (4) 0.092 6 ; (5) 0.004 6.

9. (1) 8/25 ; (2) 9/25.

10. (1) 0.375 ; (2) 0.75.

11. (1) 0.4 ; (2) 0.3.

12. (1) $\dfrac{19}{58}$; (2) $\dfrac{19}{28}$.

13. $\dfrac{2}{3}$.

14. $\dfrac{1}{3}$.

15. (1) 0.588 ; (2) 0.735 ; (3) 0.912 ; (4) 0.088.

16. $P(A) = \dfrac{3}{4}, P(B) = \dfrac{2}{3}$ 或 $P(A) = \dfrac{1}{3}, P(B) = \dfrac{1}{4}$.

17. 0.328.

18. (1) 0.56 ; (2) 0.24 ; (3) 0.14.

19. 0. 684.

20. 0. 6.

21. 0. 104.

22. 0. 735 8.

23. (1)0. 96;(2)0. 5.

24. 0. 057.

25. 0. 576 5.

26. (1)0. 85;(2)0. 941.

27. $\dfrac{2}{3}$.

(B)

1. C.

2. D.

3. $\dfrac{3}{4}$.

4. (1)不成立;(2)成立;(3)不成立;(4)不成立.

5. $\dfrac{8}{15}$.

6. (1)当 $A \subset B$ 时,有最大值0. 5;(2)当 $A \cup B = \Omega$ 时,有最小值0. 2.

7. 0. 5.

8. 略.

习题 2

(A)

1. $P(X = i) = \dfrac{6 - |i - 7|}{36}, i = 2, 3, \cdots, 12$.

2.

X	1	2	3
P	$\dfrac{4}{7}$	$\dfrac{2}{7}$	$\dfrac{1}{7}$

3. (1)

X	0	1	2	3	4
P	0. 7	0. 21	0. 063	0. 018 9	0. 008 1

(2)0.91;(3)0.081 9

4.

X	1	2	3	4
P	10/13	33/169	72/219 7	6/219 7

5.（1）

$$F(X) = \begin{cases} 0 & x < -1 \\ \dfrac{1}{3} & -1 \leqslant x < 0 \\ \dfrac{1}{2} & 0 \leqslant x < 1 \\ 1 & x \geqslant 1 \end{cases} \qquad (2)\dfrac{1}{6};(3)\dfrac{1}{2}.$$

6.（1）

X	1	2	3
P	$\dfrac{3}{5}$	$\dfrac{3}{10}$	$\dfrac{1}{10}$

（2）

$$F(X) = \begin{cases} 0 & x < 1 \\ \dfrac{3}{5} & 1 \leqslant x < 2 \\ \dfrac{9}{10} & 2 \leqslant x < 3 \\ 1 & x \geqslant 3 \end{cases}$$

7.（1）0.029 8；(2)0.008 1.

8. 0.004 7.

9. （1）$1 - e^{-0.2} - 0.2e^{-0.2} = 0.017\ 6$；(2)$1 - \sum_{k=0}^{3} \dfrac{0.8^k}{k!}e^{-0.8} = 0.009\ 1$

10.（1）0.25；(2)0；

（3）$F(x) = \begin{cases} 0 & x < 0 \\ x^2 & 0 \leqslant x < 1 \\ 1 & x \geqslant 1 \end{cases}$

11. $\dfrac{80}{243}$.

12.（1）1；(2)0.4；

（3）$f(x) = \begin{cases} 2x & 0 < x < 1 \\ 0 & 其他 \end{cases}$

13.（1）0.5；(2)$F(x) = \begin{cases} \dfrac{1}{2}e^x & x < 0 \\ 1 - \dfrac{1}{2}e^{-x} & x \geqslant 0 \end{cases}$

14. (1) $A = \dfrac{1}{2}$, $B = \dfrac{1}{\pi}$;(2)0.5;(3) $f(x) = \dfrac{1}{\pi(1+x^2)}$

15. $1 - \dfrac{\sqrt{3}}{3}$.

16. (1) $1 - e^{-\frac{1}{2}}$;(2) $e^{-\frac{3}{2}}$

17. (1)0.986 1;(2)0.21;(3)0.066 8;(4)0.866 4.

18. (1)0.532 8;(2)0.997 4;(3)0.697 7;(4)0.5;(5)3.

19. (1)0.866 5;(2)合格.

20.

Y	$-\pi$	0	π
P	$\dfrac{1}{4}$	$\dfrac{1}{4}$	$\dfrac{1}{2}$

Y	0	1
P	$\dfrac{3}{4}$	$\dfrac{1}{4}$

21. $f_Y(y) = \dfrac{1}{\sqrt{2\pi}} e^{-\frac{y^2}{2}}$ $(-\infty < y < +\infty)$,即 $Y \sim N(0,1)$

22. $f_Y(y) = \dfrac{2e^y}{\pi(1+e^{2y})}$.

（B）

1. $\dfrac{3}{4}$.

2. C.

3. A.

4. D.

5. A.

6. $1 - e^{-1}$

7. (1) $F_Y(y) = \begin{cases} 0 & y < 1 \\ \dfrac{1}{27}(y^3 + 18) & 1 \leqslant y < 2 \\ 1 & y \geqslant 2 \end{cases}$　　(2) $\dfrac{8}{27}$

习题 3

（A）

1. 44 440.

2. 0.

3. 0.

4. $k = 3$，$a = 2$.

5. $k = 4, E(X) = \dfrac{1}{2}$.

6. $1 - \mathrm{e}^{-0.2}$，500.

7. 0. 5.

8. 0. 5.

9. 0. 75.

10. $p = \dfrac{1}{3}$　$n = 36$

11. $E(X_1) = E(X_2) = 5, D(X_1) = 0.01, D(X_2) = 0.02$. 第一种方法较好.

12. 1.

13. 0, $\dfrac{1}{2}$.

14. 0, $\dfrac{1}{6}$.

15. $\dfrac{3}{4}, \dfrac{3}{80}$.

16. 2, $\dfrac{1}{3}$.

（B）

1. $\dfrac{1}{2}\mathrm{e}^{-1}$.

2. C.

3. $2\mathrm{e}^2$.

4. A.

5. 1，1.

6. C.

7. A.

8. 7. 2.

习题 4

（A）

1.

Y \ X	0	1
0	0.3	0.3
1	0.3	0.1

2. （1）$\dfrac{1}{8}$　　（2）$\dfrac{3}{8}$　　（3）$\dfrac{27}{32}$

3. $\dfrac{1}{2}$.

4. （1）$f(x,y) = \begin{cases} 6 & x^2 \leqslant y \leqslant x \\ 0 & 其他 \end{cases}$　　　　　　（2）$f_X(x) = \begin{cases} 6(x - x^2) & 0 \leqslant x \leqslant 1 \\ 0 & 其他 \end{cases}$

$f_Y(y) = \begin{cases} 6(\sqrt{y} - y) & 0 \leqslant y \leqslant 1 \\ 0 & 其他 \end{cases}$　　　　（3）1

5. （1）$\dfrac{21}{4}$　　（2）$f_X(x) = \begin{cases} \dfrac{21}{8} x^2 (1 - x^4) & -1 \leqslant x \leqslant 1 \\ 0 & 其他 \end{cases}$

$f_Y(y) = \begin{cases} \dfrac{7}{2} y^{\frac{5}{2}} & 0 \leqslant y \leqslant 1 \\ 0 & 其他 \end{cases}$

（3）X, Y 不相互独立

6.

Y \ X	-2	-1	0	0.5
0.5	0.125	0.1	0.075	0.2
1	0.062 5	0.05	0.037 5	0.1
3	0.062 5	0.05	0.037 5	0.1

7. $\alpha = \dfrac{2}{9}, \beta = \dfrac{1}{9}$.

8. $\dfrac{5}{9}$.

9. （1）$f(x,y) = \begin{cases} 2 & (x,y) \in D \\ 0 & 其他 \end{cases}$　　　$f_X(x) = \begin{cases} 2x & 0 \leqslant x \leqslant 1 \\ 0 & 其他 \end{cases}$

$f_Y(y) = \begin{cases} 2(1 - y) & 0 \leqslant y \leqslant 1 \\ 0 & 其他 \end{cases}$　　　（2）不独立.

10. （1）

$Z = X + Y$	-1	0	1	2
p_k	0.2	0.4	0	0.4

（2）

$Z = XY$	-1	0	1
p_k	0.1	0.5	0.4

（3）

$\max\{X,Y\}$	0	1
p_k	0.5	0.5

11. （1）不相互独立　（2）$f_Z(z) = \begin{cases} \dfrac{1}{2}z^2 e^{-z} & z > 0 \\ 0 & 其他 \end{cases}$

12. $f_Z(z) = \begin{cases} z^2 & 0 \leqslant z \leqslant 1 \\ 2z - z^2 & 1 \leqslant z \leqslant 2 \\ 0 & 其他 \end{cases}$

13. （1）$\dfrac{1}{1 - e^{-1}}$　（2）$f_X(x) = \begin{cases} \dfrac{e^{-x}}{1 - e^{-1}} & 0 < x < 1 \\ 0 & 其他 \end{cases}$　$f_Y(y) = \begin{cases} e^{-y} & y > 0 \\ 0 & 其他 \end{cases}$

（3）$F_Z(z) = \begin{cases} 0 & z < 0 \\ \dfrac{(1 - e^{-z})^2}{1 - e^{-1}} & 0 \leqslant z < 1 \\ 1 - e^{-z} & z \geqslant 1 \end{cases}$

14. 20.

15. 116, 32.

16. 2.4.

17. 略.

18. $P \geqslant \dfrac{8}{9}$

19. 0.

（B）

1. D.

2. （1）$f_V(v) = \begin{cases} v e^{-2v} & v > 0 \\ 0 & v \geqslant 0 \end{cases}$　　　　（2）2

3. A.

4. D.

5. (1) $\dfrac{1}{4}$　　(2) $-\dfrac{2}{3}, 0$

6. C.

7. (1) $f(x, y) = \begin{cases} \dfrac{9y^2}{x} & 0 < x < 1, 0 < y < x \\ 0 & \text{其他} \end{cases}$

(2) $f_Y(y) = \begin{cases} -9y^2 \cdot \ln y & 0 < y < 1 \\ 0 & \text{其他} \end{cases}$

(3) $\dfrac{1}{8}$.

习题 5

(A)

1. 　　　　$f(x_1, x_2, \cdots, x_n) = \begin{cases} \lambda^n \mathrm{e}^{-\lambda \sum\limits_{i=1}^{n} x_i} & x_1 > 0, x_2 > 0, \cdots, x_n > 0 \\ 0 & \text{其他} \end{cases}$

2. (1), (2), (6) 是统计量, (3), (4), (5) 不是统计量.

3. 总体 X 表示一盒产品中的次品数, $X \sim B(m, p)$, 样本 $(X_1, \cdots, X_n)$ 表示所抽的 n 盒产品中各盒的次品数,

$$P\{X_1 = x_1, \cdots, X_n = x_n\} = \prod_{i=1}^{n} C_m^{x_i} p^{\sum\limits_{i=1}^{n} x_i} (1-p)^{nm - \sum\limits_{i=1}^{n} x_i}$$

4. $\bar{x} = 67.4, s_n^2 = 31.647, s^2 = 35.16$

5. (1) $p, \dfrac{p(1-p)}{n}, \dfrac{n-1}{n} p(1-p)$; (2) 略.

6. (1) 0.532 8; (2) 0.977 2

7. (1) 0.022 8; (2) 0

8. $Y \sim N(-10\mu, 250\sigma^2)$

9. $Y \sim \chi^2(n)$

10. $a = \dfrac{1}{8}, b = \dfrac{1}{12}, c = \dfrac{1}{16}, n = 3$

11. $Y \sim F(1, 1)$

12. (1) $Y_1 \sim t(m)$; (2) $Y_2 \sim F(n, m)$

13. $0.99, \dfrac{2}{15} \sigma^4$

(B)

1. np^2.

2. $\mu^2 + \sigma^2$.

3. D.

4. B.

5. C.

6. $C_n^p p^k (1-p)^{n-k} (k=0,1,\cdots,n)$

7. $N\left(0, \dfrac{n}{n+1}\sigma^2\right)$

8. 0.66.

习题 6

(A)

1. $\hat{\lambda} = 2$.

2. $\dfrac{3}{4}$.

3. 估计量 $\hat{\mu} = \overline{X}, \hat{\sigma}^2 = \dfrac{1}{n}\sum_{i=1}^{n}(X_i - \overline{X})^2$, 估计值 $\hat{\mu} = 12, \hat{\sigma}^2 = 7.2$

4. 矩估计量 $\hat{k} = \dfrac{2\overline{X} - 1}{1 - \overline{X}}$, 最大似然估计量 $\hat{k} = -1 - \dfrac{n}{\sum_{i=1}^{n} \ln X_i}$

5. (1) 矩估计量 $\hat{\theta} = 2\overline{X}$, 最大似然估计量 $\hat{\theta} = \max\{X_1, X_2, \cdots, X_n\}$; (2)34.8, 28

6. 是.

7. (1)略; (2)$\hat{\mu}_3$.

8. (10.02, 11.98)

9. 117.3.

10. 106.46.

11. (1)(14.90, 15.10); (2)(14.84, 15.16)

12. (1)(1 244.2, 1 273.8); (2)(7.2, 34.2)

13. (485.29, 758.71)

14. (0.975, 8.975)

15. (0.13, 19.09)

(B)

1. (1)$\hat{\theta} = 2\overline{X} - \dfrac{1}{2}$　(2)不是.

2. (1) 略　(2) $\dfrac{2}{n(n-1)}$

3. -1.

4. (1) $\dfrac{2}{\overline{X}}$　(2) $\dfrac{2n}{\overline{X}}$.

5. (1) $\hat{\sigma}^2 = \dfrac{1}{n}\sum\limits_{i=1}^{n}(X_i - \mu_0)^2$　(2) $E(\hat{\sigma}^2) = \sigma^2, D(\hat{\sigma}^2) = \dfrac{2\sigma^4}{n}$

6. (1) $f(z,\sigma^2) = \dfrac{1}{\sqrt{6\pi}\,\sigma}e^{-\frac{z^2}{6\sigma^2}}$ $(-\infty < z < +\infty)$

(2) $\hat{\sigma}^2 = \dfrac{1}{3n}\sum\limits_{i=1}^{n}Z_i^2$

(3) $E(\hat{\sigma}^2) = \dfrac{1}{3n}\sum\limits_{i=1}^{n}E(Z_i^2) = \dfrac{1}{3n}\sum\limits_{i=1}^{n}\left[D(Z_i) + (E(Z_i))^2\right] = \dfrac{1}{3n}\sum\limits_{i=1}^{n}3\sigma^2 = \sigma^2$

7. (1) $\overline{X}$　(2) $\dfrac{2n}{\dfrac{1}{x_1} + \cdots + \dfrac{1}{x_n}}$

8. n 至少应取 44.

习题 7

(A)

1. 略.

2. 略.

3. 略.

4. 有显著差异; $u = 2.25 > 1.96$

5. 显著提高; $u = 1.875 > 1.645$

6. 相符. $t = 2.91 > 1.65$

7. 没有明显变化; $\chi_u^2 = 30.76 \in (9.89, 45.56)$

8. 没有显著变大; $\chi^2 = 9.41 < 16.92$

9. 有显著差异; $u = 3.95 > 1.96$

10. 有显著差异; $t = 3.559 > 2.086$. $\overline{x} = 25.76$, $\overline{y} = 22.51$, $13S_X^2 = 75.16$, $9S_Y^2 = 13.58$, $S_w^2 = 4.437$.

11. 合理; $0.24 < f = 3.83 < 4.20$

12. 统计量 $F = \dfrac{\dfrac{1}{m}\sum\limits_{i=1}^{m}(X_i - \mu_1)^2}{\dfrac{1}{n}\sum\limits_{i=1}^{n}(Y_i - \mu_2)^2} \sim F(m,n)$; 相同; $0.172 < f = 0.368 < 5.82$

(B)

1. 可以; $-2.03 < t = -1.4 < 2.03$

2. $T = \dfrac{\overline{X}}{H}\sqrt{n(n-1)} \sim t(n-1)$

3. B.

4. C.

5. $(1)\,k = \dfrac{1.96}{\sqrt{10}} \approx 0.62$；$(2)$ 不能；$(3)\,\alpha = 0.011\,4$.

习题 8

1. $\hat{y} = -19.87 + 49.13x$

2. $\hat{y} = 1.82 + 0.11t$

3. $\hat{y} = -120.5 + 0.498x$

4. $\hat{y} = 0.13 + 0.86x$，显著，$(4.30, 6.32)$

5. $\hat{y} = 2.48 + 0.76x$，显著

6. $\hat{y} = 11.60 + 0.50x$，显著，$(19.33, 28.83)$

7. 不显著.

8. 不显著.

9. 显著.

10. 显著.

11. 显著.

参考文献

[1] 复旦大学编. 概率论[M]. 北京:人民教育出版社,1980.

[2] 王梓坤. 概率论基础及其应用[M]. 北京:科学出版社,1976.

[3] 盛骤,谢式千. 概率论与数理统计[M]. 北京:高等教育出版社,2010.

[4] 李博纳,赵新泉. 概率论与数理统计[M]. 北京:高等教育出版社,2006.

[5] 孟昭为. 概率论与数理统计[M]. 上海:同济大学出版社,2005.

[6] 姜启源. 数学模型[M]. 3 版. 北京:高等教育出版社,2003.

[7] 陈述. Mathematica 5.0 基本教程[M]. 成都:电子科技大学出版社,2005.

[8] 高志强,等. 概率论与数理统计[M]. 北京:科学出版社,2012.